再生混凝土-钢筋粘结滑移性能

杨海峰　肖建庄 ◎ 著

中国建筑工业出版社

图书在版编目（CIP）数据

再生混凝土-钢筋粘结滑移性能 / 杨海峰，肖建庄著.

北京：中国建筑工业出版社, 2025. 7. -- ISBN 978-7

-112-31176-7

Ⅰ. TU528. 59; TG335. 6

中国国家版本馆 CIP 数据核字第 2025RL8445 号

本书共分 10 章，全面系统地探讨了再生混凝土与钢筋之间粘结滑移性能的理论与试验研究。书中既回顾了再生混凝土材料的发展背景和绿色建造的迫切需求，又从微观结构、组成与力学性能等角度出发，详细阐述了再生混凝土在实际工程应用中与钢筋粘结现象的关键机理。各章节内容涵盖了从配合比设计、试验方法到多向侧压、高温、冻融循环及钢筋锈蚀等复杂工况下的粘结滑移行为，剖析了影响再生混凝土-钢筋粘结性能的多种因素，并建立了相关理论模型。深入研究再生混凝土与钢筋间的相互作用，不仅对提高结构安全性和耐久性具有重要意义，也能推动资源循环利用和建筑节能减排政策的落实，为绿色建造奠定坚实理论基础。

本书适用于再生混凝土结构设计、绿色建筑材料研究、结构耐久性评估及风险控制等领域。供建筑与结构工程技术人员、科研人员和高校师生参考，为推动再生混凝土在现代建筑工程中的推广应用提供实践指导和理论借鉴。

责任编辑：刘瑞霞

文字编辑：王　磊

责任校对：王　烨

再生混凝土-钢筋粘结滑移性能

杨海峰　　肖建庄 ◎ 著

*

中国建筑工业出版社出版、发行（北京海淀三里河路 9 号）

各地新华书店、建筑书店经销

国排高科（北京）人工智能科技有限公司制版

建工社（河北）印刷有限公司印刷

*

开本：787 毫米×1092 毫米　1/16　印张：13¼　字数：310 千字

2025 年 5 月第一版　　2025 年 5 月第一次印刷

定价：**58.00** 元

ISBN 978-7-112-31176-7

（44880）

前 言

FOREWORD

在全球资源日益紧张、环境压力不断增大的今天，建筑行业面临着前所未有的挑战。混凝土作为最广泛应用的建筑材料之一，其生产和使用不仅消耗大量的天然资源，还造成了环境污染和资源浪费。再生混凝土作为一种具有巨大潜力的环保材料，正逐渐受到工程界的关注。它通过回收利用废弃混凝土，替代传统的天然骨料，不仅能够有效减少建筑废弃物的堆积，降低对自然资源的依赖，还能减少二氧化碳的排放。尽管再生混凝土具有显著的环境优势，然而将其广泛应用于结构工程中仍面临许多亟待解决的问题。

本书作者及其团队经过十几年的研究和探索，深入系统分析了再生混凝土-钢筋的粘结滑移性能，以期掌握再生混凝土结构工程应用中关心的钢筋-再生混凝土界面粘结基础问题。本书通过总结课题组过去大量的试验和理论研究，重点介绍了简单拉拔荷载、多向侧压、重复荷载、冻融循环、高温、钢筋锈蚀等不同受力工况和环境影响因素作用下再生混凝土与钢筋间粘结滑移性能，提出了新的粘结强度经验计算公式、理论计算模型、粘结位置函数、本构关系和设计方法。其中：第1章为绪论，第2章介绍简单拉拔作用下再生混凝土-钢筋粘结滑移性能，第3章介绍再生混凝土-钢筋粘结位置函数，第4章介绍多向侧压作用下再生混凝土-钢筋粘结滑移性能试验研究，第5章介绍多向侧压作用下再生混凝土-钢筋粘结强度理论，第6章介绍冻融后再生混凝土-钢筋粘结滑移性能，第7章介绍冻融后多向侧压作用下再生混凝土-钢筋粘结滑移性能，第8章介绍高温后再生混凝土-钢筋粘结滑移性能，第9章介绍再生混凝土-锈蚀钢筋粘结滑移性能，第10章介绍钢筋在再生混凝土中粘结锚固可靠度设计。书中的研究成果可为再生混凝土在结构工程中的应用提供理论参考。

本书的研究工作得到国家自然科学基金项目（编号：52178123、51768004、51308135）、中央引导地方科技发展资金项目（编号：桂科 ZY24212023）、广西重大人才项目"八桂青年拔尖人才"、广西自然科学基金项目（编号：2014GXNSFBA118242）以及广西防灾减灾与工程安全重点实验室系统性研究课题（编号：2013ZDX01）等联合资助，这些科研项目的资助为本书的研究工作提供了强大的资金保障和技术支持，帮助我们不断推进再生混凝土领域的深入研究和应用，特此诚挚致谢！

本书大纲的制订审核以及内容的撰写由杨海峰、肖建庄共同负责，课题组成员对本书内容做出了重要贡献，包括博士研究生吕良胜、李作华、龚马驰、蒋家盛、柴威、李明晖、侯一伟和李福昆，硕士研究生张天宝、王江和韦庆华，在本书出版之际一并表示感谢。

　　感谢广西防灾减灾与工程安全重点实验室和工程防灾与结构安全教育部重点实验室给予的支持。此外，本书的研究工作得到广西大学邓志恒教授的指导和帮助，他深厚的学术造诣和丰富的经验为本书的研究提供了重要的学术支持。

　　由于作者的知识范围和水平有限，书中不当之处在所难免，敬请读者批评指正。

目 录

CONTENTS

第 1 章 绪 论

第 2 章 简单拉拔作用下再生混凝土-钢筋粘结滑移性能

第 3 章 再生混凝土-钢筋粘结位置函数

第 4 章　多向侧压作用下再生混凝土-钢筋粘结滑移性能试验研究

第 5 章　多向侧压作用下再生混凝土-钢筋粘结强度理论

第 6 章　冻融后再生混凝土-钢筋粘结滑移性能

第7章　冻融后多向侧压作用下再生混凝土-钢筋粘结滑移性能

第 8 章　高温后再生混凝土–钢筋粘结滑移性能

第 9 章　再生混凝土-锈蚀钢筋粘结滑移性能

第 10 章　钢筋在再生混凝土中粘结锚固可靠度设计

第 1 章

绪 论

1.1 背景及意义

在过去的几十年中，我国经济高速发展，城镇化进程以及旧城改造不断推进，旧的建筑结构难以满足人民日益增长的新需求，大量房屋建筑需要重建或改建。此外，近年来自然灾害频发，导致大量房屋倒塌，桥梁道路损毁，例如我国台湾"9·21"大地震产生废弃混凝土约 1000 万立方米，2008 年汶川大地震造成 650 多万间房屋倒塌，产生约 3 亿吨建筑垃圾，如何有效处理废弃建筑材料已成为亟待解决的重要问题（图 1-1～图 1-3）。随着人们对环境保护和能源节约意识的加强，将"城市矿山"变废为宝逐渐成为可持续发展的新研究方向。

另外，建筑业的飞速发展也给自然环境和自然资源带来了巨大的压力。混凝土是建筑领域最常用的材料之一，其生产过程中需要用到大量的砂石等不可再生资源，开采这些资源对生态系统和生态环境造成了严重的破坏。据《2022 中国建筑能耗与碳排放研究报告》统计，2020 年中国建筑全过程能耗占总能耗的 45.5%，碳排放量占总量的 50.9%，建筑业依然是耗能与碳排放的大户[1]。日益匮乏的自然资源与备受关注的环境保护都要求建筑业寻求更加可持续、更加环保的替代方案。

图 1-1 汶川地震后北川老县城满目疮痍

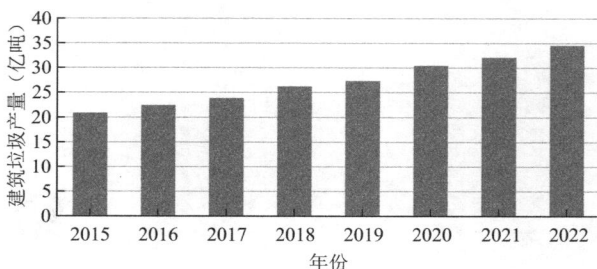

图 1-2　2015—2022 年我国建筑垃圾产量

图 1-3　灾后重建有序进行

2020 年 9 月 22 日，国家主席习近平在第七十五届联合国大会一般性辩论上宣布，"中国将提高国家自主贡献力度，采取更加有力的政策和措施，二氧化碳排放力争于 2030 年前达到峰值，努力争取 2060 年前实现碳中和。"在"双碳"背景下，再生骨料混凝土的研究逐渐成为建筑材料领域的焦点。再生骨料混凝土（Recycled Aggregate Concrete，RAC）是指将废弃的混凝土块经过破碎、清洗、分级后，按一定比例与级配混合，部分或全部代替砂石等天然骨料，再加入水泥、水等配制而成的混凝土。本书仅采用再生粗骨料（Recycled Aggregate，RA）替换天然粗骨料（Natural Aggregate，NA）制备再生粗骨料混凝土，以下简称为再生混凝土。再生混凝土的使用减少了对有限自然资源的依赖，降低了传统混凝土生产过程中的碳排放，还能有效减少建筑废弃物的产生。推广再生混凝土的使用可以推动建筑业向更加绿色、循环、经济的模式发展，符合各地区对于建筑材料环保性的法规要求，能够为建筑项目的可持续发展提供实质性支持。

随着对再生混凝土研究的逐渐深入，再生混凝土规范逐渐丰富，再生混凝土的应用从路基、路面、建筑隔墙等非结构构件逐渐向结构构件发展。在实际结构或构件中，钢筋与再生混凝土之间的粘结是两者协同工作的基础，而粘结性能受到再生骨料质量影响较大，粘结界面易受环境因素影响，并且学者们对粘结参数和粘结性能的研究尚不全面，多集中于简单拉拔试验。为了系统研究钢筋-再生混凝土结构的粘结滑移性能，本书在课题组成果基础上总结了不同工况下再生混凝土与钢筋的粘结滑移性能，对于推动再生混凝土在工程中的应用有重要意义。

1.2 再生混凝土特点

混凝土是一种高度不均匀的多相和多孔材料，其中存在着大量的界面，这些界面的性质对混凝土的性能起着决定性作用。由于再生混凝土采用再生骨料替代天然骨料，其界面复杂性远超普通混凝土[2]，使得再生混凝土物理组成和受力具有其自身特点。

1.2.1 再生粗骨料

骨料的差别是再生混凝土与普通混凝土的唯一差异，由于再生粗骨料表面包含一层厚度不均的老砂浆，再生骨料的这一性质对再生混凝土的特性起着决定性作用，各国学者和相应规范也对再生粗骨料的分类标准提出各自的建议和规定。《日本化学会志》（BCSJ）中通过大量试验，主要根据吸水率不同，将再生骨料分为Ⅰ、Ⅱ、Ⅲ三类[3]。国际材料与结构研究实验联合会（RILEM）则根据饱和面干密度、含杂质的数量、吸水率等综合因素同样将再生粗骨料分为Ⅰ、Ⅱ、Ⅲ三类。国内青岛理工大学的李秋义等[4]提出了需水比和强度比的概念，并基于需水比和强度比的差异将再生粗骨料分成3个等级。肖建庄[5]和上海地方性建筑规范建议按照饱和面干表观密度、吸水率、砖含量等指标把再生骨料分为Ⅰ、Ⅱ两类。我国规范《混凝土用再生粗骨料》GB/T 25177—2010[6]综合微粉含量、泥块含量、吸水率、有害物质含量、坚固性、压碎指标、表观密度和空隙率将再生骨料分为Ⅰ、Ⅱ、Ⅲ三类。

1.2.2 再生混凝土组成

再生混凝土由不同形状和尺寸的再生粗骨料颗粒和水泥砂浆组成，从宏观角度来看，再生混凝土可被视为三相材料，即旧骨料、旧砂浆和新砂浆。

从微观结构而言，这三相并非均匀分布且微结构本身亦非均质，在三相材料相互接触的界面分别存在界面过渡区[7-9]。如果将再生混凝土中旧骨料与水泥砂浆间的界面称作第一界面过渡区的话，新-旧水泥砂浆间还存在第二层界面。因此，从微观层次而言，再生混凝土可以视为五相材料，即旧骨料、旧砂浆、新砂浆、第一界面过渡区、第二界面过渡区。

再生混凝土组成结构如图 1-4 所示，典型的再生混凝土总共分为三层界面，两个一级界面（旧骨料-旧砂浆界面、旧骨料-新砂浆界面）和一个二级界面（新-旧砂浆界面）。粗骨料与旧砂浆间界面间往往存在明显的损伤裂缝，并且极易沿着再生骨料周围扩展，因此更为薄弱。

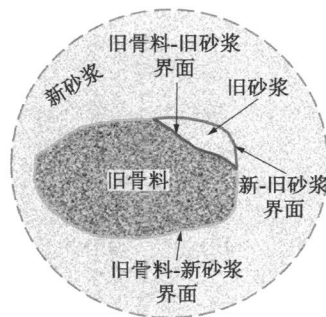

图 1-4　再生混凝土组成结构示意图

1.2.3 微观结构形貌

再生混凝土水泥砂浆微观结构形貌如图 1-5 所示，水泥浆体水化的固相主要含有水化硅酸钙（C—S—H）、钙矾石及水化硅酸凝胶。在掺加了粉煤灰的再生混凝土中还存在未水化完全的粉煤灰颗粒[10]，很少见到针片状的 $Ca(OH)_2$ 晶体，这是由于细化的粉煤灰参与二次水化消耗掉一部分的 $Ca(OH)_2$ 晶体，并填充到相应固相间的孔隙结构中。同时可以观察到再生混凝土在未受载之前，水泥石基体内部就存在着一定量的裂纹[11]。

<table>
<tr><td>(a) 2000 倍</td><td>(b) 5000 倍</td></tr>
<tr><td>(c) 10000 倍</td><td>(d) 15000 倍</td></tr>
</table>

图 1-5　再生混凝土水泥砂浆微观结构形貌

再生骨料-水泥砂浆界面微观结构形貌如图 1-6 所示。图中 1500 倍图片为骨料-新砂浆界面，5000 倍图片同时存在骨料-旧砂浆界面和新-旧砂浆界面。再生混凝土在未受载前，再生骨料与水泥砂浆基体之间的界面处就已存在明显微裂纹，而且裂纹沿骨料边缘向水泥砂浆基体发展，此界面过渡区内仍含有少量针片状的 $Ca(OH)_2$ 晶体，结构较为疏松。

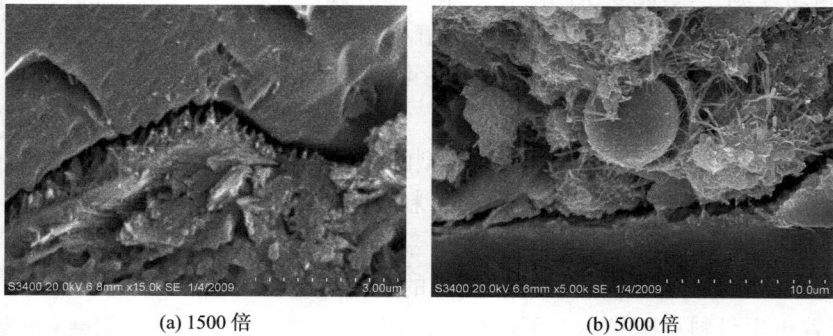

(a) 1500 倍　　　　　　　　　　(b) 5000 倍

图 1-6　再生骨料-水泥砂浆界面微观结构形貌

1.2.4　再生混凝土受力特点

1. 再生混凝土受力仿真分析

采用二维平面模型模拟再生混凝土受压过程中的应力分布，为了简化计算模型，假设平面内只含一个圆形再生骨料[11]，且旧骨料表面完全被旧砂浆包裹。再生混凝土包含两个界面，即新-旧水泥砂浆界面（新界面）及旧骨料-旧砂浆界面（旧界面），再生混凝土 ABAQUS 有限元模型[12-13]示意图如图 1-7 所示，各相均采用实体单元进行模拟，采用 CPS3 网格划分单元。假设各相材料为线弹性材料，材料参数如表 1-1 所示。顶部施加均布荷载，底部约束Y向位移，其余均自由。

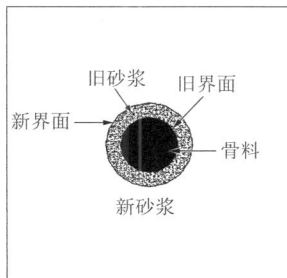

图 1-7　再生混凝土有限元模型示意图

各相单元材料参数　　　　　　　　　　　　表 1-1

单元参数	再生骨料	旧砂浆	新砂浆	旧界面	新界面
弹性模量（MPa）	70000	25000	30000	10000	12000
抗拉强度（MPa）	10.0	2.5	3.0	1.5	1.5
泊松比	0.16	0.22	0.22	0.20	0.20

2. 有限元结果分析

图 1-8 为再生混凝土X、Y方向受压应力云图，图中左上角将界面处应力云图独立截出并放大，图 1-9 为再生混凝土受力过程中应力随时间发展变化图。

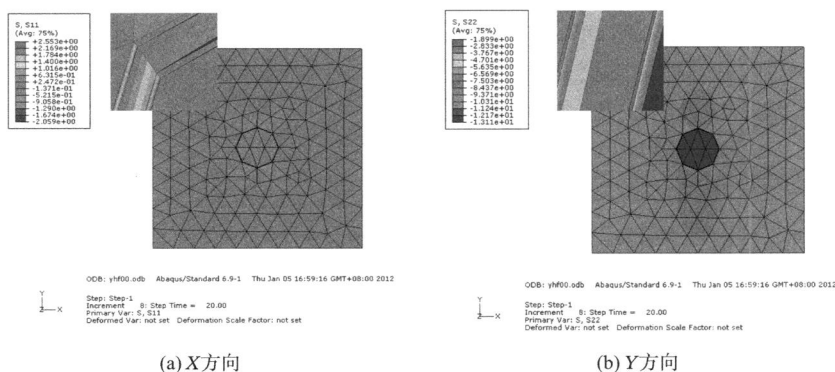

(a)X方向

(b)Y方向

图 1-8　再生混凝土受压应力云图

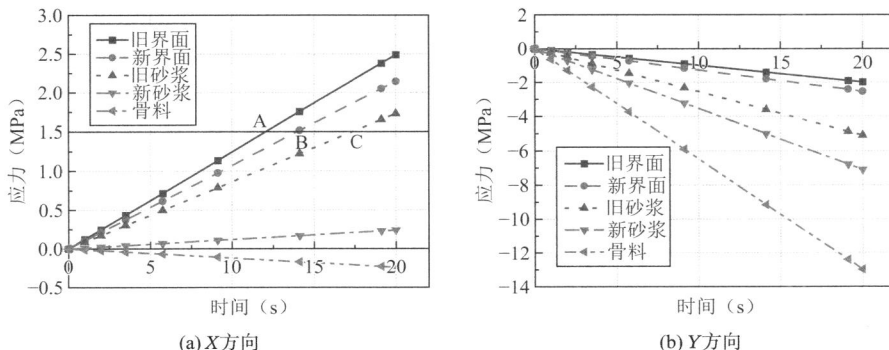

(a)X方向

(b)Y方向

图 1-9　再生混凝土应力发展图

结果表明，再生粗骨料两侧新旧界面在 X 向处于受拉状态，试件各部位在 Y 向均处于受压状态。在 X 向新旧界面受拉应力状态下，裂缝沿路径 A—B—C 发展，说明再生混凝土新-旧界面最容易发生裂纹，对再生混凝土力学性能具有很大影响。

1.3　再生混凝土配合比设计

再生混凝土配合比设计是再生混凝土获得良好性能的关键，设计时应遵循适当的标准和规范，满足混凝土在其使用寿命内的性能要求，充分利用再生骨料以促进可持续发展和资源循环利用，保证质量的同时实现经济效益的最大化。

（1）性能要求：配合比设计要确保混凝土具有适当的工作性能，以及足够的抗压强度、抗拉强度等力学性能。此外，配合比设计要适当使用掺合料和添加剂，以提高混凝土的抗渗性、抗冻融性、抗化学侵蚀等耐久性能，延长其使用寿命。

（2）资源循环利用：配合比设计需要最大程度地利用再生材料，如再生骨料、矿渣等。通过准确计算和不断创新，减少对原始材料的需求。

（3）经济性：配合比设计要在确保性能的前提下，尽可能降低混凝土的生产成本。这包括考虑原材料价格、劳动力成本、运输成本等因素，以保持再生混凝土在市场上的竞争力。

再生粗骨料具有较高的孔隙率和吸水率，且来源多样，其性能差异较大，导致再生混凝土的配合比设计缺乏统一标准。由于再生骨料吸水率高，使得实际单方用水量减少，因此需要额外加入被骨料吸收的水，而不同来源的再生骨料性能差异较大，这就难以确定被吸收水的用量和回归系数。本书介绍了目前使用较多的配合比设计方法，包括骨料预湿法、附加水法和同强混凝土配合比设计方法。

1.3.1　骨料预湿法

骨料预湿法是指采用准饱和面干状态的再生粗骨料配制混凝土的方法，由于再生骨料已经进行了预湿，所以不需要额外加入附加用水。配合比设计方法参考《再生混凝土配合比设计标准》T/CECS 1293—2023[14]，设计的基本步骤如下：首先，确定再生混凝土配制强度，并根据普通混凝土计算配合比中的用水量确定再生混凝土用水量及外加剂用量；其次，根据胶凝材料 28d 胶砂抗压强度值，由规范公式计算得到胶凝材料用量；然后，根据水胶比和粗骨料的最大粒径选择合适的砂率，计算出再生粗骨料和再生砂的用量；最后，通过试配和调整完成混凝土的配合比设计。骨料预湿法配合比设计流程如图 1-10 所示。

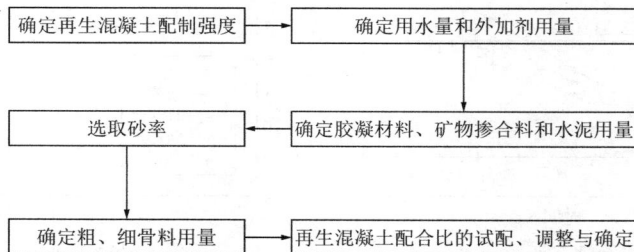

图 1-10　骨料预湿法配合比设计流程

1.3.2 附加水法

附加水法是指在配制混凝土过程中额外加入附加水的方法，配合比设计方法参考《再生混凝土概论》[15]，其方法论与普通混凝土配合比设计一致。此设计的关键在于水胶比、单位用水量以及砂率的确定，基本步骤包括：首先，根据混凝土的配制强度和胶凝材料 28d 龄期的胶砂抗压强度值，利用鲍罗米公式计算水胶比；接着根据粗骨料的最大粒径和设计坍落度确定单位立方米混凝土的用水量；再结合水胶比和粗骨料的最大粒径来选择合适的砂率；随后采用质量法或体积法计算出再生粗骨料和再生砂的用量；最后通过试配和调整完成混凝土的配合比设计。

依据《普通混凝土配合比设计规程》JGJ 55—2011[16] 及《再生混凝土概论》，附加水法配合比设计流程如图 1-11 所示。

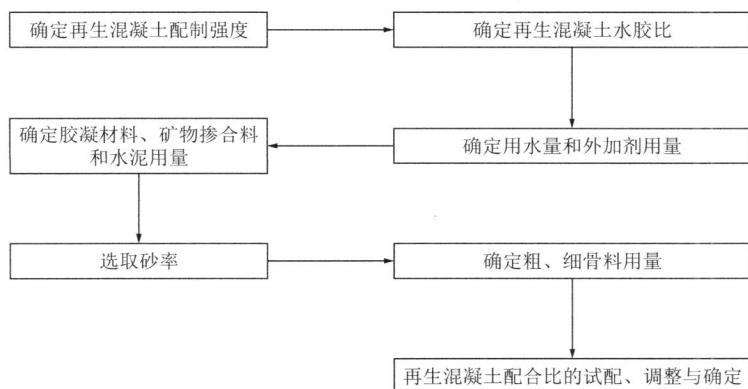

图 1-11 附加水法配合比设计流程

1.3.3 同强混凝土配合比

同强混凝土没有单独的配合比设计方法，可在第 1.3.2 节及 1.3.3 节的基础上，根据试配结果选出能达到目标强度的配合比。

1.4 再生混凝土力学性能

1.4.1 再生混凝土基本力学性能

1. 再生混凝土强度及弹性模量

再生骨料的性能差异、取代率、再生混凝土配合比和基体砂浆强度都对再生混凝土强度有着显著影响，再加上使用环境和再生骨料生产质量的差异，造成了再生混凝土强度波动较大。再生骨料通常比天然骨料具有更大的孔隙率和吸水率，并且密度和强度较低，使再生混凝土呈现出较低的强度、较低的弹性模量和显著降低的断裂能量[17]。同配合比的再生混凝土，其抗压、抗拉、抗折强度均低于普通混凝土，龄期和强度发展规律类似于普通混凝土，抗压-抗拉强度比、抗压-抗折强度比均大于普通混凝土，且弹性模量受到取代率和水灰比的影响较大[18-20]。

2. 再生混凝土耐久性

再生混凝土与普通混凝土宏观性能的差异主要来自微观结构中新、旧砂浆界面随机分布的影响。再生混凝土具有较大的孔隙率，这一特性在一定程度上增强了其保温隔热性能[21-22]，但也为水分和其他有害物质的渗透提供了通道，从而影响了其耐久性[23]。再生混凝土的抗碳化性能、抗渗性能以及抗冻性能均随着再生骨料取代率的增加而逐渐减小[24]，在实际工程应用中需要采取相应的措施来提高其耐久性，以确保混凝土结构的安全和可靠使用。在胶凝材料中加入更细小的粉煤灰，可以改善再生粗骨料的微小孔隙，提高再生混凝土的耐久性；随着细骨料取代率的提高，采用颗粒整形技术可以很大限度地改善细骨料再生混凝土的抗碳化性能[25]。

1.4.2　高温后再生混凝土基本力学性能

目前的研究表明，再生混凝土的导热系数较普通混凝土小，并随着取代率的增加而降低。当取代率为 100%时，导热系数为普通混凝土的 88%[26]。高温后再生混凝土的质量烧失率随着温度的提高而逐渐增大，再生骨料取代率越高，质量烧失率越大；混凝土强度越高，试件的质量烧失率越低。再生混凝土立方体和棱柱体在高温下的表现良好，当再生混凝土被加热到 800℃ 的高温时，没有出现爆炸性剥落，这表明再生混凝土具有足够的抗爆能力[27]。

高温后再生混凝土的破坏形态及应力-应变曲线与普通混凝土非常相似，略有不同的是高温后混凝土破坏时裂缝破碎带更宽；混凝土的峰值应力及弹性模量等相关性能随温度的增大而逐渐减小，峰值应变随所受温度的上升而逐渐增大，曲线趋于扁平[28]。

高温后再生混凝土的残余抗压强度随高温温度条件的变化规律与普通混凝土相差较大[29]。根据 Mohamedbhai[30]的试验，当混凝土的受热温度达到 200～800℃后恒温 2～3h，可使得混凝土冷却后的残余抗压强度比较稳定。随着再生混凝土所受高温温度的升高，再生混凝土的残余抗折强度整体呈下降趋势，取代率对高温后再生混凝土的抗压强度影响并没有呈现出特殊的规律[31-33]，肖建庄等在此基础上提出了高温后再生混凝土的强度与温度之间的建议计算公式。常温下，再生混凝土抗折强度与抗压强度的比值约为 0.15，与普通混凝土基本相似；高温后，再生混凝土残余抗折强度与残余抗压强度的比值随温度的升高而呈下降趋势。

法国学者 Laneyrie 等[34]认为高温后再生混凝土的损伤程度随再生骨料取代率的增加而提高，并且再生骨料来源对再生混凝土的力学性能影响较大，骨料为现场来源的再生混凝土比实验室来源的再生粗骨料混凝土力学性能更好，高温破坏作用更小。

1.4.3　冻融后再生混凝土基本力学性能

再生混凝土的微观结构由于再生骨料的加入而变得比普通混凝土更为复杂，不同来源的再生骨料性能差异较大，使得不同研究者的冻融试验结果可比性较差[5]。再生混凝土具有较大的孔隙率且再生粗骨料的吸水率较普通骨料更高，导致再生混凝土在潮湿环境中更易吸水饱和，使再生粗骨料和孔隙先于水泥胶体冻融破坏，发展成为冻融破坏的薄弱环节，导致再生混凝土的抗冻能力低于相同条件下的普通混凝土[35]。

随冻融循环次数的增加，再生混凝土的质量损失率、弹性模量损失率逐渐变大[36]；随再生混凝土强度等级的提高，粗骨料取代率对抗拉、抗压强度的影响逐渐减小[37]。曹万林等[38]、李新明[39]、张凯等[40]的研究结果表明：净水灰比相同时，冻融后再生混凝土抗压强度损伤率大于普通混凝土；当立方体抗压强度相同时，再生混凝土的抗压强度损失率小于普通混凝土。再生混凝土劈裂抗拉强度损失率随着冻融次数增加而增加，两者近似呈线性关系；再生混凝土劈裂抗拉强度损失率、抗折强度损失率、动弹性模量损失率大于同水灰比下普通混凝土的相应损失率，随着冻融次数的增加，它们之间的差异变大[41]。冻融后再生混凝土强度损失率中抗压强度损失率最小，劈裂抗拉强度损失率较大，抗折强度损失率最大，与普通混凝土规律一致[42-43]。张凯的研究结果表明，经过 280 次冻融后强度 $f_{cu} = 50 \sim 55$MPa 且取代率为 0%、30%、50%、70%试件的剪切强度分别比冻融前的相应强度降低 25%、21%、15%、9%。而且随着取代率的增加，冻融损伤逐渐降低[40]。

1.5 再生混凝土构件和结构性能

1.5.1 再生混凝土-钢筋粘结锚固

钢筋与混凝土间粘结锚固性能是混凝土结构工作的前提和基础，目前国内外已经进行了许多试验研究。再生混凝土与钢筋间的粘结-滑移曲线与普通混凝土类似，均有微滑移段、内裂滑移段、拔出阶段、下降阶段和残余阶段[44]。在配合比相同的情况下，再生混凝土粘结强度较普通混凝土相似或稍低，而当抗压强度相同时，由于再生混凝土的水灰比较小，取代率为 100%的再生混凝土粘结强度高于普通混凝土[5]。再生混凝土与纵向钢筋的粘结强度远大于与横向钢筋的粘结强度[45-47]。

安新正等[48]的试验指出，再生粗骨料取代率增大时，再生混凝土与钢筋间的峰值粘结应力呈现减小趋势。不过，徐一凡等[49]的试验得出了一些不一致的结论，他们认为再生混凝土与钢筋之间的粘结性能受再生骨料取代率的影响并不大。

Prince 和 Singh[50-52]认为变形钢筋与混凝土之间的粘结长度宜取 10～12mm。刘凯等[53]通过拉拔试验得到了在不同取代率下的再生混凝土与钢筋之间的粘结-滑移曲线，并认为在钢筋与混凝土之间的锚固长度达到设计要求后，再生混凝土与钢筋之间的粘结性能将主要取决于钢筋的拉拔强度。

目前对于再生混凝土与钢筋间粘结性能的研究多采用简单拉拔试验，其试验方案及装置简单，不能真实反映实际工程中钢筋再生混凝土的受力状况。

1.5.2 钢筋再生混凝土梁

钢筋再生混凝土梁正截面受弯机理、破坏特征、荷载-变形关系曲线与普通钢筋混凝土梁类似[54]，破坏发展过程几乎相同[55-57]，在短期荷载作用下达到正常使用极限状态时裂缝数量更多，裂缝间距更小，最大裂缝宽度小幅增长，梁挠度更大，试验结果的离散性更大[58]。Ajdukiewicz 等[59]通过对不同强度等级的 12 根钢筋再生混凝土梁进行试验，认为正常使用状态下再生混凝土梁的挠度比普通混凝土梁大 10%~25%，极限状态下大 30%~50%。肖建庄等[60]的试验结果表明再生混凝土梁斜截面开裂荷载稍小于普通混凝土梁，其斜裂缝平均宽度略大于普通混凝土梁，且再生混凝土梁的受剪极限承载力随再生粗骨料的取代率的增加而减小。

1.5.3   钢筋再生混凝土柱

钢筋再生混凝土短柱的破坏类型与普通钢筋混凝土短柱相似，破坏模式与再生骨料取代率的关系不大。再生混凝土柱与普通混凝土柱的抗压受力过程和分析机理类似，再生混凝土柱在受力过程中正截面应变变化基本符合平截面假定[61]。但再生混凝土柱偏心受压过程中混凝土剥落严重、破坏突然[62]。抗震性能试验中再生混凝土短柱构件的极限承载力和变形耗能能力随再生骨料取代率的增加而下降[63-64]。在低周往复荷载作用下，再生混凝土柱构件的破坏模式与相同轴压比的普通混凝土柱构件并无明显区别，但由于再生混凝土自身力学性能较差，构件在加载过程中其表面裂缝发展以及混凝土剥落往往更加迅速，破坏程度也更为严重[65]。

1.5.4   再生混凝土框架

再生混凝土框架在低周反复荷载下的滞回曲线比较丰满，不同类型再生混凝土框架的位移延性系数在 3.91~4.54 之间[66]，具有良好的承载能力、变形能力、耗能能力和抗震性能，能够满足现行规范对混凝土框架的基本要求[67]。随着再生骨料取代率的增加，再生混凝土框架的抗震性能没有明显降低，填充墙和框架的共同工作性能良好，框架的刚度和抵抗水平荷载的能力显著增强。孙跃东等[67-69]研究了不同再生骨料掺量再生混凝土框架及再生轻质砌块填充墙在低周反复荷载作用下的抗震性能，并认为再生混凝土框架的抗震性能优于普通混凝土框架，适用于房屋建筑结构。

1.6   再生混凝土结构应用

经过近半个世纪的研究，人们对再生混凝土已经有了一定的了解，再生混凝土在实际工程中的应用也逐渐增多，而且绝大多数发达国家均已制定了相应的规范和准则。日本和韩国是亚洲领先研究和应用再生混凝土的主要国家，日本清水建设有限公司和东京电力公司联合开发了一套将废旧混凝土砂浆和石子的分离技术，使再生混凝土生产系统化，为再生混凝土的推广应用提供了便利。韩国的"利福姆系统"装修公司同样也成功开发了从废弃混凝土中分离水泥的一套技术方法。

我国再生混凝土研究较晚，随着城镇化进程加快和环境保护意识增强，再生应用也逐渐增多。2014 年 9 月，上海城建物资有限公司"绿色预拌再生混凝土"获批市高新技术成果转化项目。2018 年 5 月，北京城建道桥集团有限公司在房山建成第一座循环经济产业基地，实现了建筑垃圾快速原地转化，可以生产杂质含量低于千分之四的高品质再生骨料，形成从建筑垃圾处置到再生产品应用的闭环。尽管如此，最初再生混凝土的应用仅局限于公路路面及路基铺设，但随着国家可持续发展战略的部署以及对再生混凝土力学及结构性能的逐步了解，再生混凝土也慢慢应用于实际工程的结构部分。

1.6.1　上海世博"沪上·生态家"

2010 年 4 月 20 日，"再生混凝土"材料建造而成的世界博览会城市最佳实践区上海案例馆"沪上·生态家"（图 1-12）作为代表上海参展的唯一实物展品亮相世博。"沪上·生态家"占地面积 1300m²，建筑面积 3017m²，地上四层，地下一层。建筑主体混凝土结构均采用高性能再生骨料混凝土，其中用矿渣粉、粉煤灰等工业废料代替部分水泥，用旧混凝土碎石取代天然碎石作为混凝土骨料。世博会期间"沪上·生态家"作为上海生态人居展示案例，与北侧伦敦案例、西侧马德里案例相邻，共同构成居住组团，是 2010 年上海世博会永久性场馆之一，也是我国首座"零能耗"生态示范住宅，体现了我国在再生混凝土研究及应用方面的突飞猛进。

图 1-12　上海世博会"沪上·生态家"

1.6.2　上海五角场 12 层办公楼

上海市杨浦区五角场镇 340 街坊商业办公用房 2A 座（图 1-13）是上海市科委课题《高性能再生混凝土结构成套关键技术与应用》（14231201300）的示范工程。该建筑由上海城建集团承建，于 2016 年 12 月竣工，结构高度 45.6m，采用钢筋混凝土框架-核心筒结构体系，建筑地下 2 层，地上 12 层，高度 49.2m，面积达 1.5 万 m²，属于框架-剪力墙结构。建筑 3 层以上结构构件应用再生混凝土材料。项目设计并采用了 C30、C40 和 C50 三种强度等级的再生混凝土，C30 再生混凝土应用于梁板水平结构，C40 和 C50 再生混凝土应用于墙柱竖向结构。该建筑通过了上海市专家委员会的严格审查，获得上海市优秀工程建筑结构专业一等奖，是国内首个采用再生混凝土的高层建筑，也是国家资源再生利用重大示范工程。在全国范围内首次将再生混凝土应用于高层泵送并实施长期监测结构性能变化，大楼单位面积建筑建材碳排放下降 15.6%，在后续的连续监测中，结构性能未见任何变化。

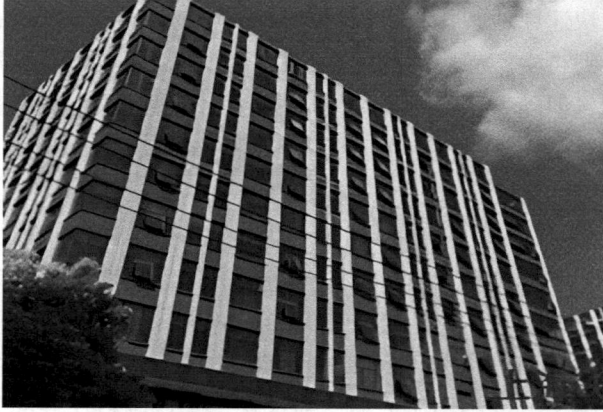

图 1-13　五角场镇 340 街坊商业办公用房 2A 座

1.6.3　钦州沙井钦江大桥保通桥

沙井钦江大桥保通桥（图 1-14）全长 526m，宽 20m，共计 41 跨。项目紧挨红树林保护区，对环境、生态及施工要求极高，且各类材料供应紧张，工期压力大。该项目结合沙井钦江大桥保通桥项目特点，应用了再生骨料品质提升技术、再生骨料混凝土力学性能智能预测技术、C50 再生骨料混凝土的配合比优化设计、高性能再生混凝土泵送施工技术、潮湿环境与复杂荷载作用下再生骨料混凝土的耐久性能提升技术等多项关键技术，不仅减少废弃混凝土填埋 10000t，而且资源化利用再生骨料 2760t，应用再生混凝土 9200m³，验证了复杂环境与荷载作用下再生混凝土桥梁的适用性，为未来的再生绿色桥梁建设提供借鉴方案。

图 1-14　沙井钦江大桥保通桥

1.6.4　新加坡三和环保大楼

三和环保大楼（图 1-15）位于新加坡北部一个工业区，大楼于 2010 年竣工，最大的特色是大量采用混凝土建筑废料循环利用制成的混凝土骨料。项目建设时已经有一些规模化的骨料工厂在运行，再生石子仍会有大约 5% 的杂质，但足以满足使用的要求。三和环保大楼的第一层在建设时也并非是用百分之百的再生混凝土，而是在建设完第一层后发现效果很好，于是逐渐提高再生混凝土使用比例，到第三层时最终决定尝试采用 100% 的再生混凝土骨料。

图 1-15 新加坡三和环保大楼

为了监测使用再生混凝土能否保证建筑物的性能，研究团队在大楼的支柱等结构性部位安装了光导纤维感应器，以监测混凝土的各种性能，从监测数据来看，再生混凝土性能已趋于稳定。大楼竣工后，同年即获得新加坡建设局颁发的绿色建筑标志白金奖，新加坡政府在 2011 年开始允许建筑商使用再生混凝土材料来建造最多 20%的建筑物结构，不少新商业及工业建筑项目已开始使用再生混凝土材料。

1.6.5 瑞士 Zephyr Ost

2023 年建成的 Zephyr Ost（图 1-16）位于楚格科技集群中，是迄今为止瑞士最大的采用气候友好型混凝土的建设项目。工程中将该区域的拆除建筑物加工碳化成优质再生原材料，这些原材料随后在混凝土生产过程中再次进入建筑材料循环中。项目将创新的碳存储技术与含有再生骨料的混凝土和资源节约型水泥相结合，可以捕获二氧化碳并存储在拆除的混凝土中，为实现净零排放铺平道路。

图 1-16 瑞士 Zephyr Ost

综上，尽管国内外目前已经将再生混凝土应用于相关结构工程实际，但在结构设计时大多仍采用普通钢筋混凝土结构设计规范进行配筋及锚固长度设计，专门针对再生混凝土和钢筋的粘结锚固设计依据仍然缺乏，尤其是考虑冻融、高温、钢筋锈蚀等环境影响和不同受力工况下再生混凝土-钢筋的粘结仍然不足。

参考文献

[1] 中国建筑节能协会建筑能耗与碳排放数据专委会. 2022 中国建筑能耗与碳排放研究报告[R]. 重庆, 2022.

[2] 巴恒静, 冯奇, 杨英姿. 复合微粒高性能混凝土的二级界面显微结构及耐久性研究[J]. 硅酸盐学报, 2003, 31(11): 1043-1047.

[3] 全洪珠. 国外再生混凝土的应用概述及技术标准[J]. 青岛理工大学学报, 2009, 30(4): 87-92, 126.

[4] 李秋义, 李云霞, 朱崇绩. 基于需水量比和强度比的再生粗骨料分类方法[J]. 材料科学与工艺, 2007(4): 480-483.

[5] 肖建庄. 再生混凝土[M]. 北京: 中国建筑工业出版社, 2008.

[6] 中华人民共和国住房和城乡建设部. 混凝土用再生粗骨料: GB/T 25177—2010. 北京: 中国标准出版社, 2011.

[7] Poon C S, Shui Z H, Lam L. Effect of microstructure of ITZ on compressive strength of concrete prepared with recycled aggregates[J]. Construction and Building Materials, 2004, 18(6): 461-468.

[8] Prokopski G, Halbiniak J. Interfacial transition zone in cementitious materials[J]. Cement and Concrete Research, 2000, 30(4): 579-583.

[9] Gao J M, Qian C X, Liu H F, et al. ITZ microstructure of concrete containing GGBS[J]. Cement and Concrete Research, 2005, 35(7): 1299-1304.

[10] 刘海峰, 高建明, 王边, 等. 掺矿渣微粉混凝土的微细观性能试验研究[J]. 混凝土与水泥制品, 2003(6): 16-18.

[11] 杨海峰. 再生混凝土受压本构关系及其与钢筋间粘结滑移性能研究[D]. 南宁: 广西大学, 2013.

[12] 肖建庄, 刘琼, 李文贵, 等. 再生混凝土细微观结构和破坏机理研究[J]. 青岛理工大学学报, 2009, 30(4): 24-30.

[13] 杜江涛. 再生混凝土单轴受力应力-应变关系试验与数值模拟[D]. 上海: 同济大学, 2008.

[14] 中国工程建设标准化协会. 再生混凝土配合比设计标准: T/CECS 1293—2023. 北京: 中国计划出版社, 2023.

[15] 朱平华. 再生混凝土概论[M]. 北京: 北京理工大学出版社, 2017.

[16] 中华人民共和国住房和城乡建设部. 普通混凝土配合比设计规程: JGJ 55—2011. 北京: 中国建筑工业出版社, 2011.

[17] Casuccio M, Torrijos M C, Giaccio G, et al. Failure mechanism of recycled aggregate concrete[J]. Construction and Building Materials, 2008, 22(7): 1500-1506.

[18] Matias D, De B J, Rosa A, et al. Mechanical properties of concrete produced with recycled coarse aggregates-Influence of the use of superplasticizers[J]. Construction and Building Materials, 2013, 44: 101-109.

[19] Grabiec A M, Klama J, Zawal D, et al. Modification of recycled concrete aggregate by calcium carbonate biodeposition[J]. Construction and Building Materials, 2012, 34: 145-150.

[20] 李佳彬, 肖建庄, 黄健. 再生粗骨料取代率对混凝土抗压强度的影响[J]. 建筑材料学报, 2006(3): 297-301.

[21] 黄运标. 再生混凝土高温性能研究[D]. 上海: 同济大学, 2006.

[22] 邢振贤, 周曰农. 再生混凝土的基本性能研究[J]. 华北水利水电学院学报, 1998(2): 30-32.

[23] Limbachiya M C, Leelawat T, Dhir R K. Use of recycled concrete aggregate in high-strength concrete[J]. Materials and Structures, 2000, 33(9): 574-580.

[24] Olorunsogo F T, Padayachee N. Performance of recycled aggregate concrete monitored by durability indexes[J]. Cement and Concrete Research, 2002, 32(2): 179-185.

[25] 刘星伟, 李秋义, 李艳美, 等. 再生细骨料混凝土碳化性能的试验研究[J]. 青岛理工大学学报, 2009, 30(4): 159-161+170.

[26] 游帆, 郑建岚. 全再生骨料混凝土导热性能试验研究[J]. 福州大学学报 (自然科学版), 2018, 46(3): 391-395.

[27] Xiao J, Fan Y, Tawana M M. Residual compressive and flexural strength of a recycled aggregate concrete following elevated temperatures[J]. Structural Concrete, 2013, 14(2): 168-175.

[28] 苏益声, 孟二从, 陈宗平, 等. 高温后再生卵石混凝土抗压性能试验研究[J]. 混凝土, 2014(8): 78-81+87.

[29] Teranishi K, Dosho Y, Narikawa M, et al. Application of recycled aggregate concrete for structural concrete. part 3- production of recycled aggregate by real-scale plant and quality of recycled aggregate concrete[C]// Sustainable Construction: Use of Recycled Concrete Aggregate. Thomas Telford Publishing, 1998: 143-156.

[30] Mohamedbhai G T G. Effect of exposure time and rates of heating and cooling on residual strength of heated concrete[J]. Magazine of Concrete Research, 1986, 38(136): 151-158.

[31] Xiao J, Li J, Zhang Ch. Mechanical properties of recycled aggregate concrete under uniaxial loading[J]. Cement and Concrete Research, 2005, 35(6): 1187-1194.

[32] 肖建庄, 黄运标, 郑永朝. 高温后再生混凝土的残余抗折强度[J]. 建筑科学与工程学报, 2009, 26(3): 32-36.

[33] 肖建庄, 黄运标. 高温后再生混凝土残余抗压强度[J]. 建筑材料学报, 2006(3): 255-259.

[34] Laneyrie C, Beaucour A L, Green M F, et al. Influence of recycled coarse aggregates on normal and high performance concrete subjected to elevated temperatures[J]. Construction and Building Materials, 2016, 111: 368-378.

[35] 王清远, 董江峰. 再生混凝土材料及其约束构件的性能与分析[M]. 北京: 科学出版社, 2018.

[36] 邹超英, 范玉辉, 胡琼. 冻融循环后再生混凝土基本力学性能试验[J]. 建筑结构, 2010, 40(S1): 434-438.

[37] 戴俊, 翟惠慧, 黄斌斌, 等. 冻融循环下再生混凝土力学性能研究[J]. 混凝土, 2022(5): 61-64+68.

[38] 曹万林, 梁梦彬, 董宏英, 等. 再生混凝土冻融后基本力学性能试验研究[J]. 自然灾害学报, 2012, 21(3): 184-190.

[39] 李新明. 冻融后钢筋与再生混凝土粘结性能试验研究[D]. 青岛: 青岛理工大学, 2016.

[40] 张凯, 陈亮亮, 侍克斌. 不同取代率再生骨料混凝土在硫酸盐侵蚀和冻融循环共同作用下的力学性能研究[J]. 科学技术与工程, 2017, 17(7): 257-262.

[41] 安新正, 易成, 王小学, 等. 冻融后钢筋再生混凝土粘结性能研究[J]. 实验力学, 2013, 28(2): 227-234.

[42] 张雷顺, 王娟, 黄秋风, 等. 再生混凝土抗冻耐久性试验研究[J]. 工业建筑, 2005(9): 64-66+45.

[43] 洪锦祥, 缪昌文, 刘加平, 等. 冻融损伤混凝土力学性能衰减规律[J]. 建筑材料学报, 2012, 15(2): 173-178.

[44] 肖建庄, 李丕胜, 秦薇. 再生混凝土与钢筋间的粘结滑移性能[J]. 同济大学学报 (自然科学版), 2006(1): 13-16.

[45] Kakizaki M, Harada M, Soshiroda T, et al. Strength and elastic modulus of recycled aggregate concrete[M]. Boca Raton: CRC Press, 2004.

[46] Roos F A. Contribution for the calculation of concrete with recycled aggregate according to DIN 1045-1[D]. Munich: Munich University, 2002.

[47] Jau W C, Fu C W, Yang C T. Study of feasibility and mechanical properties for producing high-flowing concrete with recycled coarse aggregates[C]// In: Proceedings of the international workshop on sustainable development and concrete technology, Beijing, China, 2004.

[48] 安新正, 易成, 刘燕, 等. 再生混凝土与钢筋的粘结性能试验研究[J]. 河北工程大学学报 (自然科学版), 2010, 27(3): 1-4.

[49] 徐一凡, 孙伟民, 郭樟根. 再生混凝土与钢筋粘结性能的试验研究[J]. 特种结构, 2012, 29(3): 81-84.

[50] Prince M J R, Singh B. Bond behaviour between recycled aggregate concrete and deformed steel bars[J]. Materials and Structures, 2014, 47(3): 503-516.

[51] Prince M J R, Singh B. Bond behaviour of normal-and high-strength recycled aggregate concrete[J]. Structural Concrete, 2015, 16(1): 56-70.

[52] Prince M J R, Singh B. Investigation of bond behaviour between recycled aggregate concrete and deformed steel bars[J]. Structural Concrete, 2014, 15(2): 154-168.

[53] 刘凯, 蒋大园, 尤慧敏. 再生混凝土与钢筋的粘结性能试验研究[J]. 内蒙古科技大学学报, 2012, 31(4): 373-378.

[54] Lauritzen E K. Demolition and reuse of concrete and masonry: Proceedings of the third international RILEM symposium[M]. Boca Raton: CRC Press, 1993.

[55] Maruyama I, Sogo M, Sogabe T, et al. Flexural properties of reinforced recycled concrete beams[C]// Proceedings of the International RILEM Conference on the Use of Recycled Materials in Buildings and Structures, 2004.

[56] Tanaka R, Miura S, Ohaga Y. Experimental study on the possibility of using permanently recycled concrete for reinforced concrete structures[J]. Zairyo, 2002, 51(8): 948-954.

[57] 邓志恒, 杨海峰, 罗延明, 等. 再生混凝土有腹筋简支梁斜截面抗剪试验研究[J]. 工业建筑, 2010, 40(12): 47-50.

[58] 刘超, 白国良, 冯向东, 等. 再生混凝土梁抗弯承载力计算适用性研究[J]. 工业建筑, 2012, 42(4): 25-30.

[59] Ajdukiewicz A B, Kliszczewicz A. Behavior of RC beams from recycled aggregate concrete[C]// ACI Fifth International Conference on "Innovation and Design with Emphasis on Seismic, Wind and Environmental Loading, Quality Control and Innovation in Materials/Hot Weather Concreting", Cancun, 2002.

[60] 肖建庄, 兰阳. 再生混凝土梁抗剪性能试验研究[J]. 结构工程师, 2004(6): 53-58.

[61] 肖建庄, 沈宏波, 黄运标. 再生混凝土柱受力性能试验[J]. 结构工程师, 2006, 22(6): 73-77.

[62] 邓志恒, 蒙朝楼, 李君, 等. 再生混凝土柱破坏形态及极限承载力计算[C]//《工业建筑》2016 年增刊 Ⅱ. 广西大学土木建筑工程学院; 广西大学广西防灾减灾与工程安全重点实验室, 2016.

[63] 沈宏波. 再生混凝土柱受力性能试验研究[D]. 上海: 同济大学, 2006.

[64] 张亚齐, 曹万林, 张建伟, 等. 再生混凝土短柱抗震性能试验研究[J]. 震灾防御技术, 2010, 5(1): 89-98.

[65] 彭立港, 赵羽习. 再生骨料混凝土结构构件研究进展（Ⅰ）——短期力学性能[J]. 工业建筑, 2024, 54(8): 104-113.

[66] 孙跃东, 肖建庄, 周德源, 等. 再生混凝土框架抗震性能的试验研究[J]. 土木工程学报, 2006(5): 9-15.

[67] 孙跃东. 再生混凝土框架抗震性能试验研究[D]. 上海: 同济大学, 2007.

[68] Xiao J Z, Sun Y D, Falkner H. Seismic performance of frame structures with recycled aggregate concrete[J]. Engineering Structures, 2006(28): 1-8.

[69] 孙跃东, 肖建庄, 周德源, 等. 再生轻质砌块填充墙再生混凝土框架抗震性能的试验研究[J]. 地震工程与工程振动, 2005, 25(5): 124-131.

简单拉拔作用下
再生混凝土－钢筋粘结滑移性能

2.1 概述

再生混凝土与普通混凝土的区别在于其骨料采用废弃混凝土破碎产生，相较于普通混凝土，再生混凝土中骨料与水泥砂浆的界面情况更加复杂[1-3]，导致再生混凝土与钢筋之间的粘结滑移性能与普通混凝土存在差异。因此，进行再生混凝土与钢筋间的粘结滑移性能研究是再生混凝土结构应用亟待解决的关键问题。

钢筋混凝土结构具有悠久的历史，但钢筋混凝土的粘结滑移问题直至 20 世纪 60 年代才开始被真正重视并深入研究，由于其复杂性及重要性，时至今日，粘结滑移问题仍然是学者们对新型混凝土结构材料研究的重点。通常情况下，锚固问题主要分为筋端锚固和缝间粘结[4]，如图 2-1 所示。筋端锚固性能主要决定了结构的承载力，例如预埋件、受力钢筋锚固等；而缝间粘结性能主要决定结构的使用状态，例如裂缝和刚度等。这两类问题由于边界条件不同而有所差异，但其基本机理基本相通，由于考虑量测方便等各方面因素，目前大多数学者采用拉拔试验进行研究（筋端锚固）[5-9]，且多以实际工程中应用最多的螺纹钢作为研究对象。现有的研究成果表明，螺纹钢的粘结力主要由化学胶着力、摩擦力以及机械咬合力组成，且机械咬合力在螺纹钢筋粘结力中所占的比例达到 70%以上，典型的粘结滑移曲线如图 2-2 所示，根据已有研究可以定义以下粘结应力-滑移曲线的特征值，初始粘结强度τ_{cr}是自由端开始滑移时的粘结应力值，即 cr 点对应的粘结应力；极限粘结强度τ_u是粘结应力的峰值，即 u 点对应的粘结应力；残余粘结强度τ_r是粘结滑移曲线下降至平滑段的拐点，即 r 点对应的粘结应力；三者相对应的滑移特征值分别为s_{cr}、s_u、s_r。通常将带肋钢筋与混凝土的粘结-滑移曲线分为 5 个阶段：

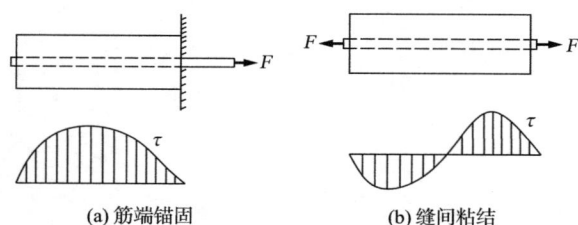

(a) 筋端锚固　　　　(b) 缝间粘结

图 2-1　两种锚固问题对比

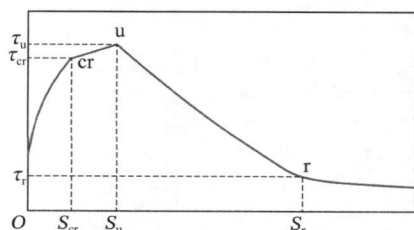

图 2-2　典型的粘结滑移曲线

1. 微滑阶段（O—s 段）

该阶段加载力较小，钢筋与混凝土之间化学胶着力起主要作用，加载端只有少量滑移，自由端未发生滑移，胶着力逐渐从加载端到自由端开始传递并破坏，钢筋具有滑动趋势，横向肋与混凝土形成锥楔挤压作用，横肋顶点处出现拉应力集中，使得混凝土出现径向挤压，内部斜裂缝和径向裂缝开始形成，如图 2-3 所示。

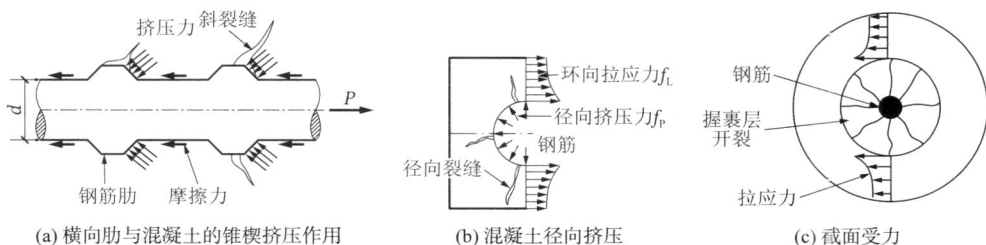

(a) 横向肋与混凝土的锥楔挤压作用　　(b) 混凝土径向挤压　　(c) 截面受力

图 2-3　肋前挤压及混凝土受力状态

2. 滑移阶段（s—cr 段）

随着加载拉力的增加，自由端滑移开始出现，并呈非线性增长，化学胶着力完全丧失，内裂缝由握裹层逐渐向表面发展，肋前混凝土被挤压破碎。

3. 劈裂阶段（cr—u 段）

该阶段内裂缝沿着保护层最薄弱处发展至混凝土表面，试件出现沿着钢筋纵向的劈裂裂缝，并从加载端慢慢延伸至自由端，此时粘结力达到最大。

4. 下降阶段（u—r 段）

混凝土劈裂后，荷载开始下降，对于无横向约束构件，由于混凝土握裹层及机械咬合力的消失导致粘结应力急剧下降，只剩下钢筋与混凝土间的少量摩擦力，同时滑移量大幅增加。

5. 残余阶段（r 后水平段）

随着滑移量增至一个横肋间距时，粘结应力开始缓慢下降，自由端滑移量大幅增加。

混凝土与钢筋间的粘结-滑移破坏模式主要分为以下三种：

（1）劈裂破坏：如图 2-3 所示混凝土内部的环向拉应力 f_L 超过混凝土的抗拉强度 f_t，混凝土将开裂形成纵向-径向裂缝，当混凝土试件没有横向约束箍筋或者钢筋混凝土保护层厚度较小时，裂缝沿径向试件表面扩展。同时裂缝也沿纵向开展，首先到达加载端表面，随后裂缝开展至自由端表面形成贯穿裂缝，贯穿过程中发出明显的劈裂声响，试件发生劈裂破坏。钢筋与混凝土之间的粘结应力达到极限粘结强度，此时钢筋与混凝土之间的滑移量快速增加，此后粘结-滑移曲线进入下降段。

（2）拔出破坏：当混凝土试件设置了横向约束箍筋或者钢筋保护层厚度较大，由混凝土内部的环向拉应力 f_L 引起的径向裂缝在开展过程中，由于横向钢筋或者保护层厚度较大提供了足够的约束，限制了裂缝的开展，因此试件没有发生劈裂破坏。此时钢筋与混凝土之间的滑移大量增加，因此钢筋肋前混凝土受压区增大，导致混凝土破碎区增大，最终导致钢筋与混凝土之间的咬合位置被剪切破坏而使得钢筋从混凝土中被拔出。

（3）试件劈裂-拔出破坏：试件在加载过程中，当图 2-3 所示混凝土内部的最大环向拉应力 f_L 大于混凝土的抗拉强度 f_t 时，径向裂缝沿钢筋纵向延伸发展贯穿致使混凝土劈裂。当钢筋保护层较厚或试件配有横向箍筋，由于有一定约束裂缝的能力，因此混凝土发生劈裂的同时钢筋与混凝土之间的粘结应力超过极限粘结应力，导致钢筋肋前混凝土被剪切破坏，钢筋被拔出。

2.2　试验设计

2.2.1　试件设计

1. 无箍筋约束的再生混凝土-钢筋粘结滑移试验

试验中主要受力钢筋选用 HPB235 光圆钢和 HRB335 螺纹钢。钢筋性能见表 2-1。

钢筋性能　　　　　　　　　　　　　　　　　　表 2-1

强度等级	钢筋种类	直径（mm）	抗拉强度（MPa）	屈服强度（MPa）	弹性模量（MPa）
HPB235	圆钢	20	390.3	280.5	1.88×10^5
HRB335	螺纹钢	20	539.8	358.3	2.02×10^5

试验所用再生粗骨料来源于南宁市某路面废弃混凝土破碎和筛分而成，依据《混凝土用再生粗骨料》GB/T 25177—2010 的分类标准，属 Ⅱ 类再生粗骨料，天然粗骨料为普通碎石，粗骨料性能见表 2-2。拌合料为 P·O 42.5 普通硅酸盐水泥；缓凝高效减水剂按水泥重量的 2.5%掺加。

粗骨料性能　　　　　　　　　　　　　　　　　表 2-2

名称	级配（mm）	表观密度（kg/m³）	堆积密度（kg/m³）	吸水率（%）	压碎指标（%）
再生粗骨料	5～15	2430	1260	5.96	19.5
天然粗骨料	5～15	2760	1429	1.35	13

试验参照普通混凝土配合比设计原则，即不考虑再生骨料自身额外吸水率，直接按照天然骨料混凝土配合比浇筑，再生粗骨料采用等相对密度取代天然骨料，取代率取 0%、50%、100%，本次试验配制水胶比为 0.5、0.28 两种配合比，分别针对普通强度和高强混凝土而配置，试验详细配合比及坍落度见表 2-3。

再生混凝土配合比　　　　　　　　　　　　表 2-3

编号	水胶比（W/B）	含量（%）			材料用量（kg/m³）							抗压强度 f_c（MPa）
		RA/A	FA/B	KF/B	RA	NA	C	FA	KF	S	W	
HA1	0.28	0	15	15	0	1050	420	90	90	670	168	61.8
HA2	0.28	50	15	15	525	525	420	90	90	670	168	64.9
HA3	0.28	100	15	15	1050	0	420	90	90	670	168	52.6
SA1	0.5	0	0	0	0	1150	420	0	0	750	210	39.7
SA2	0.5	50	0	0	575	575	420	0	0	750	210	40.6

续表

编号	水胶比 (W/B)	含量（%）			材料用量（kg/m³）							抗压强度 f_c（MPa）
		RA/A	FA/B	KF/B	RA	NA	C	FA	KF	S	W	
SA3	0.5	100	0	0	1150	0	420	0	0	750	210	32.0

注：W代表水，B代表胶凝材料，RA代表再生粗骨料，A代表粗骨料，FA代表粉煤灰，KF代表矿粉，NA代表天然粗骨料，C代表水泥，S代表砂。

试验共设计 18 个钢筋混凝土试块，其中 12 个螺纹钢筋构件，6 个圆钢构件，详细设计尺寸如图 2-4 所示。

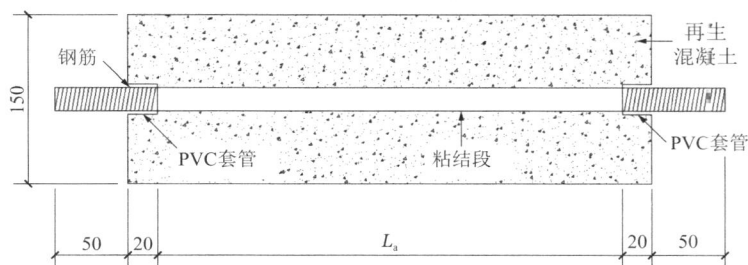

图 2-4　试件尺寸示意图（L_a 为钢筋锚固长度）

为了使试件受力过程中不出现局部应力集中破坏，在试件两端分别设置长度为 20mm 的 PVC 套管，同时为了避免水泥砂浆在混凝土浇筑过程中灌满套管内形成粘结力，安装钢筋后采用融化石蜡法灌满套管。试件编号规则如下所示：混凝土种类及强度-再生骨料取代率-钢筋种类及其直径-锚固长度，例如："HRC60-50-SD20-7.5d"表示试件采用强度等级为 60MPa 的高强再生混凝土，再生骨料取代率为 50%，拉拔螺纹钢筋的直径 20mm，锚固长度为 7.5 倍的钢筋直径（d）。其中，圆钢为 CD，螺纹钢为 SD。试件参数值如表 2-4 所示。

试件参数值　　　　　　　　　　　　　　　　表 2-4

编号	混凝土强度（MPa）	再生粗骨料取代率（%）	钢筋种类	锚固长度	混凝土尺寸
HNC-0-CD20-17.5d	61.8	0	圆钢	17.5d	150mm × 150mm × 350mm
HRC60-50-CD20-17.5d	64.9	50	圆钢	17.5d	150mm × 150mm × 350mm
HRC50-100-CD20-17.5d	52.6	100	圆钢	17.5d	150mm × 150mm × 350mm
HNC60-0-SD20-7.5d	61.8	0	螺纹钢	7.5d	150mm × 150mm × 150mm
HRC60-50-SD20-7.5d	64.9	50	螺纹钢	7.5d	150mm × 150mm × 150mm
HRC50-100-SD20-7.5d	52.6	100	螺纹钢	7.5d	150mm × 150mm × 150mm
HNC60-0-SD20-12.5d	61.8	0	螺纹钢	12.5d	150mm × 150mm × 250mm
HRC60-50-SD20-12.5d	64.9	50	螺纹钢	12.5d	150mm × 150mm × 250mm
HRC50-100-SD20-12.5d	52.6	100	螺纹钢	12.5d	150mm × 150mm × 250mm
NC35-0-CD20-22.5d	39.7	0	圆钢	22.5d	150mm × 150mm × 450mm
RC35-50-CD20-22.5d	40.6	50	圆钢	22.5d	150mm × 150mm × 450mm
RC30-100-CD20-22.5d	32.0	100	圆钢	22.5d	150mm × 150mm × 450mm
NC35-0-SD20-7.5d	39.7	0	螺纹钢	7.5d	150mm × 150mm × 150mm

编号	混凝土强度（MPa）	再生粗骨料取代率（%）	钢筋种类	锚固长度	混凝土尺寸
RC35-50-SD20-7.5d	40.6	50	螺纹钢	7.5d	150mm × 150mm × 150mm
RC30-100-SD20-7.5d	32.0	100	螺纹钢	7.5d	150mm × 150mm × 150mm
NC35-0-SD20-12.5d	39.7	0	螺纹钢	17.5d	150mm × 150mm × 350mm
RC35-50-SD20-12.5d	40.6	50	螺纹钢	17.5d	150mm × 150mm × 350mm
RC30-100-SD20-12.5d	32.0	100	螺纹钢	17.5d	150mm × 150mm × 350mm

2. 箍筋约束的再生混凝土-钢筋粘结滑移试验

本试验选取的水泥为海螺牌 P·C 32.5R 复合硅酸盐水泥；细骨料采用普通天然河砂；再生粗骨料（RA）来源于南宁市某路面废弃混凝土经破碎和筛分而成，依据《混凝土用再生粗骨料》GB/T 25177—2010 的分类标准，属Ⅱ级骨料，天然粗骨料（NCA）为普通碎石，粗骨料性能见表 2-5。主要受力钢筋选用热轧带肋钢筋 HRB400，钢筋直径为 16mm、20mm；箍筋采用 HPB300，箍筋直径为 6mm、8mm，箍筋间距分为 80mm、100mm。钢筋基本试验性能见表 2-6。按同抗压强度等级（C40）要求试配 0%、30%、50%、70%、100% 共 5 种不同再生粗骨料取代率下的再生混凝土配合比，设计时考虑再生粗骨料吸水率较高的特点，增加附加水。最终的配合比见表 2-7。

粗骨料性能　　　　　　表 2-5

骨料类型	级配（mm）	表观密度（kg/m³）	堆积密度（kg/m³）	吸水率（%）	压碎值指标（%）
再生粗骨料	5～26.5	3105	1521	4.54	12.6
天然粗骨料	5～26.5	2340	1325	0.35	11.4

钢筋力学性能　　　　　　表 2-6

钢筋直径（mm）	屈服强度（MPa）	弹性模量（MPa）
16	400	2.11×10^5
20	400	2.17×10^5

C40 同强度再生混凝土配合比　　　　　　表 2-7

编号	再生粗骨料取代率	水灰比	材料用量（kg/m³）					
			水泥	砂	天然骨料	再生骨料	水	附加水
NC0	0%	0.46	402	544	1269	0	185	0
RC-30	30%	0.39	475	522	853	365	185	18
RC-50	50%	0.38	487	518	605	605	185	30
RC-70	70%	0.37	500	515	360	840	185	42
RC-100	100%	0.35	529	506	0	1180	185	59

试件按不同取代率、相对保护层厚度及配箍率共分为 22 组，每组 3 个，编号见表 2-8。钢筋与再生混凝土的粘结长度 $L_a = 5d$（d 为钢筋直径），粘结段及端部做法同无箍筋试验，钢筋直径分别为 20mm、16mm，试件尺寸如图 2-5 所示。试件编号在上述规则的基础上，末尾添加箍筋直径及其间距。

试件参数表　　　　　　　　　　　　　　　表 2-8

编号	再生粗骨料取代率（%）	钢筋直径（mm）	箍筋直径（mm）
NC40-0-RD20-5d	0	20	—
RC40-30-RD20-5d	30	20	—
RC40-50-RD20-5d	50	20	—
RC40-70-RD20-5d	70	20	—
RC40-100-RD20-5d	100	20	—
NC40-0-RD20-5d-8@100	0	20	ϕ8@100
RC40-30-RD20-5d-8@100	30	20	ϕ8@100
RC40-50-RD20-5d-8@100	50	20	ϕ8@100
RC40-70-RD20-5d-8@100	70	20	ϕ8@100
RC40-100-RD20-5d-8@100	100	20	ϕ8@100
NC40-0-RD16-5d-8@80	0	16	ϕ8@80
RC40-30-RD16-5d-8@80	30	16	ϕ8@80
RC40-50-RD16-5d-8@80	50	16	ϕ8@80
RC40-70-RD16-5d-8@80	70	16	ϕ8@80
RC40-100-RD16-5d-8@80	100	16	ϕ8@80
NC40-0-RD16-5d-6@80	0	16	ϕ6@80
RC40-30-RD16-5d-6@80	30	16	ϕ6@80
RC40-50-RD16-5d-6@80	50	16	ϕ6@80
RC40-70-RD16-5d-6@80	70	16	ϕ6@80
RC40-100-RD16-5d-6@80	100	16	ϕ6@80
NC40-0-RD16-5d	0	16	—
RC40-100-RD16-5d	100	16	—

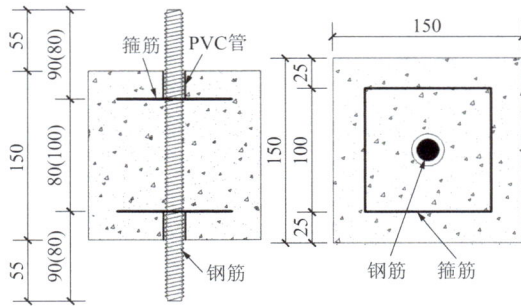

图 2-5　试件尺寸示意图

2.2.2　试验仪器及加载量测

试件加载设备采用课题组自行研发的一种测试钢筋混凝土粘结滑移性能的专利装置[10]，如图 2-6 所示。通过更换顶部端板，就能够同时实现简单中心拉拔试验和弯曲-剪切受力工况的半梁式试验，中心拉拔试验装置如图 2-7 所示，半梁式试验装置如图 2-8 所示。

如图 2-6 所示，专利装置包括反力架-加载系统、弯曲夹持系统、数据采集传感器，反力架固定在工作平台上，反力架加载系统包括加载端头与反力架，反力架用以夹持钢筋混凝土试件中的钢筋端头并限制其位移，加载端头用以推动钢筋混凝土试件中的混凝土使钢筋与混凝土相对错动以模拟钢筋拉拔工况，弯曲夹持系统确保钢筋混凝土试件在测试过程中保持稳定姿态以及模拟梁端弯曲-剪切受力。加载平台向加载端头加压时，试件中的混凝土试块将产生平行稳定的向下位移，而试件中的钢筋以及其他部分保持静止，从而使混凝土与钢筋产生相对位移，进而模拟出拉拔工况。本发明装置操作简便，安装迅速。

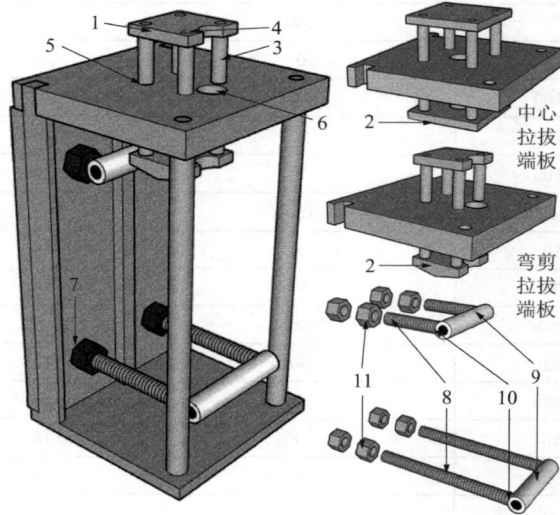

图 2-6　专利装置示意图

1—上顶板；2—下顶板；3—立柱；4—定位孔；5、6—限位圆孔；
7—夹持孔；8—螺杆；9—钢轴；10—轴承；11—螺母

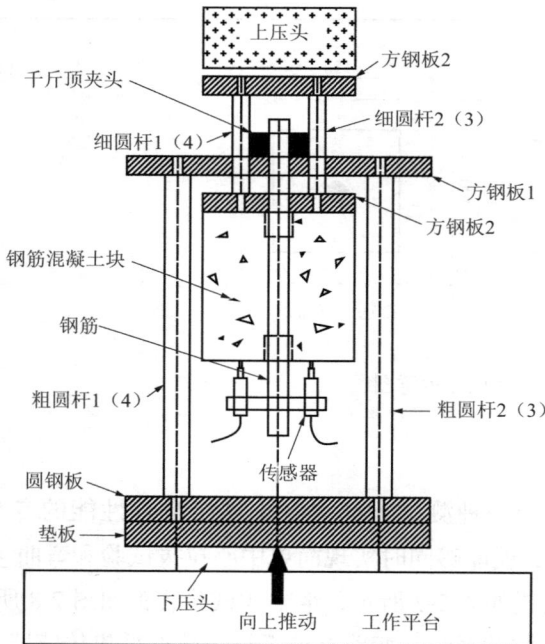

图 2-7　中心拉拔加载装置正视图

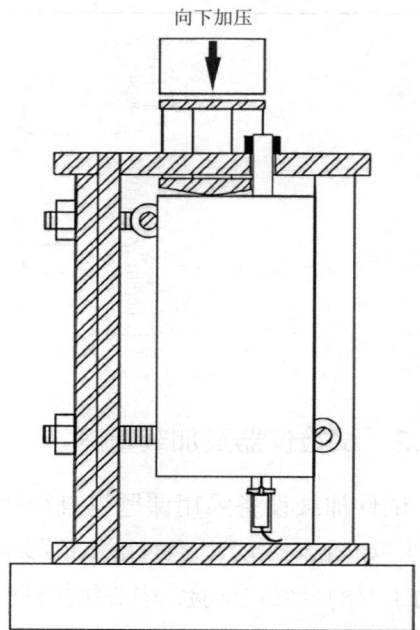

图 2-8　半梁纯弯拉拔装置侧视图

图 2-6 展示了专利装置结构。其中加载端头由上顶板（1）和下顶板（2）上下平行组成。中心拉拔端头的钢筋拉拔孔位于中心，而弯剪拉拔端头的钢筋拉拔孔则位于上下顶板的前沿中点，且其下顶板中央凸起。上顶板和下顶板通过四根立柱（3）相连，立柱两端分别插入顶板四角的第二定位孔（4）中。上支撑板的中心附近有四个成正方形分布的第二限位圆孔（5），立柱穿过这些孔并可在上支撑板上滑动。此外，上顶板和下顶板的一侧均设有弧形缺口，对齐上支撑板上的限位圆孔（6）。试件中的钢筋穿过这些缺口和限位孔，并用螺栓固定在上支撑板上，形成一个方形的钢筋混凝土试件，钢筋垂直贯穿其中。弯曲夹持系统也安装在反力架背板上。背板上开有四个弯曲夹持孔（7），分为两组，每组在同一水平线且相互平行。弯曲夹持系统由推杆组和拉杆组组成。推杆组包括两根螺杆（8）和一根钢轴（9），螺杆与钢轴垂直连接，一端焊接在滚动轴承（10）的外圈，另一端穿过夹持孔后用紧固螺母（11）固定。钢轴两端插入滚动轴承内圈。推杆组的螺杆露出背板前面的部分短于拉杆组，推杆组的钢轴靠近试件内侧，而拉杆组的钢轴和螺杆围绕试件布置，钢轴内侧紧贴试件外侧。

如图 2-7 所示，数据采集传感器用于测量试件中混凝土的位移，传感器包含两个采集头，采集头接触试件的混凝土下表面。传感器固定装置安装在试件钢筋的下端头，与钢筋同步位移，用以保持数据采集的准确性。

本书构件的加载设备均采用上述专利装置在 RMT-201 电液伺服液压机上进行，中心拉拔试验如图 2-7 和图 2-9 所示。采用位移加载控制，加载过程中分别采用位移计量测加载端和自由端滑移量。加载过程中试验数据通过 DH3815 电脑自动采集系统采集。

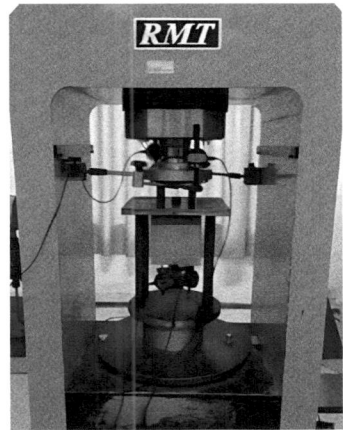

图 2-9   中心简单拉拔加载装置

需要注意的是，由于随着推力的增加，加载端钢筋存在非滑移变形，这直接影响到计算精度，为了消除这种影响，在计算加载端滑移量时应该减去加载端段材料本身的变形，如式(2-1)所示。

$$s_1 = s_1' - \Delta s_{AB} = s_1' - \frac{Pl_{AB}}{E_s A_s} \tag{2-1}$$

式中：s_1 为构件加载端真实滑移值；s_1' 为仪器量测滑移值；Δs_{AB} 为加载端段材料本身的变形；P 为加载力；l_{AB} 为加载端夹头距粘结起始端距离；E_s 为钢筋弹性模量；A_s 为钢筋有效截面积。

2.3 试验结果与分析

2.3.1 再生混凝土与钢筋间粘结-滑移曲线

无箍筋试件试验的平均粘结-自由端滑移曲线如图 2-10、图 2-11 所示。短锚螺纹钢构件无量纲化平均粘结-自由端滑移曲线如图 2-12 所示，由于长锚构件螺纹钢筋屈服，粘结-滑移曲线不完整，因此此处未绘制其曲线。假设钢筋在再生混凝土中粘结强度沿锚固长度均匀分布，平均粘结强度按式(2-2)计算。

$$\tau_u = \frac{P}{\pi dl} \tag{2-2}$$

式中：P为外加荷载；d为钢筋直径；l为锚固长度。

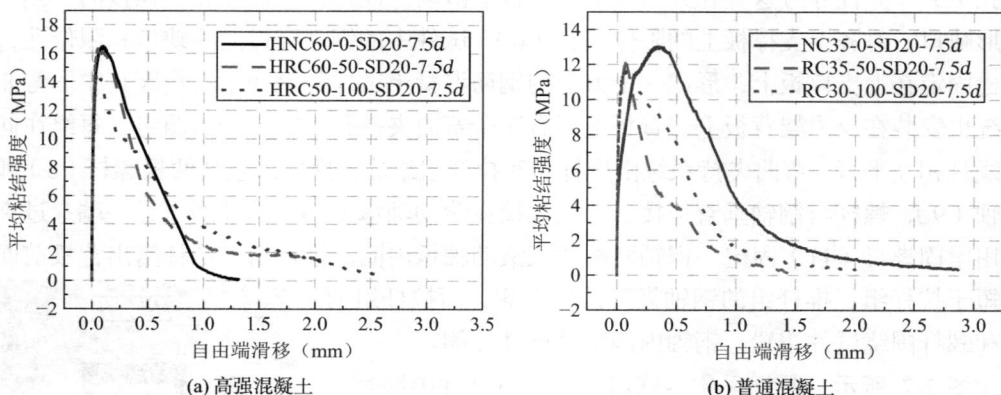

图 2-10　短锚螺纹钢构件平均粘结-自由端滑移曲线

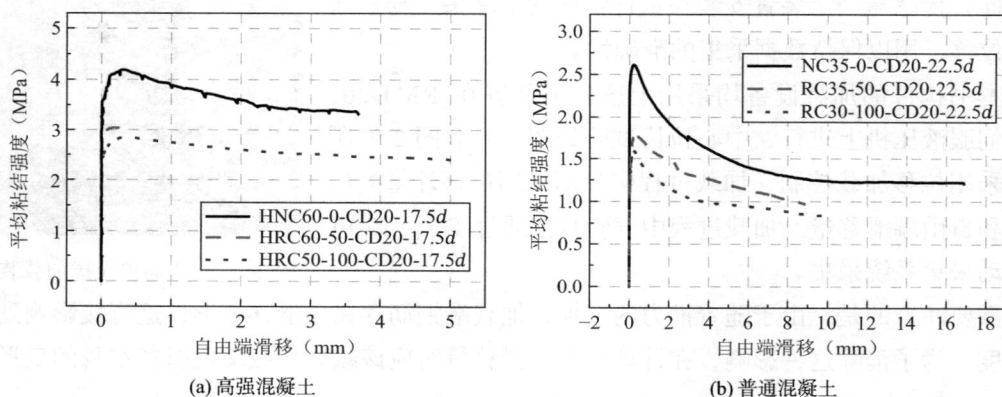

图 2-11　长锚圆钢构件平均粘结-自由端滑移曲线

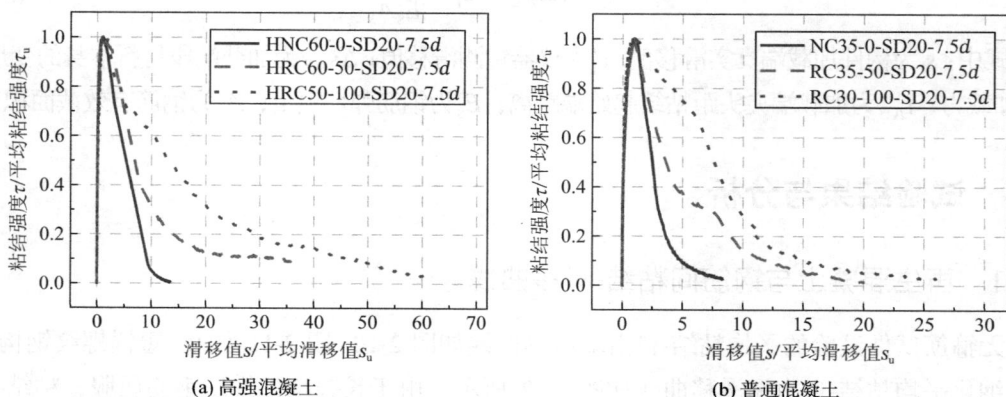

图 2-12　短锚螺纹钢构件无量纲化平均粘结-自由端滑移曲线

　　有箍筋试件试验的平均粘结-自由端滑移曲线如图 2-13 所示。由于部分试件未能完整测试下降段曲线，图 2-13 为便于观察仅绘制部分曲线。

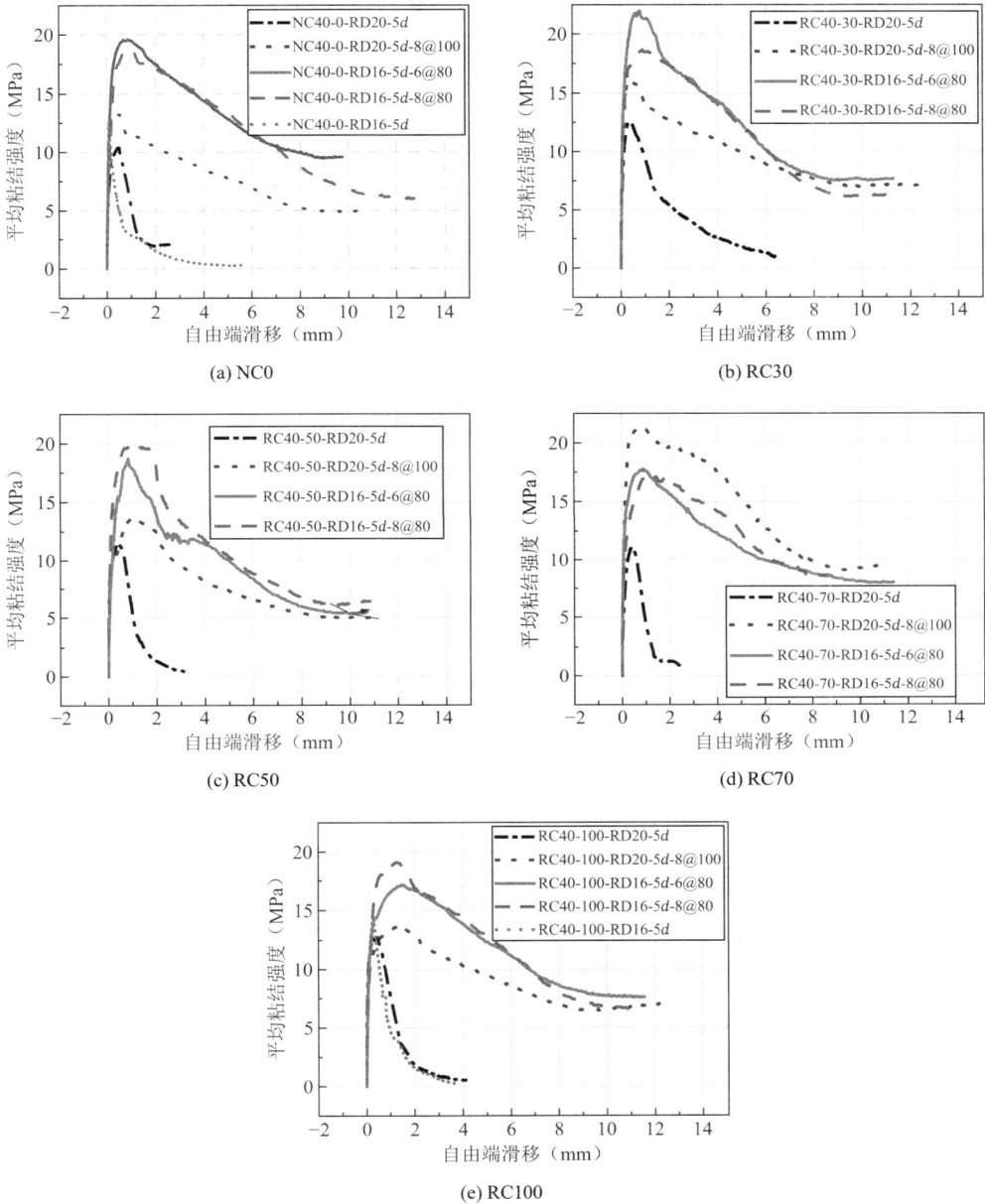

(a) NC0

(b) RC30

(c) RC50

(d) RC70

(e) RC100

图 2-13　有箍筋试件的平均粘结-自由端滑移曲线

　　从粘结-滑移曲线可以看出，有横向箍筋约束作用与无横向箍筋约束作用的粘结-滑移曲线相似，主要区别在于下降段参数的不同，根据试验现象和试验曲线可以得出试验破坏特征主要分为五个阶段，分别是微滑移阶段、滑移阶段、开裂阶段、下降阶段、残余阶段，其具体划分方法在第 2.1 节已进行了介绍。以下介绍箍筋约束下钢筋-再生混凝土拉拔过程中五阶段的具体破坏机理。

（1）微滑移阶段（弹性阶段）：加载初期，变形钢筋与混凝土之间的主要粘结作用是化学胶着力和摩擦力。随着拉拔力缓慢增加，试件从加载端开始发生微小的相对滑移，从试验曲线中可以看出，随着粘结应力的增长，加载端滑移逐渐开始，而相应的自由端滑移还为零。随着拉拔力的增大，钢筋与再生混凝土间的粘结应力逐步由加载端向自由端传递。化学胶着力逐步丧失，而此时钢筋和混凝土界面上的摩擦力逐渐加大，最后钢筋横肋与混凝土开始发生相互挤压，该阶段界面尚无裂缝产生，可认为变形钢筋与混凝土之间的粘结界面处于完全弹性状态，界面上的粘结剪应力和滑移呈完全弹性关系。

（2）滑移阶段（锁作用阶段）：随着拉拔力的不断增加，相应的粘结应力也随之增加，钢筋与再生混凝土之间滑移量增大，滑移从加载端传递到自由端。此时钢筋横肋与混凝土的局部挤压作用开始增大，机械咬合力起主要作用。由于肋前钢筋对混凝土局部的挤压作用，肋前混凝土局部被压碎，其碎屑堆积于肋根部，形成新的锥楔面。此锥楔面的角度相较原来的横肋角度变小，造成界面粘结刚度降低，故此时试件粘结应力-滑移曲线随着滑移量的增加呈非线性上升。此阶段，挤压作用产生的径向分力与混凝土环向拉应力平衡，切向分力是粘结应力的主要组成部分。

（3）开裂阶段（劈裂破坏和拔出破坏）：钢筋横肋对周围混凝土产生的斜向挤压力的环向分力大于混凝土在环向的抗拉强度时，从钢筋与混凝土界面处开始出现裂缝，随着滑移的继续增大，该裂缝沿着径向持续发展，当到达试件表面后，裂缝开始失稳。斜向挤压力沿着界面纵向产生的剪力，使得裂缝从加载端发展到自由端，当环向和纵向的裂缝发展到失稳时，试件出现劈裂破坏。此过程对应的粘结应力达到峰值的部分。当存在箍筋时，由于箍筋的约束作用，混凝土开裂的过程中，荷载持续地转移到钢筋中，并在劈裂后承担大部分的荷载，因此配箍试件的粘结应力比无箍筋试件的粘结应力要大。

（4）下降阶段：粘结应力达到峰值后，曲线开始进入下降阶段。无横向箍筋作用时，粘结应力迅速减少，而设置横向箍筋时，由于钢筋承担了大部分荷载，随着滑移值的增加，粘结应力的下降比较平缓。随着滑移量的增大，裂缝也随之增大，此时粘结刚度变小，因此粘结应力呈持续缓慢下降的趋势，而滑移量却大幅地增加。设置横向箍筋的试件，粘结应力达峰值后，箍筋开始释放拉力，此拉力再转移到混凝土中，因此保证了设置横向箍筋的试件缓慢减小。

（5）残余阶段：当滑移值达到约一个肋距时，粘结应力保持稳定，无箍筋试件的粘结力主要是由钢筋与再生混凝土之间的摩擦力组成，并含有少量的咬合力，由于此时形成的劈裂裂缝已经把混凝土劈裂成几块，因此无箍筋试件粘结应力已经接近于零。带箍筋的试件的粘结力大于无箍筋试件，主要是箍筋的存在，使得钢筋与再生混凝土之间的咬合力还能得到部分保持，并且伴随着箍筋的残余拉力，使得此时残余粘结应力保持在较大的水平，残余滑移值能达到一个肋距左右，充分发挥了混凝土齿的抗剪作用。

尽管在宏观上各组螺纹钢筋-再生混凝土构件粘结-滑移曲线整体相似，但随着再生粗骨料取代率的增加，曲线特征仍有所不同：①随着再生粗骨料取代率的增加，两种强度再生骨料混凝土与钢筋间的峰值滑移量（即粘结强度最大值时滑移量）逐渐减小，即呈现出脆性趋势；②无量纲化后螺纹钢-再生混凝土粘结-滑移曲线上升段较统一，但下降段存在一定的差异，且随着再生粗骨料取代率的增加，粘结-滑移曲线逐渐变平缓，可能由于同水灰比条件下，随着再生粗骨料取代率的增加，再生混凝土强度有所降低，从而导致下降段相对平缓。

由于圆钢与再生混凝土间仅存在摩擦力和化学胶着力，因此两者之间的粘结强度相比螺纹钢筋再生混凝土粘结强度较低，但下降段十分平缓，构件基本不出现开裂，整体呈剪切破坏，滑移量较大。圆钢再生混凝土构件与普通混凝土构件粘结-滑移曲线相似，随着取代率的变化，其峰值滑移量变化规律同螺纹钢。所有钢筋-再生混凝土构件粘结滑移试验特征值如表 2-9 所示。

试验特征值统计　　　　　　　　　　　　表 2-9

试件编号	试验参数		试验结果		破坏形式
	f_c（MPa）	取代率（%）	τ_u（MPa）	s_{fu}（mm）	
HNC60-0-CD20-17.5d	61.8	0	4.14	0.25	剪切
HNC60-0-SD20-7.5d	61.8	0	16.5	0.10	劈裂
HNC60-0-SD20-12.5d	61.8	0	—	—	屈服
HRC60-50-CD20-17.5d	64.9	50	3.04	0.17	剪切
HRC60-50-SD20-7.5d	64.9	50	16.4	0.06	劈裂
HRC60-50-SD20-12.5d	64.9	50	—	—	屈服
HRC50-100-CD20-17.5d	52.6	100	2.8	0.36	剪切
HRC50-100-SD20-7.5d	52.6	100	14.3	0.04	劈裂
HRC50-100-SD20-12.5d	52.6	100	—	—	屈服
NC35-0-CD20-22.5d	39.7	0	2.6	0.22	剪切
NC35-0-SD20-7.5d	39.7	0	13	0.35	劈裂
NC35-0-SD20-12.5d	39.7	0	—	—	屈服
RC35-50-CD20-22.5d	40.6	50	1.79	0.25	剪切
RC35-50-SD20-7.5d	40.6	50	12.31	0.08	劈裂
RC35-50-SD20-12.5d	40.6	50	—	—	屈服
RC30-100-CD20-22.5d	32.0	100	1.59	0.24	剪切
RC30-100-SD20-7.5d	32.0	100	11.61	0.07	劈裂
RC30-100-SD20-12.5d	32.0	100	—	—	屈服
NC40-0-RD20-5d	45.41	0	10.59	0.42	劈裂
RC40-30-RD20-5d	44.41	30	11.44	0.45	劈裂
RC40-50-RD20-5d	44.93	50	11.92	0.44	劈裂
RC40-70-RD20-5d	44.79	70	12.47	0.44	劈裂
RC40-100-RD20-5d	45.92	100	11.36	0.29	劈裂
NC40-0-RD20-5d-8@100	45.41	0	13.24	0.51	劈裂-拔出
RC40-30-RD20-5d-8@100	44.41	30	15.92	0.42	劈裂-拔出
RC40-50-RD20-5d-8@100	44.93	50	13.43	0.84	劈裂-拔出
RC40-70-RD20-5d-8@100	44.79	70	13.61	0.95	劈裂-拔出
RC40-100-RD20-5d-8@100	45.92	100	15.03	1.37	劈裂-拔出
NC40-0-RD16-5d-8@80	45.41	0	20.91	0.85	劈裂-拔出
RC40-30-RD16-5d-8@80	44.41	30	17.52	0.93	劈裂-拔出
RC40-50-RD16-5d-8@80	44.93	50	20.81	1.13	劈裂-拔出
RC40-70-RD16-5d-8@80	44.79	70	18.44	1.12	拔出
RC40-100-RD16-5d-8@80	45.92	100	19.66	1.15	拔出

试件编号	试验参数		试验结果		破坏形式
	f_c（MPa）	取代率（%）	τ_u（MPa）	s_{fu}（mm）	
NC40-0-RD16-5d-6@80	45.41	0	18.02	0.69	劈裂-拔出
RC40-30-RD16-5d-6@80	44.41	30	19.62	0.53	劈裂-拔出
RC40-50-RD16-5d-6@80	44.93	50	18.02	0.83	劈裂-拔出
RC40-70-RD16-5d-6@80	44.79	70	17.57	0.88	拔出
RC40-100-RD16-5d-6@80	45.92	100	19.77	1.26	拔出
NC40-0-RD16-5d	45.41	0	16.94	0.33	劈裂
RC40-100-RD16-5d	45.92	100	14.21	0.27	劈裂

注：表中 f_c 为立方体抗压强度；τ_u 为平均粘结强度；s_{fu} 为自由端滑移量。表中横线表示未量测相关值。

2.3.2　再生混凝土与钢筋间粘结滑移破坏模式

圆钢长锚构件在高强及普通强度再生混凝土中（锚固长度分别为 15d、20d）均出现剪切拔出破坏，随着荷载的增加并达到峰值粘结强度，胶着力开始失效，粘结作用只剩下钢筋与再生混凝土间的相互摩擦力，拔出荷载逐渐减小并保持一定水平，最后钢筋被缓缓拔出，如图 2-14（a）所示。螺纹钢短锚构件（锚固长度均为 5d）均出现劈裂破坏，由于没有横向约束，脆性较大，破坏前没有任何征兆，当加载至一定阶段，混凝土沿着垂直肋的挤压面出现裂缝，如图 2-14（b）所示。螺纹钢长锚构件（锚固长度分别为 10d、15d）则均出现钢筋屈服破坏，主要由于锚固长度较大，钢筋与再生混凝土间粘结作用力大于钢筋本身的抗拉荷载，以至于钢筋屈服而未被拉出且混凝土并未破坏，如图 2-14（c）所示。螺纹钢再生混凝土构件劈裂破坏后，查看其破坏界面，如图 2-14（d）所示。相比天然骨料混凝土，再生骨料混凝土粘结咬合界面破坏更为严重，加载过程中咬合肋几乎被磨平，而天然骨料机械咬合肋仍十分清晰。除此之外，钢筋与混凝土截面交界处，天然骨料均处于劈裂破坏，而再生骨料大部分沿着骨料砂浆界面出现破坏，旧骨料并不发生破坏，导致这一现象的主要原因为当混凝土被螺纹钢横肋劈裂时，再生骨料的界面强度（新旧水泥基界面以及旧水泥基与旧骨料界面）相对其旧骨料强度薄弱，使界面破坏早于其旧骨料破坏。

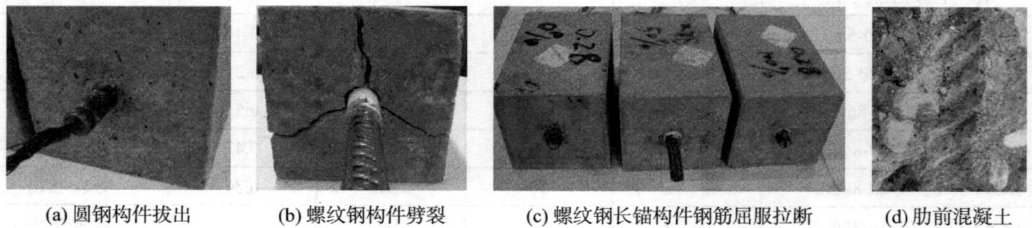

(a) 圆钢构件拔出　　(b) 螺纹钢构件劈裂　　(c) 螺纹钢长锚构件钢筋屈服拉断　　(d) 肋前混凝土

图 2-14　无箍筋试件破坏模式

有横向箍筋约束的试件出现了两种不同的破坏形式：劈裂-拔出破坏以及拔出破坏。从图 2-15（a）中可以看出试件破坏时试件表面可见细小裂缝，且试件端部裂缝主要的表现形态为多条裂缝以钢筋为中心向四周发散，与横向无箍筋的劈裂破坏发展裂缝形状相似，但因为有横向箍筋的约束裂缝发展相对更细微，且只有一条或者两条裂缝发展至试件的表面。

从图 2-15（b）中为肋前再生混凝土被螺纹钢筋刮犁，钢筋拔出破坏。试件破坏时，表面无可见裂纹。从粘结滑移曲线观察，带箍筋试件在发生劈裂-拔出或者拔出破坏时，界面上的混凝土"剪切"性能可以充分发挥，属于延性破坏，发生此种破坏的试件，残余滑移值将近达到一个肋间距，且残余粘结应力保持了较大水平，见图 2-15。

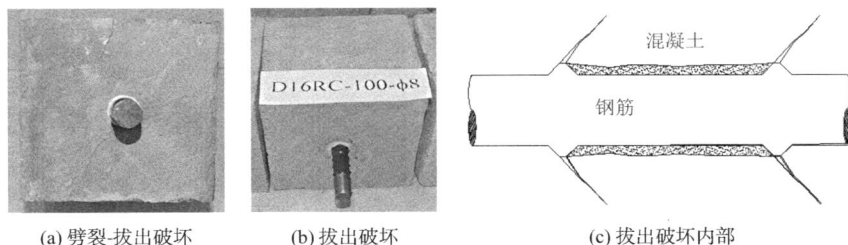

(a) 劈裂-拔出破坏　　　　(b) 拔出破坏　　　　(c) 拔出破坏内部

图 2-15　有箍筋试件破坏模式

2.3.3　各参数对粘结强度的影响

1. 再生骨料取代率

不同取代率试件的相对粘结强度$\tau_u/\sqrt{f_{cu}}$与普通混凝土的比值δ，如表 2-10 及图 2-16 所示。由表 2-10 可知，各组δ分别为 1.05～1.17、0.95～1.22、0.81、0.93～1.10、0.84～0.9，说明在同强度条件下，再生混凝土试件的相对粘结强度随取代率的变化不明显。

不同取代率试件的$\tau_u/\sqrt{f_{cu}}$比值　　　　表 2-10

编号	取代率				
	0%	30%	50%	70%	100%
RC-RD20-5d	1	1.10	1.05	1.17	1.05
RC-RD20-5d-8@100	1	1.22	0.95	1.02	1.11
RC-RD16-5d	1	—	—	—	0.81
RC-RD16-5d-6@80	1	1.10	0.93	0.97	1.07
RC-RD16-5d-8@80	1	0.84	0.92	0.87	0.91
RC-SD20-7.5d	1	—	0.94	—	0.99
HRC-SD20-7.5d	1	—	0.97	—	0.94

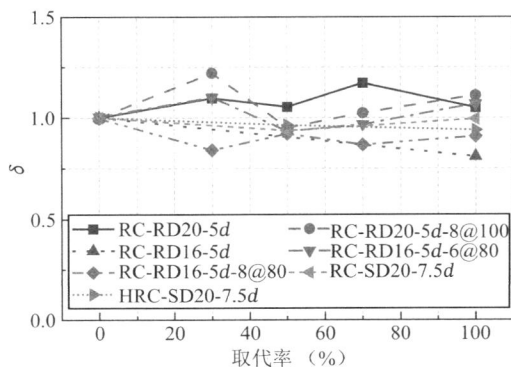

图 2-16　δ与取代率关系

2. 混凝土强度

由图 2-17 可知，无论圆钢或螺纹钢，它们与再生混凝土间的粘结强度随混凝土的抗压强度基本呈线性变化规律，且随着混凝土抗压强度的增大而提升。

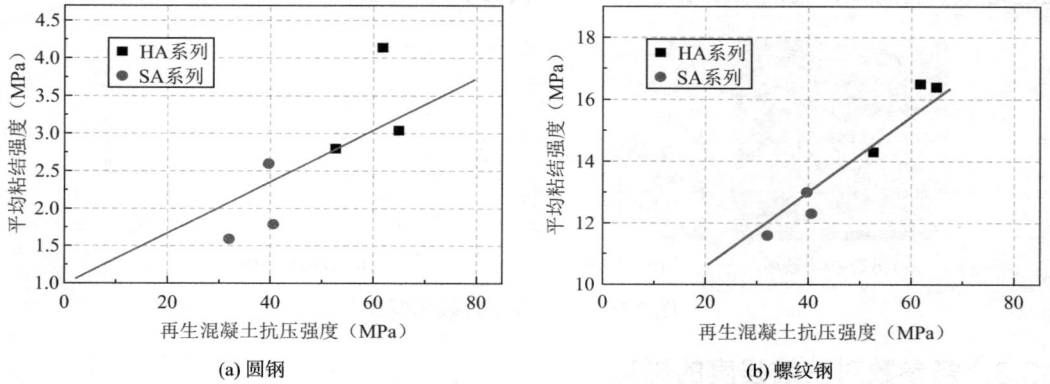

(a) 圆钢　　　　　　　　　(b) 螺纹钢

图 2-17　粘结强度随混凝土强度变化

3. 钢筋种类

螺纹钢与再生混凝土间粘结强度远大于圆钢，在高强再生混凝土中，螺纹钢与再生混凝土间粘结强度大约为圆钢的 4~5 倍，而在普通强度再生混凝土中，螺纹钢与再生混凝土间粘结强度大约为圆钢的 5~7 倍，主要由于圆钢与再生混凝土间的粘结作用包含摩擦力和化学胶着力，其中摩擦力受混凝土核心区握裹力影响（即横向约束），化学胶着力主要与再生混凝土强度、水泥基成分等相关，且这两种界面行为相对比较薄弱。相比较而言，螺纹钢除了包含以上两种界面行为力之外，还包含钢筋肋与再生混凝土间的机械咬合力，且这种咬合作用在粘结强度中所占比例远远大于化学胶着力和摩擦力。

4. 箍筋约束

在试件中配置横向箍筋约束，可以大大提高试件在下降阶段和残余段的粘结滑移性能。相较于无箍筋试件，有箍筋试件的总体平均残余粘结强度提高显著。配箍筋后粘结强度增量随配箍率变化关系如图 2-18、表 2-11 所示，可以看出，不同取代率试件的粘结强度的应力增量 $(\tau_u - \tau_{cr})$ 随体积配箍率 ρ_{sv} 整体大致呈线性增长关系。

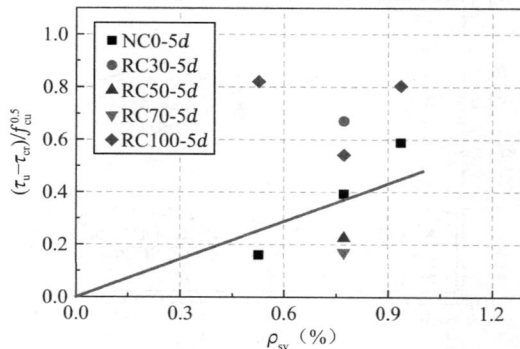

图 2-18　$(\tau_u - \tau_{cr})$ 与横向配箍率 ρ_{sv} 关系

$(\tau_u - \tau_{cr})/\sqrt{f_{cu}}$ 与横向配箍率 ρ_{cv} 关系　　　表 2-11

ρ_{cv}（%）	取代率				
	0%	30%	50%	70%	100%
0.77（D20-8）	0.39	0.67	0.23	0.17	0.54
0.53（D16-6）	0.16	—	—	—	0.82
0.94（D20/16-8）	0.59	—	—	—	0.80

5. 相对保护层厚度

图 2-19 显示了不同保护层厚度其粘结强度的比值，D16-8@80-5d组与 D20-8@100-5d 组的相对粘结强度比值如图 2-20、表 2-12 中所示，D16-8@80-5d组比 D20-8@100-5d的比值提高了 1.10～1.58 倍，平均 1.38 倍。而以上情况表明，增加相对保护层厚度能有效提高粘结强度。

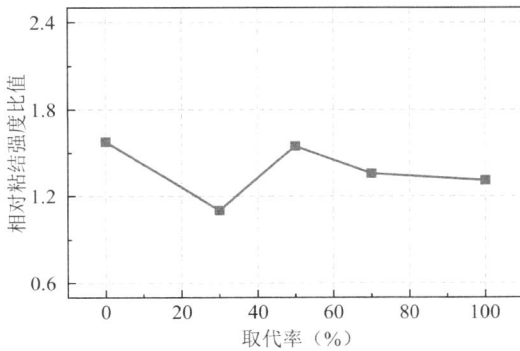

图 2-19　不同保护层厚度的粘结强度的比值

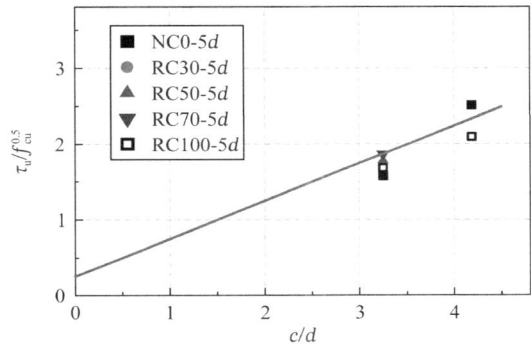

图 2-20　$\tau_u/\sqrt{f_{cu}}$ 与 c/d 关系

不同保护层厚度的粘结强度比值　　　表 2-12

编号	取代率				
	0%	30%	50%	70%	100%
D20-8@100-5d	1	1	1	1	1
D16-8@80-5d	1.58	1.10	1.55	1.35	1.31

未设置箍筋试件的相对粘结强度与保护层的关系如图 2-20 所示，从图中可以看出，不同取代率下试件的相对粘结强度与相对保护层厚度整体呈线性增长关系。

6. 骨料取代率与箍筋约束对粘结强度的耦合影响分析

根据试验数据，通过方差分析即"F检验"，定量分析双因素对显著性研究对象的影响。因素A的水平数为 m，因素B的水平数为 n。由两个因素引起的显著性研究对象的变动可由下列公式计算得到：

$$SSA = n\sum_{i=1}^{m}\left(\overline{X_i} - \overline{X}\right)^2 \tag{2-3}$$

$$SSB = m\sum_{i=1}^{n}\left(\overline{Y_i} - \overline{X}\right)^2 \tag{2-4}$$

$$SST = \sum_{i=1}^{m} \sum_{j=1}^{n} (X_{ij} - \overline{X})^2 \tag{2-5}$$

$$SSE = SST - SSA - SSB \tag{2-6}$$

式中：记 $\overline{X}_i = \frac{1}{s}\sum_{j=1}^{n}X_{ij}$，$\overline{X}_j = \frac{1}{r}\sum_{j=1}^{m}X_{ij}$，$\overline{X} = \sum_{i=1}^{m}\sum_{j=1}^{n}X_{ij}$。SSA、SSB为组间离差平方和，即因素变量不同水平引起的观测变量的变动。SSE为组内离差平方和，即随机因素引起的观测变量的变动。SST为总离差平方和。检验规则为：若 $F_A > F_{1-\alpha}[(m-1),(m-1)(n-1)]$ 时，则拒绝 H_{01}，表示因素A各水平下的效应有显著差异。若 $F_B > F_{1-\alpha}[(m-1),(m-1)(n-1)]$ 时，则拒绝 H_{02}，表示因素B各水平下的效应有显著差异。由此可得双因素方差分析表，如表2-13所示。

采用 MATLAB 统计工具箱中双因素方差分析函数 $[p,t] = anova2(x)$，返回值 p 是两个概率，当 $p > \alpha$ 时接受 H_0（各均值相等假设），t 是方差分析表。

双因素方差分析表 表 2-13

来源	平方和	自由度	均方和	方差（F）比
A	$SSA = n\sum_{i=1}^{m}(\overline{X}_i - \overline{X})^2$	$m-1$	$SSA/(m-1)$	$\dfrac{SSA/(m-1)}{SSE/(m-1)(n-1)}$
B	$SSB = m\sum_{i=1}^{n}(\overline{Y}_i - \overline{X})^2$	$n-1$	$SSB/(n-1)$	$\dfrac{SSB/(n-1)}{SSE/(m-1)(n-1)}$
E	$SSE = SST - SSA - SSB$	$(m-1)(n-1)$	$SSE/(m-1)(n-1)$	—
总和	$SST = \sum_{i=1}^{m}\sum_{j=1}^{n}(X_{ij}-\overline{X})^2$	$mn-1$	—	—

根据试验数据，通过方差分析，定量分析 D20 部分再生骨料取代率和横向配箍两个因素对滑移值的影响。取相对粘结强度为显著性检验的研究对象，两个自变量为再生骨料取代率（A）和配箍（B）因素。其中因素A的水平数为 $m = 5$（0%、30%、50%、70%、100%），因素B的水平数为 $n = 2$（0，8）。由此可得双因素方差分析表，表2-14给出了计算结果，根据计算结果求得 $p = 0.511$、0.013，第一个 p 值由列因素（即再生骨料取代率）影响下得到，第二个 p 值是由行因素（横向配箍）影响下得到，当采用 $\alpha = 0.05$ 作为水平时，由于第一个 p 值大于 0.05，故接受原假设，说明再生骨料取代率无显著差异，而第二个 p 值小于 0.05，故拒绝原假设，说明横向配箍有显著差异。

再生骨料取代率因素对应的影响率（SSA/SST）为 14.95%，横向配箍因素对应的影响率（SSB/SST）为 69.74%。说明箍筋对再生混凝土粘结强度的影响要大于骨料取代率对粘结强度的影响。

取代率和配箍率对粘结强度影响的方差分析表 表 2-14

来源	平方和	自由度	均方和	F	p
A	0.086	4	0.021	0.970	0.511
B	0.401	1	0.401	18.078	0.013
E	0.088	4	0.022	—	—
总和	0.575	9	0.444	—	—

2.3.4　各参数对滑移量的影响

1. 再生骨料取代率

对于无箍筋试件，再生骨料的取代率的增大对峰值滑移的提升并不大，取代率为 100%的试件平均峰值比天然骨料试件只提高了 7%。而对于有箍筋试件，峰值滑移随着再生骨料取代率的增大而不断增大。再生骨料取代率为 100%的试件的峰值滑移是天然骨料的 2.03倍和 2.20 倍，分别提升了 103%和 120%。由于再生混凝土界面情况远复杂于天然骨料混凝土，并且再生骨料其本身内部已存在较多裂缝，多层界面也更脆弱，在加载受到钢筋的挤压时就更容易发生形变。试验数据随着再生骨料取代率的增大，试件的峰值滑移也随着增大，很好地体现了再生混凝土的这一特性。

各组不同取代率试件的峰值滑移量与 NC0 的比值随取代率的变化关系，如表 2-15、图 2-21 所示。由图中可知，在同强度条件下，未配箍筋构件由于劈裂破坏较为随机的原因，未能体现出规律，而配箍筋构件的比值整体上随取代率的增加而增加。由于再生混凝土的变形与普通混凝土存在差异，因此，在粘结滑移过程中，再生混凝土中产生的滑移值要大于普通混凝土的滑移值。此外，配箍试件的增量要大于未配箍筋试件的增量，这是由于未配箍时，试件破坏为劈裂破坏，未能充分发挥钢筋周围混凝土的约束作用，而配箍后可以充分发挥周围混凝土的约束作用，因此增量更大。

不同取代率试件的滑移量的比值　　　　　　　　　　　表 2-15

编号	取代率				
	0%	30%	50%	70%	100%
RC-RD20-5d	1	1.06	1.04	0.7	1.22
RC-RD20-5d-8@100	1	0.83	1.65	1.86	2.69
RC-RD16-5d	1	—	—	—	0.82
RC-RD16-5d-6@80	1	0.77	1.21	1.27	1.82
RC-RD16-5d-8@80	1	1.09	1.32	1.32	1.35

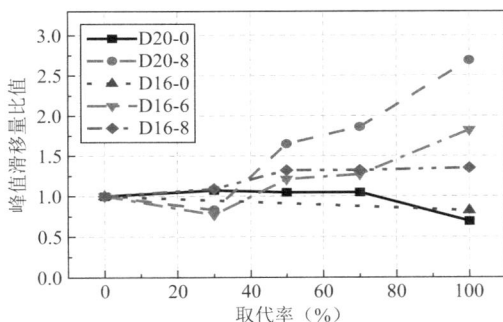

图 2-21　滑移量比值与取代率关系

2. 箍筋约束

0%、30%、50%、70%、100%五种不同取代率有箍筋试件的峰值滑移比无箍筋试件分别提高了 32%、53%、66%、97%、171%，且二者之间的区别随着取代率的增大也增大。箍筋直径为 8mm 的试件比箍筋直径为 6mm 的试件对核心混凝土约束的能力更强，也导致二者在劈裂滑移阶段的明显区别。

配箍构件与未配箍构件自由端峰值滑移量与配箍率的关系，如表 2-16、图 2-22 所示。D20-5d-8@100 各组不同取代率试件的自由端峰值滑移量与 D20-5d-0 各组不同取代率试件的自由端峰值滑移量的比值为 0.95～4.69，均值为 2.18。表明配箍后再生混凝土的自由端峰值滑移量显著提高。此外，D16-5d-8@80 组比 D16-5d-6@80 提高了 0.92～1.75 倍，平均 1.30 倍。D16-5d-8@80、D16-5d-6@80 各组取代率的平均值比 D16-5d-0 组平均值提高了 3.33 倍、3.39 倍，而以上情况表明，设置箍筋能有效提高粘结滑移的延性，同时提高配箍率也能提高对峰值滑移量的影响。

不同箍筋约束的滑移量　　　　　　　　　　　　表 2-16

编号	ρ_{sv}（%）	取代率				
		0%	30%	50%	70%	100%
RC-RD20-5d	0	0.42	0.45	0.44	0.44	0.29
RC-RD20-5d-8@100	0.77	0.51	0.42	0.84	0.95	1.37
RC-RD16-5d	0	0.33	—	—	—	0.27
RC-RD16-5d-6@80	0.53	0.69	0.53	0.83	0.88	1.26
RC-RD16-5d-8@80	0.94	0.85	0.93	1.13	1.12	1.15

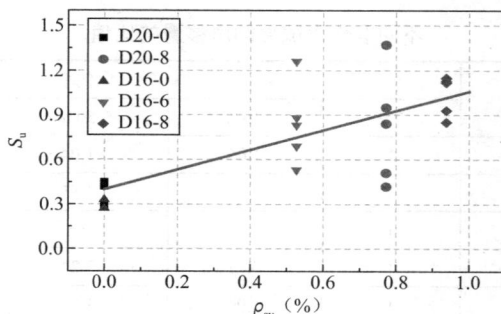

图 2-22　滑移量与箍筋约束关系

3. 相对保护层厚度

D16-5d-8@80 组与 D20-5d-8@100 组自由端峰值滑移量比值，如表 2-17 所示，从表中可以看出，D16-5d-8@80 组比 D20-5d-8@100 提高了 0.84～2.21 倍，平均 1.45 倍。而以上情况表明，增加相对保护层厚度能有效提高粘结滑移的延性。

不同保护层厚度的滑移量比值　　　　　　　　　表 2-17

编号	取代率				
	0%	30%	50%	70%	100%
D20-5d-8@100	1	1	1	1	1
D16-5d-8@80	1.67	2.21	1.35	1.18	0.84

4. 取代率与箍筋约束对滑移值影响分析

根据试验数据，通过方差分析（表 2-18），定量分析 D20-5d 部分再生骨料取代率和横向配箍两个因素对滑移值的影响。取相对粘结强度为显著性检验的研究对象，两个自变量为再生骨料取代率（因素A）和配箍（因素B）。其中因素A的水平数为$m = 5$（0%、30%、50%、70%、100%），因素B的水平数为$n = 2$（0、8）。由此可得双因素方差分析表，表 2-18 给出了计算结果，根据计算结果求得$p = 0.698$、0.102，第一个p值由列因素（即再生骨料取代率）影响下得到，第二个p值由行因素（横向配箍）影响下得到。

再生骨料取代率因素对应的影响率（SSA/SST）为 21.3%，横向配箍因素对应的影响率（SSB/SST）为 41.2%。说明箍筋对再生混凝土粘结强度的影响要大于骨料取代率对滑移的影响。

取代率和配箍率对滑移量的影响方差分析表　　　　表 2-18

来源	平方和	自由度	均方和	F	p
A	0.216	4	0.054	0.572	0.698
B	0.420	1	0.420	4.452	0.102
E	0.377	4	0.094	—	—
总和	1.014	9	0.568	—	—

2.3.5　粘结-滑移曲线方程

由试验结果可知，设置箍筋的再生混凝土粘结-滑移曲线与未设置箍筋的构件粘结滑移曲线相似，如图 2-13 所示，因此两者采用同一方程式(2-7)来表述：

$$\begin{cases} \dfrac{\tau}{\tau_{\mathrm{u}}} = (s/s_{\mathrm{u}})^a & 0 < s \leqslant s_{\mathrm{u}} \\[2mm] \dfrac{\tau}{\tau_{\mathrm{u}}} = \dfrac{(s/s_{\mathrm{u}})}{b\left(\dfrac{s}{s_{\mathrm{u}}} - 1\right)^2 + s/s_{\mathrm{u}}} & s > s_{\mathrm{u}} \end{cases} \tag{2-7}$$

式中：τ_{u}为极限粘结强度；s_{u}为峰值滑移量。按式(2-7)拟合结果见图 2-13，所得a、b值见图 2-23、表 2-19 及表 2-20。从图 2-13 中可见，实测曲线与拟合曲线相近，说明上式对设置箍筋和未配置箍筋试件的粘结滑移曲线均有较好的拟合结果。

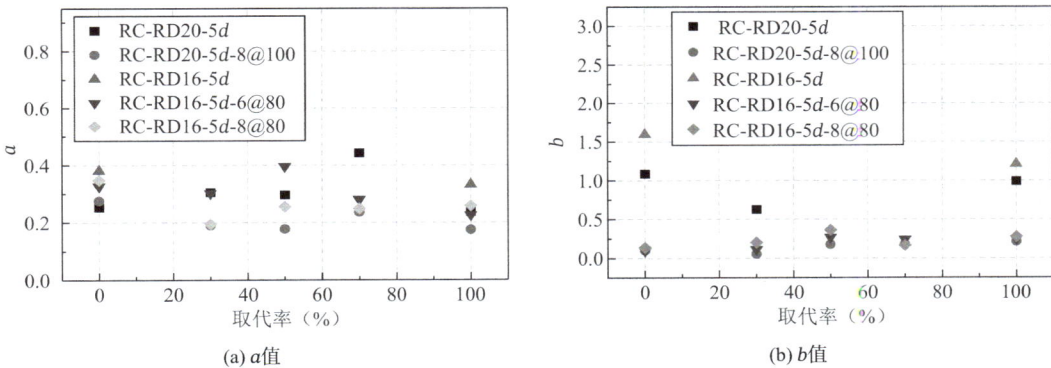

图 2-23　a、b值

1. 曲线参数值与取代率关系

图 2-23、表 2-19 及表 2-20 描述了曲线参数值随取代率的变化关系。由图可知，a值多

集中在 0.2～0.4 之间。RD20-5d组的a值随着取代率的变化较小。b值则在取代率为 30%处有明显降低。

a 值　　　　　　　　　　　　　　　　　　　表 2-19

编号	取代率					平均值	标准偏差
	0%	30%	50%	70%	100%		
RC-RD20-5d	0.25	0.31	0.3	0.44	0.24	0.31	0.07
RC-RD20-5d-8@100	0.28	0.19	0.18	0.24	0.18	0.21	0.04
RC-RD16-5d	0.38	—	—	—	0.33	0.36	0.03
RC-RD16-5d-6@80	0.33	0.3	0.4	0.28	0.23	0.31	0.06
RC-RD16-5d-8@80	0.35	0.2	0.26	0.25	0.26	0.26	0.05

b 值　　　　　　　　　　　　　　　　　　　表 2-20

编号	取代率					平均值	标准偏差
	0%	30%	50%	70%	100%		
RC-RD20-5d	1.09	0.63	2.38	2.32	0.99	1.48	0.72
RC-RD20-5d-8@100	0.10	0.05	0.18	0.18	0.21	0.15	0.06
RC-RD16-5d	1.60	—	—	—	1.21	1.40	0.19
RC-RD16-5d-6@80	0.10	0.11	0.27	0.24	0.24	0.19	0.07
RC-RD16-5d-8@80	0.14	0.20	0.36	0.17	0.27	0.23	0.08

2. 曲线参数值与箍筋约束的关系

未配置箍筋与配置箍筋的试件，a值多集中在 0.2～0.4 之间，两者无明显差别。而b值则发生显著变化，设置箍筋后b值的平均值远小于未设置箍筋时，从标准偏差中可知，设置箍筋后，b值较为集中，离散性得到很大改善。造成数据离散的原因，主要由于未配置箍筋约束，混凝土开裂后随机性较大，且试件多发生劈裂破坏，造成下降段参数b值不统一，b值由大到小表明由脆性破坏逐渐过渡到延性破坏。配置箍筋后，粘结曲线下降段更平缓，箍筋的存在改善了试件受力的均匀性。可设置b值等于 1 作为劈裂破坏和劈裂-拔出破坏的分界点，作为区分脆性破坏和延性破坏的界限值。

2.4　粘结界面损伤分析

2.4.1　定义损伤变量

典型粘结-滑移曲线如图 2-24 所示，由图中可以看出，曲线上任一点均可用坐标(τ, s)来表示，粘结应力τ、粘结滑移值s和粘结性能参数β三者之间的关系如式(2-8)所示，其中，β为粘结性能参数或称为割线抗滑模量。

$$\tau = \beta s \qquad (2\text{-}8)$$

用于定义损伤变量的方法有多种，但要求损伤变量应具有明确的物理意义，便于分析计算及试验量测。本书为了便于进行界面粘结性能的损伤分析，采用割线抗滑模量作为变量来定义界面的损伤。现假设材料无损时为β，损伤状态下为$\Delta\beta$，则可作出损伤变量的定义：

$$D = \frac{\beta - \Delta\beta}{\beta} \to \Delta\beta = (1-D)\beta \tag{2-9}$$

式中：D 为损伤变量，由式(2-9)可见，随损伤变量 D 值的逐渐增大，$\Delta\beta$ 将逐渐减小。

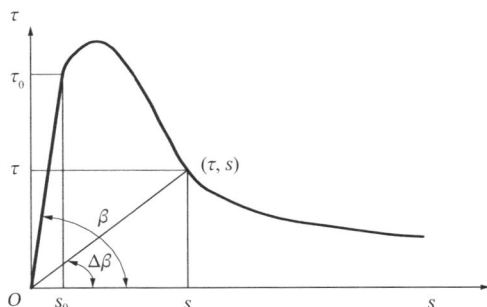

图 2-24　典型粘结-滑移曲线

2.4.2　界面损伤滑移方程

如图 2-24 所示，β 为随时间变化的参数，β 逐渐减小说明粘结性能的衰减。根据损伤力学中的应变等效性假设，应力作用在受损材料上引起的应变与有效应力作用在无损材料上引起的应变等价。则由粘结应力在受损材料上的产生的滑移等于有效粘结应力在无损材料上产生的滑移。即：

$$s = \frac{\tau}{\Delta\beta} = \frac{\Delta\tau}{\beta} \tag{2-10}$$

结合式(2-9)得：

$$s = \frac{\tau}{(1-D)\beta} \tag{2-11}$$

$$\tau = \Delta\beta s = s(1-D)\beta \tag{2-12}$$

可以推出界面损伤变量的计算公式，同时因为在 $O\text{-}s_0$ 段时为线性变化段，因此损伤变量 D 为 0，而当 $s > s_0$ 时可以通过式(2-12)求得：

$$D = \begin{cases} 0 & (0 < s \leqslant s_0) \\ 1 - \dfrac{\tau}{s}\dfrac{1}{\beta} & (s > s_0) \end{cases} \tag{2-13}$$

由于 $O\text{-}s_0$ 段占整个曲线段较少，因此，本书根据粘结-滑移曲线分为上升段和下降段的特性，把 D 值分为上升段部分 $O < s \leqslant s_0$ 和下降段部分 $s > s_0$，式(2-13)为界面损伤变量 D 的计算求解方程。根据式(2-7)与式(2-13)就可以得到 $D\text{-}s$ 曲线方程。如图 2-24 所示，本书取 β 值为 0.5 倍峰值应力的割线抗滑模量。

$$D = \begin{cases} 1 - \dfrac{\left(\dfrac{s}{s_u}\right)^a \tau_u}{\beta s} & (0 < s \leqslant s_0) \\[4mm] 1 - \dfrac{\tau_u}{\beta\left[b\left(\dfrac{s}{s_u}-1\right)^2 + \dfrac{s}{s_u}\right]s_u} & (s > s_0) \end{cases} \tag{2-14}$$

不同取代率试件的再生混凝土与钢筋的损伤滑移曲线（D-s曲线）如图 2-25 所示，从图中可以看出配箍筋试件及无箍筋试件的损伤发展过程可以分为初始损伤、损伤快速发展和损伤缓慢累积三个阶段。根据损伤滑移曲线，粘结破坏过程中任意时刻的界面损伤发展速度可通过曲线上相应的斜率来反映，斜率越大表明界面损伤发展速度越大。

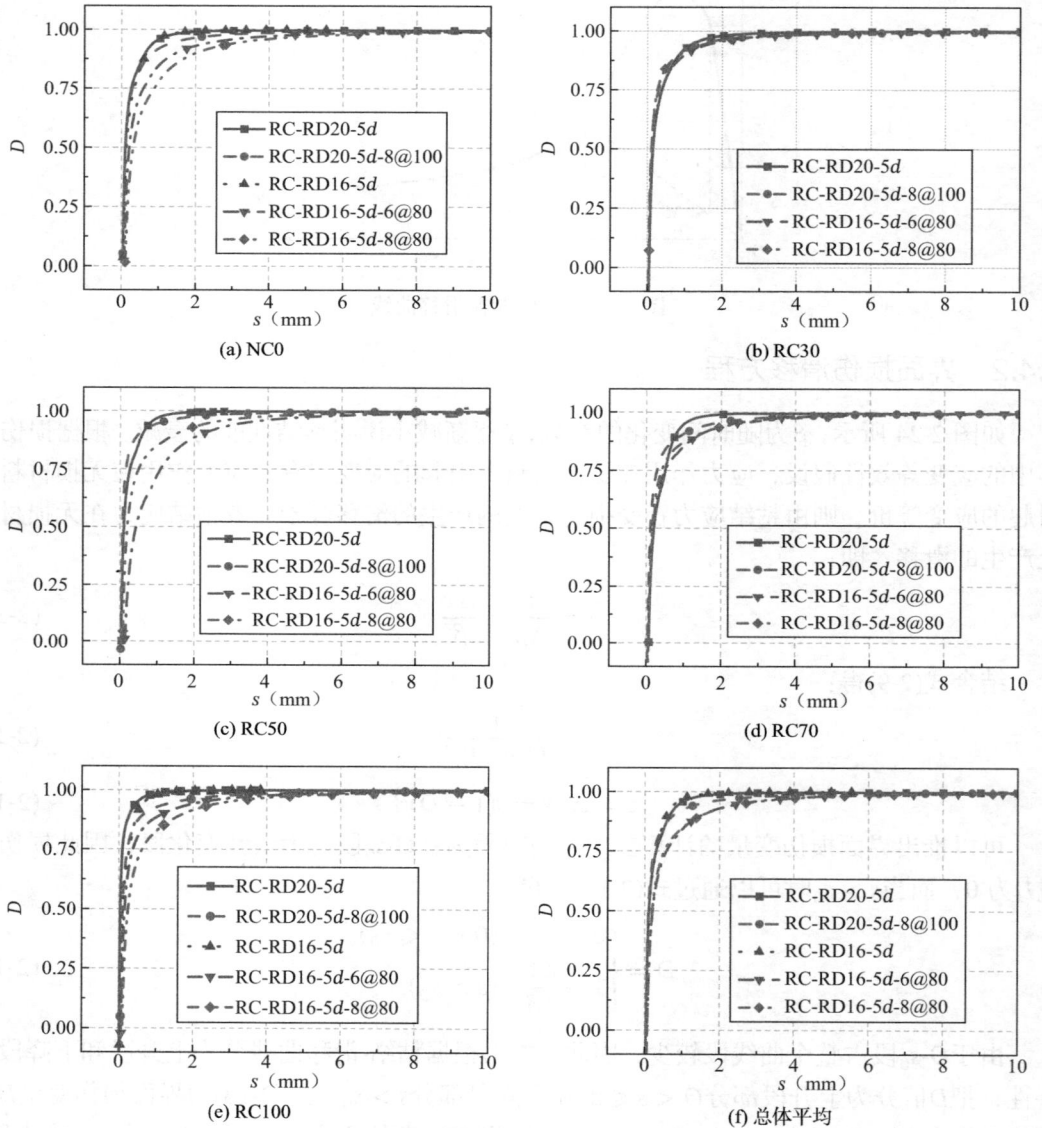

图 2-25　D-s曲线

在初始损伤阶段界面上没有新损伤产生，可近似认为粘结性能没有劣化，滑移量缓慢增大，此阶段无箍筋试件与有箍筋试件损伤发展差别不大。进入损伤快速发展阶段后，损伤D迅速增长，界面上的新损伤快速产生，粘结性能不断劣化，而粘结强度则不断增大，直至达到极限粘结强度，此后，粘结应力开始减小。在损伤缓慢累积阶段，粘结应力则不断减小直至破坏，此时界面损伤发展速度较为缓慢，粘结性能继续劣化。而上述分析表明，界面损伤发展是一个损伤发展速度不断减慢的过程，在此过程中界面损伤不断累积，直至发生粘结破坏。

从图 2-25（a）～（e）可以看出，不带箍筋的各取代率试件的损伤-滑移曲线在损伤快速发展阶段，损伤发展速度均大于相应的设置箍筋的试件，为了便于观察，取全部取代率试件的均值列于图 2-25(f)。从图中可以看出，无箍筋试件的 RC-RD20-5d 组与 RC-RD16-5d 组的试件，平均损伤-滑移曲线的损伤发展速度几乎一致，而配箍箍筋后的平均损伤曲线的损伤发展速度均小于无箍筋试件。增加配箍率后的 RC-RD16-5d-8@80 组与 RC-RD16-5d-6@80 组的平均损伤滑移曲线损伤发展速度几乎一致。表明设置箍筋能减缓损伤发展的速度，保证结构在发生损伤后，能延缓结构的破坏。

2.4.3　粘结界面能量分析

界面上的能量分为两种类型：粘结破坏过程中的耗散能和弹性变形能，如图 2-26 所示。弹性变形能代表值计算公式，如式(2-15)所示。

$$U_i^s = \frac{\tau_i^2}{2B^0} \tag{2-15}$$

τ_i 为在粘结破坏过程中，任意时刻的平均粘结应力，B^0 初始割线模量，取 1/2 极限粘结强度所对应的割线模量。界面上的总能量由耗散能和弹性变形能的代表值组成，可用方程式(2-16)表示。

$$U_i = \int_0^{s_i} \tau \cdot ds \tag{2-16}$$

根据公式(2-15)和公式(2-16)，很容易得到任意时刻耗散能代表值的公式(2-17)。

$$U_i^h = U_i - U_i^s = \int_0^{s_i} \tau \cdot ds - \frac{\tau_i^2}{2B^0} \tag{2-17}$$

粘结滑移曲线所包围的总面积称为总破坏能U_z。为便于比较，本书中属于延性破坏的试件总耗能取一个肋距的值。

1. 总耗能与取代率关系

图 2-27 为取代率与总耗能的关系图。由表 2-21 可知，由于离散性除 D20-0 组 30%取代率的总耗能较大和 D20-8 组 0%取代率的总耗能较小外，在粘结-滑移破坏过程中普通混凝土的总耗能值略大于不同取代率再生混凝土。

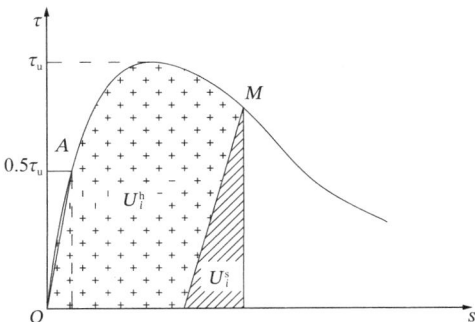

图 2-26　耗散能与弹性变形能的关系

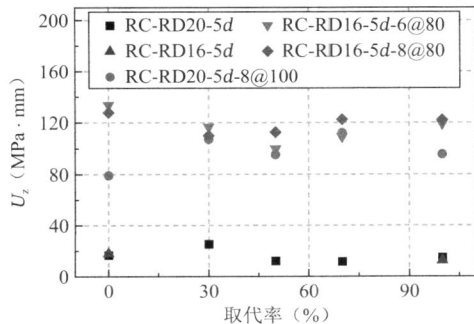

图 2-27　取代率与总耗能的关系

总耗能值（MPa·mm）　　　　　　　　　　　　　　表 2-21

编号	取代率					
	0%	30%	50%	70%	100%	平均
RC-RD20-5*d*	16.72	25.34	12.19	11.66	14.81	16.15
RC-RD20-5*d*-8@100	79.13	107.13	95.30	112.06	95.58	97.84
RC-RD16-5*d*	18.00	—	—	—	12.37	15.19
RC-RD16-5*d*-6@80	133.65	116.57	99.85	109.07	118.95	115.62
RC-RD16-5*d*-8@80	127.71	109.96	112.53	122.48	122.13	118.96

2. 总能量与箍筋约束的关系

由表 2-21 可知，RC-RD20-5*d*-8@100 组试件的粘结破坏过程的总能量是 RC-RD20-5*d* 组试件总能量的 6.57 倍，RC-RD16-5*d*-6@80 和 RC-RD16-5*d*-8@80 组平均值比 RC-RD16-5*d* 组平均值高了 7.61 倍和 7.83 倍。故在试件内配置横向箍筋后，能极大地增强钢筋与再生混凝土之间的粘结滑移的总能量。此外，由于增加了箍筋约束，总能量在各取代率试件之间偏差更小。

3. 总能量与相对保护层厚度的关系

由表 2-21 可知，对比 RC-RD20-5*d* 组试件总能量平均与 RC-RD16-5*d* 组试件总能量平均，其粘结破坏过程的总能量几乎不变，由于 RC-RD20-5*d* 组和 RC-RD16-5*d* 组多发生劈裂破坏，劈裂破坏带有较强随机性，因此粘结过程的能量未受到多大影响，而 RC-RD16-5*d*-8@80 比 RC-RD20-5*d*-8@100 提高了 1.21 倍。

2.5　本章小结

本章通过试验研究了不同参数下再生骨料混凝土与钢筋间粘结滑移性能，得出以下结论：

（1）带箍筋试件的破坏模式主要为劈裂-拔出破坏，少量为拔出破坏，而不带箍筋试件的破坏模式主要为劈裂破坏。螺纹钢筋-再生混凝土间粘结-滑移曲线与普通骨料混凝土粘结-滑移曲线形状相似，分成微滑移、滑移、开裂、下降、残余五个阶段，不同取代率情况下上升段较统一，但其峰值滑移量随取代率的增加逐渐减小。

（2）随着取代率增加，同水灰比下钢筋再生混凝土粘结强度有所下降，下降幅度与再生混凝土强度及再生骨料取代率有关，圆钢与再生混凝土间粘结强度远小于螺纹钢粘结强度，约为螺纹钢粘结强度的 1/7～1/4。而在同强度条件下，再生混凝土试件的相对粘结强度随取代率的变化不明显，但其峰值滑移随着再生骨料取代率的增大而增大。

（3）设置箍筋约束、增加保护层厚度、提高配箍率能有效提高粘结强度、滑移和延性。经过方差分析表明，再生骨料取代率对粘结性能的影响小于箍筋对粘结性能的影响。

（4）设置箍筋的再生混凝土粘结-滑移曲线的总体形状与未设置箍筋的再生混凝土试件相似，且下降段更平缓，两者可采用同一方程来表达。配箍试件曲线参数*a*、*b*值以及未配箍试件上升段参数*a*值均较为集中，而未配箍试件*b*值较离散。可设置*b*值等于 1 作为劈裂破坏和劈裂-拔出破坏的分界点，并作为区分脆性破坏和延性破坏的界限值。

（5）依据应变等效性假设相关理论定义了粘结损伤变量D，推导出损伤滑移方程，分析了界面损伤的发展阶段以及界面损伤的发展速度。粘结滑移破坏过程的总耗能中普通混凝土略大于再生混凝土试件。

参考文献

[1]　肖建庄. 再生混凝土单轴受压应力-应变全曲线试验研究[J]. 同济大学学报, 2007 (11): 1445-1449.

[2]　肖建庄, 杜江涛. 不同再生粗集料混凝土单轴受压应力-应变全曲线[J]. 建筑材料学报, 2008, 11(1): 111-115.

[3]　肖建庄, 兰阳. 再生混凝土单轴受拉性能试验研究[J]. 建筑材料学报, 2006 (9): 154-158.

[4]　徐有邻. 变形钢筋-混凝土粘结锚固性能的试验研究[D]. 北京: 清华大学, 1990.

[5]　滕智明, 张合贵. 钢筋混凝土梁中劈裂粘结破坏及钢筋延伸长度的试验研究[J]. 土木工程学报, 1989, 22(2): 33-43.

[6]　Nilson A H. Internal measurement of bond-slip[J]. ACI, 1972(7): 439-441.

[7]　Mirza S M, Honde J. Study of bond stress-slip relationship in reinforced concrete[J]. ACI, 1979, 76(1): 19-46.

[8]　宋启根. 钢筋混凝土计算力学[M]. 南京: 东南大学出版社, 1996.

[9]　Tassios T P, Koroneos E G. Preliminary results of lacal bond-slip relationships bymeans of moire method[C]// AICAP CEB Symposium on Structural Concrete Under Seismic Action (Rome, 1979), eEB Bulletin d'Information. 1979 (132): 85-94.

[10]　杨海峰, 张宇, 蒋家盛, 等. 测试钢筋混凝土在弯曲-剪切作用下粘结性的装置及方法: CN110702602B[P]. 2022-05-13.

第 3 章

再生混凝土－钢筋粘结位置函数

3.1 概述

粘结锚固的应力-滑移关系是最基本的受力变形关系，试件不同锚固深度处的粘结滑移关系是变化的，并且影响着裂缝宽度的计算[1]。为描述这种变化，可以先基于平均分布的粘结滑移基本关系曲线，然后确定位置函数 $\psi(x)$，以确切反映粘结滑移本构关系沿长度的变化规律[2]。

3.2 试验设计

3.2.1 试件设计

按不同取代率、相对保护层厚度及配箍率，共设计 12 个无箍筋约束试件，6 个箍筋约束试件，钢筋设置在试件截面正中心部位，粘结段设置在混凝土试件的中间位置，两端的非粘结段用 PVC 塑料管进行包裹，控制粘结长度的同时避免两端应力集中。带箍筋试件的箍筋设置在粘结段的两端，箍筋间距与粘结长度相同。详细设计尺寸同第 2.2.1 节，试件参数如表 3-1 所示。

					试件参数表	表 3-1

编号	混凝土强度 （MPa）	再生粗骨料取代率 （%）	锚固 长度	箍筋直径 （mm）	试件尺寸 （mm）
HNC60-0-SD20-7.5d	61.8	0	7.5d	—	$150 \times 150 \times 150$
HRC60-50-SD20-7.5d	64.9	50	7.5d	—	$150 \times 150 \times 150$
HRC50-100-SD20-7.5d	52.6	100	7.5d	—	$150 \times 150 \times 150$
HNC60-0-SD20-12.5d	61.8	0	12.5d	—	$150 \times 150 \times 250$
HRC60-50-SD20-12.5d	64.9	50	12.5d	—	$150 \times 150 \times 250$
HRC50-100-SD20-12.5d	52.6	100	12.5d	—	$150 \times 150 \times 250$
NC35-0-SD20-7.5d	39.7	0	7.5d	—	$150 \times 150 \times 150$
RC35-50-SD20-7.5d	40.6	50	7.5d	—	$150 \times 150 \times 150$
RC30-100-SD20-7.5d	32.0	100	7.5d	—	$150 \times 150 \times 150$

编号	混凝土强度 （MPa）	再生粗骨料取代率 （%）	锚固 长度	箍筋直径 （mm）	试件尺寸 （mm）
NC35-0-SD20-12.5d	39.7	0	17.5d	—	150×150×350
RC35-50-SD20-12.5d	40.6	50	17.5d	—	150×150×350
RC30-100-SD20-12.5d	32.0	100	17.5d	—	150×150×350
NC40-0-RD20-5d	45.4	0	5d	—	150×150×150
RC40-100-RD20-5d	45.9	100	5d	—	150×150×150
NC40-0-RD20-5d-8@100	45.4	0	5d	ϕ8@100	150×150×150
RC40-100-RD20-5d-8@100	45.9	100	5d	ϕ8@100	150×150×150
NC40-0-RD16-5d-8@80	45.4	0	5d	ϕ8@80	150×150×150
RC40-100-RD16-5d-8@80	45.9	100	5d	ϕ8@80	150×150×150

3.2.2 钢筋制作

试验采用钢筋内贴片方法得到钢筋在粘结段内不同位置处的粘结力：

（1）采用数控线切割机沿轴线将钢筋一分为二，如图 3-1 所示。每一半钢筋用铣床进行开槽，凹槽尺寸为 5mm×2.5mm，使合拢后的凹槽尺寸为 5mm×5mm。

（2）将开槽后钢筋凹槽部分打磨清洗，在槽内指定位置粘贴基底尺寸为 1mm×1mm 的箔式电阻应变片，并采用直径为 0.5mm 的导线焊接，从自由端引出，如图 3-1 所示。

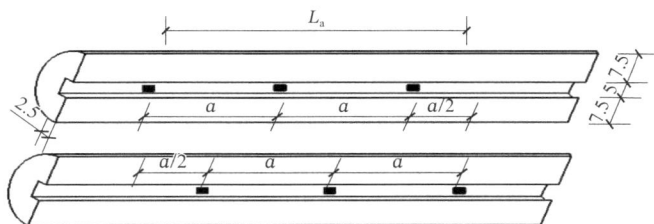

图 3-1 钢筋开槽内贴片

（3）贴片引线后，将凹槽内部采用环氧树脂灌满，最后将两半钢筋合拢并采用螺母、扎丝箍紧（合拢前在粘结段内用电工胶布缠绕，防止合拢过程中环氧树脂粘贴在钢筋粘结段内影响试验效果），如图 3-2 所示。

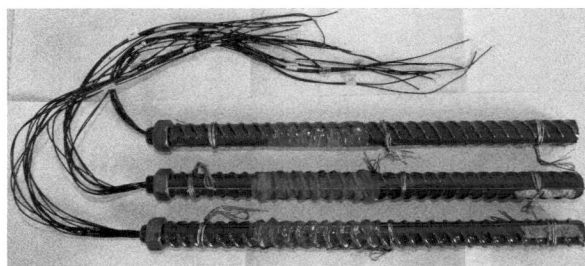

图 3-2 钢筋合拢

（4）待环氧树脂硬化后，拆除螺母、扎丝，并在非粘结区域涂抹环氧树脂，使钢筋粘结力全部集中于粘结段。

3.3　粘结应力和相对滑移沿锚固长度分布

3.3.1　粘结应力沿锚固长度分布

钢筋与混凝土间的相互作用可以视为接触面上抵抗相对滑移而产生的剪应力，这种剪切作用会沿着锚固长度变化而非线性变化，更非均匀分布[3]。目前国内外学者大多通过钢筋开槽内贴片的方法测量钢筋应力，然后反算钢筋与混凝土之间的粘结应力[4-5]，假设钢筋微段间粘结应力均匀分布，由平衡方程可知粘结应力τ与实测钢筋应变关系为：

$$\tau = \frac{\mathrm{d}T}{A} = \frac{A_s\,\mathrm{d}\sigma}{s\,\mathrm{d}x} = \frac{(\sigma_{i+1} - \sigma_i)A_s}{\pi\,\mathrm{d}h_i} = \frac{E_sA_s(\varepsilon_{i+1} - \varepsilon_i)}{\pi\,\mathrm{d}h_i} \tag{3-1}$$

式中：τ为钢筋与混凝土界面粘结应力；$\mathrm{d}T$为钢筋微段两端拉力差；σ_i、σ_{i+1}为钢筋测点应力；ε_i、ε_{i+1}为钢筋测点应变；h_i为i测点与$i+1$测点间距。

将每级荷载作用下所计算的粘结应力沿锚固长度从自由端往加载端进行数值积分累加，可得到加载端处钢筋拉力值P_i，该值理论上与积分累加值相等，即：

$$P_i = \sum_{i=1}^{n} \pi\,\mathrm{d}h_i\tau_i \tag{3-2}$$

当方程式(3-2)两边不等时，则其差量根据各微段距离按反符号分配到各微段进行微调，最后用光滑曲线画出粘结应力分布规律，使曲线与坐标轴围成的面积与加载端处荷载值相等，计算得到钢筋与再生混凝土间粘结应力沿锚固长度分布曲线如图 3-3 所示。

可以看出，整体上不同取代率的钢筋再生混凝土构件粘结应力分布规律相似，在加载端和自由端粘结应力为零，向内显著增大，大多数构件粘结应力基本在 0.15～0.85 倍锚固长度内稳定。

对普通混凝土试件与再生混凝土试件的粘结应力分布进行分析可以发现，各试件达到峰值粘结力时的粘结应力分布的区别并不明显，但是整个加载过程中再生混凝土试件在靠近自由端位置粘结应力的增长要快于普通混凝土，说明钢筋再生混凝土试件的粘结应力传递更快，且分布更加均匀。

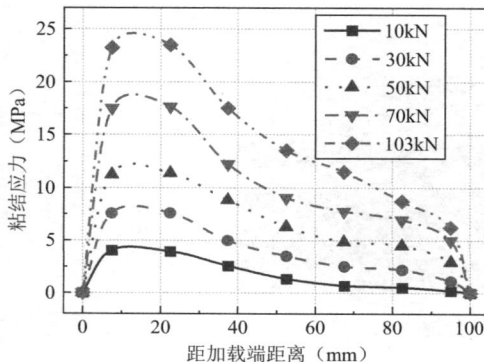

(a) HNC60-0-SD20-7.5d　　　　　　　(b) HRC60-50-SD20-7.5d

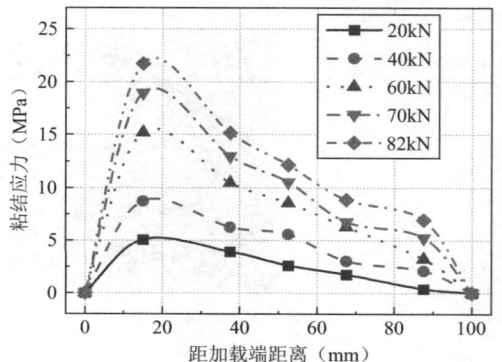

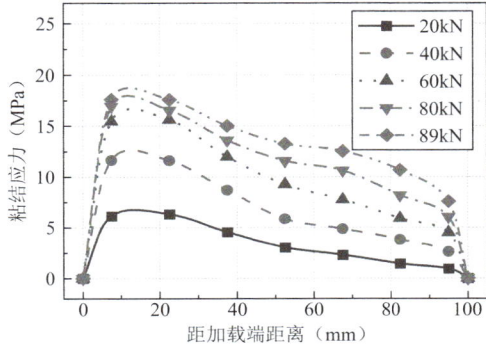

(c) HRC50-100-SD20-7.5*d*

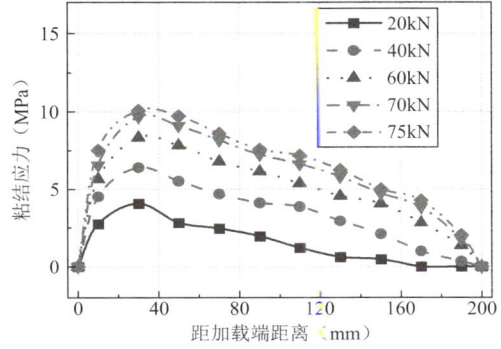

(d) HNC60-0-SD20-12.5*d*

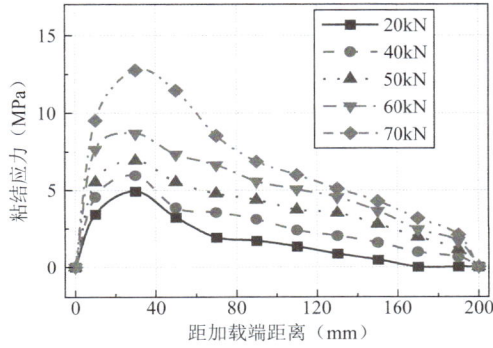

(e) HRC60-50-SD20-12.5*d*

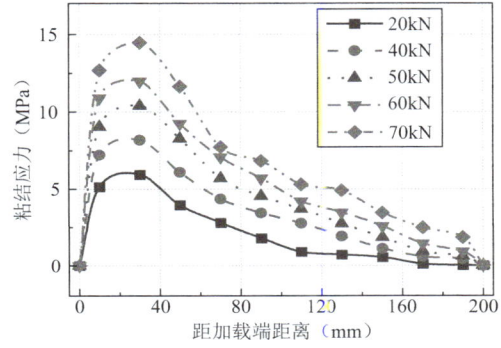

(f) HRC50-100-SD20-12.5*d*

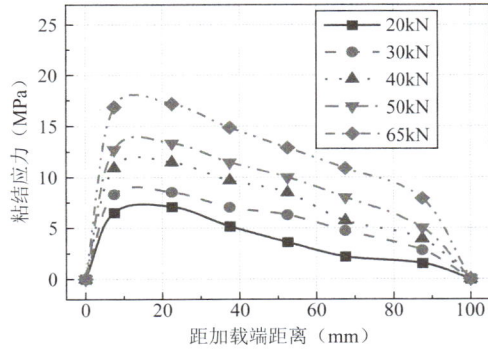

(g) NC35-0-SD20-7.5*d*

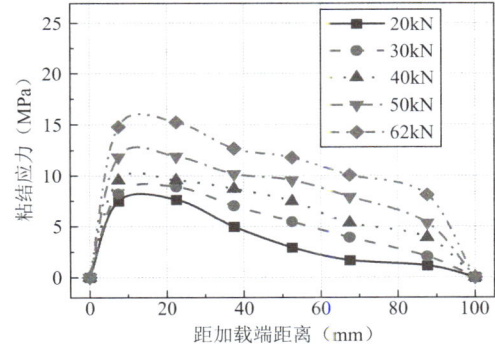

(h) RC35-50-SD20-7.5*d*

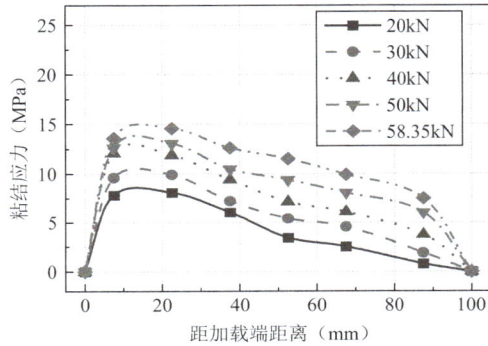

(i) RC30-100-SD20-7.5*d*

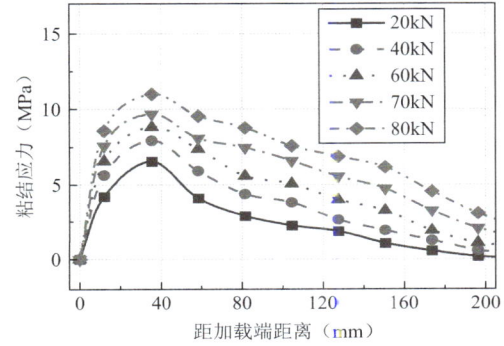

(j) NC35-0-SD20-12.5*d*

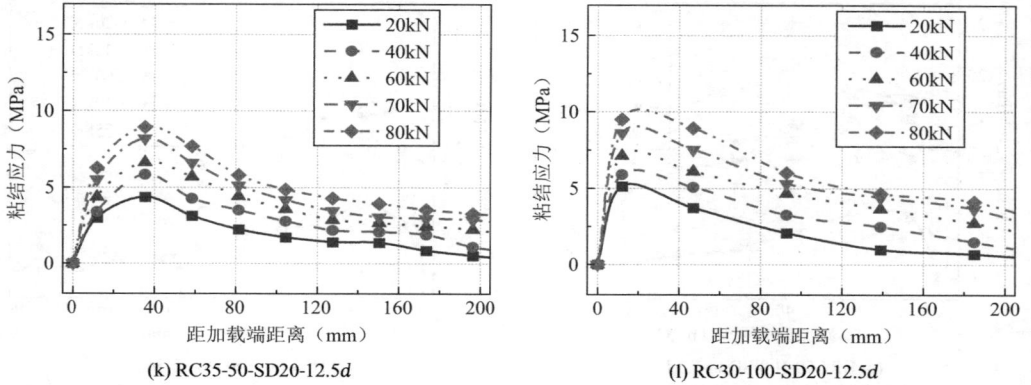

(k) RC35-50-SD20-12.5d　　　　　　　(l) RC30-100-SD20-12.5d

图 3-3　钢筋与再生混凝土间粘结应力沿锚固长度变化规律

通常认为钢筋与再生混凝土之间的粘结应力主要由化学胶着力、摩擦力以及机械咬合力三部分构成[6-7]。在试验加载前期，粘结应力主要由胶着力发挥作用，此时钢筋与再生混凝土之间不发生相对滑移，一旦产生微滑则化学胶着力变为零，钢筋与再生混凝土之间的摩擦力开始承担作用，相对滑移开始变大时，螺纹钢筋咬合肋与再生混凝土之间的机械咬合力将逐渐增大。粘结力从加载端往自由端传递，当粘结传递至一定长度L_E时，外荷载与粘结力保持平衡，L_E称为粘结应力传递长度。当荷载继续增加，L_E逐渐增加，当L_E达到锚固长度L_a时，锚固长度消耗殆尽，为维持外部荷载平衡，各锚固位置处粘结应力逐渐增大[8-9]。

另外，钢筋滑动导致钢筋肋对再生混凝土产生径向挤压力，钢筋再生混凝土某横截面处钢筋应力σ_s为再生混凝土应力σ_c的n倍，其中n为钢筋和再生混凝土的弹性模量比。贴近钢筋表面处再生混凝土挤压力最大，向外逐步减小，当径向挤压力达到再生混凝土劈拉强度时，最贴近钢筋的再生混凝土开始开裂，且裂缝将随着荷载的提升和钢筋滑移的增大而逐步扩展，由薄弱处延伸到试件表面，形成锥筒劈裂，最终裂缝发展为某一主裂缝由内而外向自由端发展，直至试件劈裂破坏，其力学模型如图 3-4 所示。在整个锚固段中，承担主要作用的是靠近加载端的锚固部分，靠近自由端的锚固部分没能充分发挥作用便因试件劈裂破坏而退出工作，这也是试件加载端粘结力远大于自由端粘结力的主要原因。

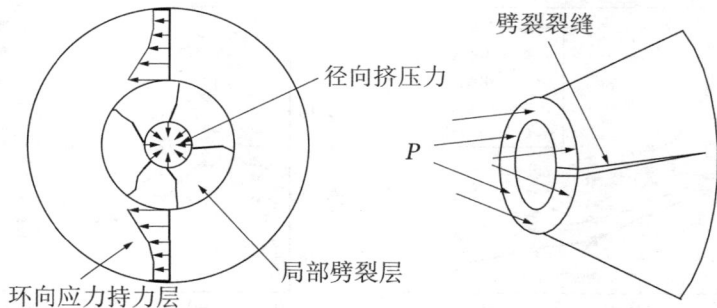

图 3-4　粘结破坏力学模型

箍筋约束试件粘结应力沿钢筋锚固长度分布曲线如图 3-5 所示，图中 *x* 表示实测钢筋应变测点位置距加载端的距离，*τ* 表示测点钢筋与再生混凝土界面的粘结应力。将 NC40-0-RD20-5*d*、NC40-0-RD20-5*d*-8@100、NC40-0-RD16-5*d*-8@80 粘结应力分布进行对比如图 3-6 所示。

可以看出，箍筋约束对试件锚固段粘结应力的分布有着显著的影响。在加载初期，箍筋约束试件粘结应力分布与无约束试件相似，都是粘结应力集中于锚固段内靠近加载端的位置，因加载初期荷载较小，钢筋周围再生混凝土对钢筋的握裹力已足以平衡外荷载，试件内设置的横向箍筋暂时还未起作用。随着荷载的增加，当钢筋对周围混凝土的径向挤压力达到再生混凝土的劈拉强度时，最贴近钢筋的再生混凝土开始开裂，且裂缝将随着荷载的提升，钢筋滑移的增大而逐步扩展。但是由于有横向箍筋约束的存在，靠近加载端的劈裂裂缝开展到一定位置时将不再继续开展，此时随着外荷载的继续增大，靠近加载端位置粘结应力增速缓慢，为达到粘结力与外部荷载的平衡，在锚固长度的中段和靠近自由端的粘结应力开始快速增长，与此同时包围锚固段中后部分的再生混凝土也开始开裂，当整个锚固段的裂缝贯通为一主裂缝发展至试件表面时，粘结力达到峰值，锚固段内靠近加载端和自由端的粘结应力几乎相等，试件随后发生劈裂-拔出破坏。对于加密箍筋试件而言，因加密箍筋提高了对钢筋周围再生混凝土的约束，故整个锚固段内的刚度更大，其在达到峰值粘结力时，整个锚固段内的粘结应力分布更为平均。

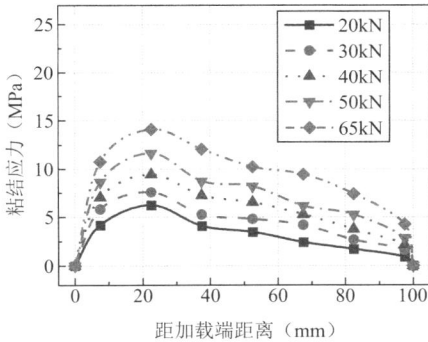

(a) NC40-0-RD20-5*d*

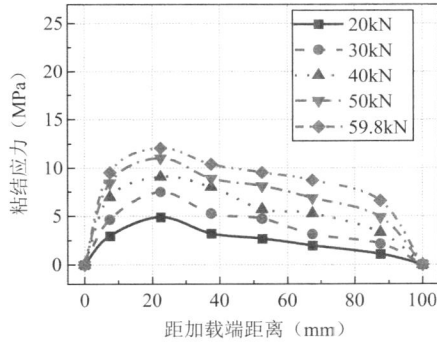

(b) RC40-100-RD20-5*d*

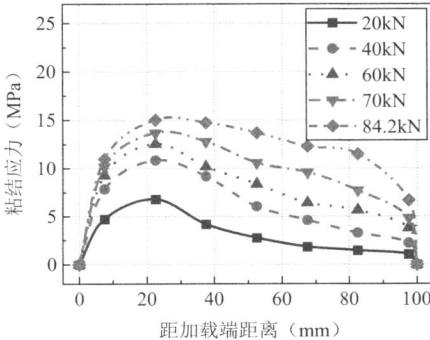

(c) NC40-0-RD20-5*d*-8@100

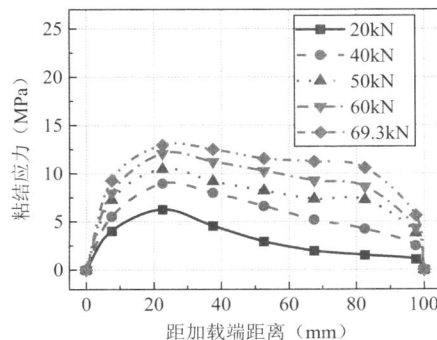

(d) RC40-100-RD20-5*d*-8@100

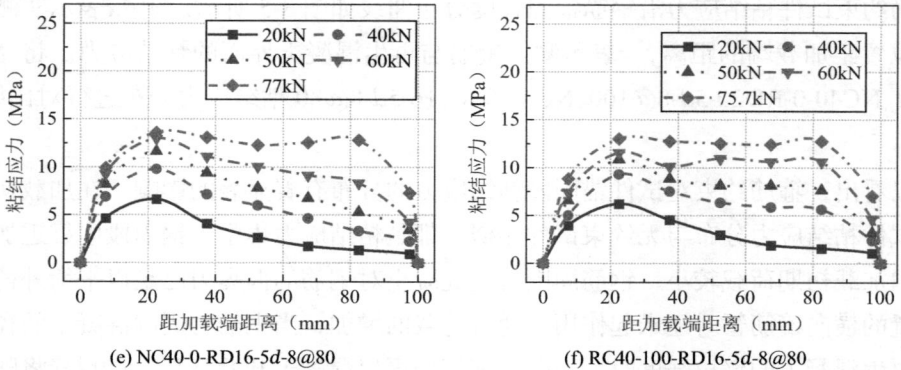

(e) NC40-0-RD16-5*d*-8@80　　　　　　(f) RC40-100-RD16-5*d*-8@80

图 3-5　粘结应力沿锚固长度变化规律

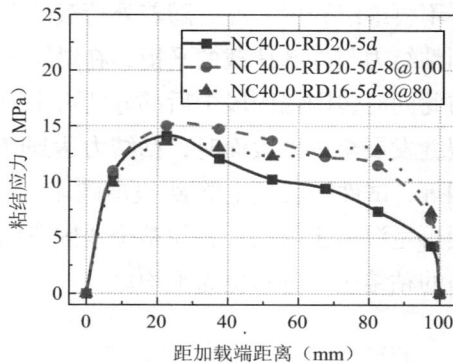

图 3-6　粘结应力分布对比

3.3.2　相对滑移沿锚固长度分布

锚固长度内各处钢筋与再生混凝土之间的相对滑移，是用该处钢筋和混凝土之间的位移差来确定。由于测量技术和手段的限制，无法直接量测锚固长度内各测点处界面混凝土的应变值，因此各测点钢筋混凝土间的相对滑移量也无法量测或计算。为了能推导计算各测点处界面混凝土的应变，通过量测的钢筋应变及微段平衡方程计算微段界面混凝土的平均应力（$\overline{\sigma}_{ci}$）和平均应变（$\overline{\varepsilon}_{ci}$），从而求得微段再生混凝土的变形及微段钢筋与再生混凝土间的相对滑移。最后，将微段相对滑移量沿锚固长度积分得到钢筋再生混凝土的相对滑移：

$$s_l = s_f + \sum_{i=1}^{n}(\Delta l_{si} - \Delta l_{ci}) \tag{3-3}$$

$$\Delta l_{si} = \frac{\varepsilon_{si} + \varepsilon_{s(i+1)}}{2}h \tag{3-4}$$

$$\Delta l_{ci} = \frac{\varepsilon_{ci} + \varepsilon_{c(i+1)}}{2}h \tag{3-5}$$

$$\overline{\varepsilon}_{ci} = \frac{\overline{\sigma}_{ci}}{E_c} \tag{3-6}$$

式中：s_l、s_f 为加载端和自由端量测的相对滑移；ε_{ci}、ε_{si} 为各测点混凝土、钢筋应变值；

h 为各微段长度；Δl_{ci}、Δl_{si} 为各微段混凝土、钢筋变形；E_c 为混凝土弹性模量。

由微平衡方程得到：

$$\mathrm{d}\overline{\sigma}_{ci}A_{ci} + \mathrm{d}\overline{\sigma}_{si}A_{si} = 0 \tag{3-7}$$

式中：A_{ci} 为混凝土截面面积；A_{si} 为钢筋截面面积。

将计算得到的混凝土和钢筋变形代入式(3-3)即可求得各微段钢筋混凝土的相对滑移值。

由于实际截面再生混凝土变形的非均匀性，靠近钢筋界面处再生混凝土变形大，远离钢筋界面变形较小，界面处再生混凝土平均应力、应变与实际存在差异，因此特别引入不均匀系数 γ_c 来描述锚固段内界面处不均匀性，即：

$$\gamma_c = \varepsilon / \overline{\varepsilon} \tag{3-8}$$

式中：ε 为界面处再生混凝土实际应变；$\overline{\varepsilon}$ 为界面再生混凝土平均应变。

则式(3-3)变成：

$$s_l = s_f + \sum_{i=1}^{n}(\Delta l_{si} - \gamma_c \Delta l_{ci}) \tag{3-9}$$

不均匀性系数 γ_c 可由量测的 s_l、s_f 计算得出，继而求各锚固微段相对滑移 s_x：

$$s_x = s_f + \sum_{i=1}^{n}(\Delta l_{s_i} - \gamma_c \Delta l_{ci}) \tag{3-10}$$

各组构件相对滑移量沿锚固长度的变化规律如图 3-7 所示。

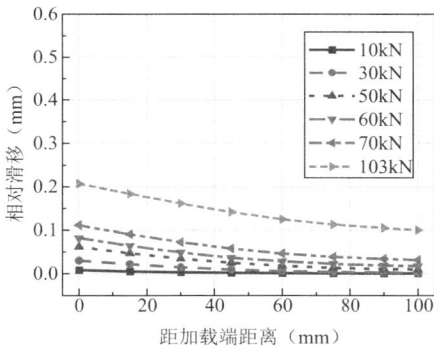

(a) HNC60-0-SD20-7.5d

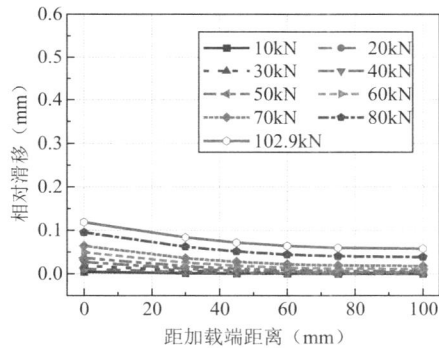

(b) HNC60-50-SD20-7.5d

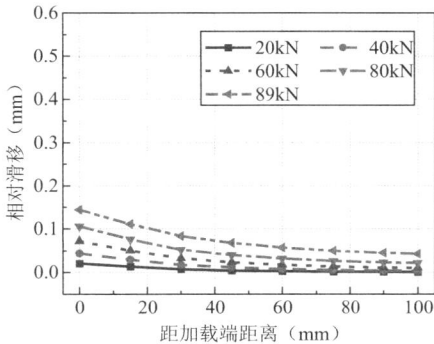

(c) HRC50-100-SD20-7.5d

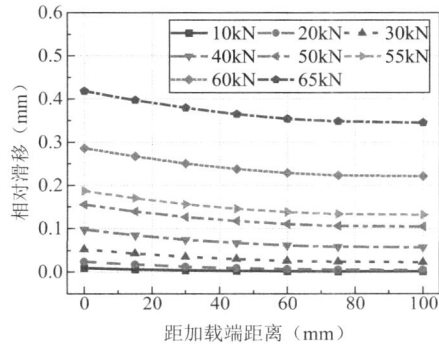

(d) NC35-0-SD20-7.5d

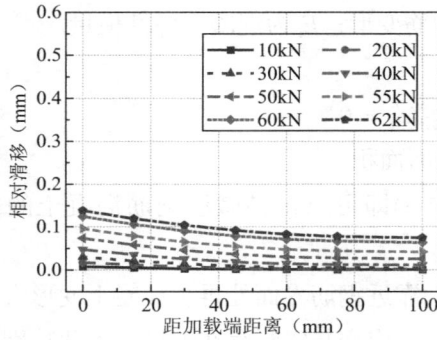

(e) RC35-50-SD20-7.5*d*

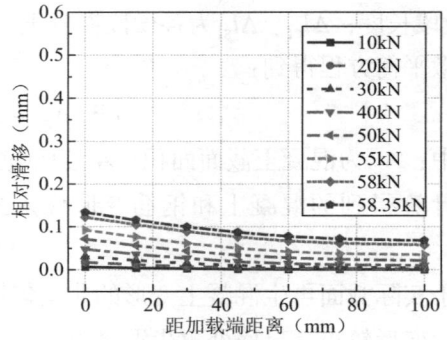

(f) RC30-100-SD20-7.5*d*

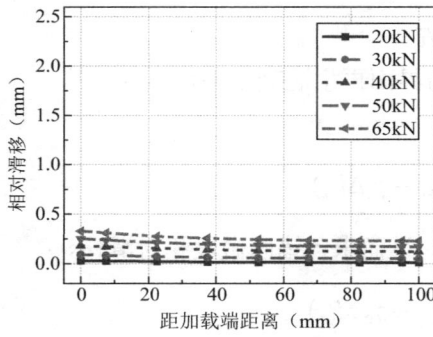

(g) NC40-0-RD20-5*d*

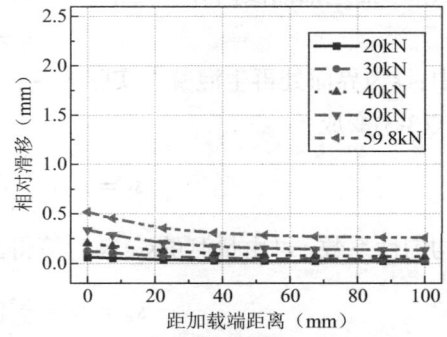

(h) RC40-100-RD20-7.5*d*

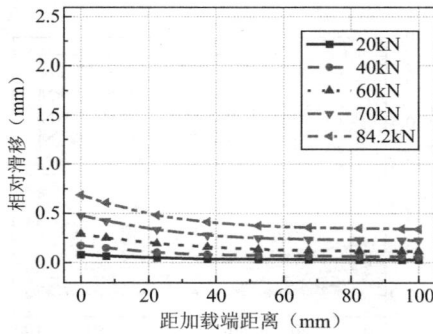

(i) NC40-0-RD20-5*d*-8@100

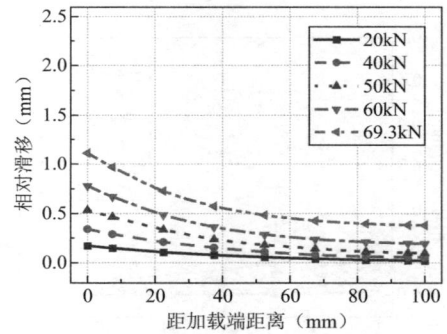

(j) RC40-100-RD20-5*d*-8@100

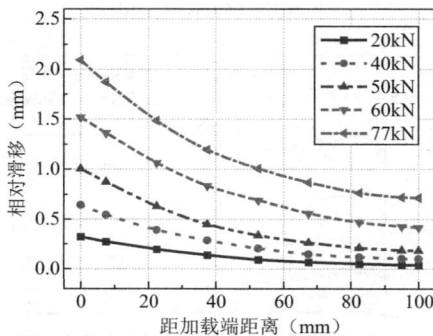

(k) NC40-0-RD16-5*d*-8@80

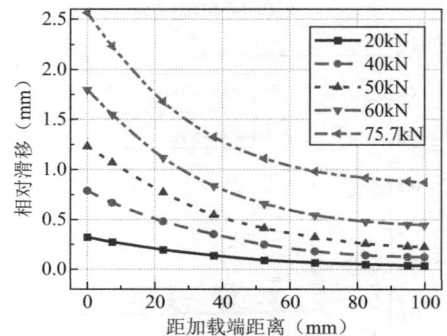

(l) RC40-100-RD16-5*d*-8@80

图 3-7　相对滑移量沿锚固长度变化

再生混凝土构件各测点的滑移值随荷载的增加均匀增加，自由端滑移值出现后，再生混凝土构件仍具有一定的储备抵抗力。

3.4　粘结位置函数

3.4.1　不同锚固位置粘结-滑移曲线

由计算可得各测点处粘结应力及相对滑移值，将各级荷载作用下 τ、s 展点连线，得到不同锚固位置处的 τ-s 曲线，如图 3-8 所示。可以看出再生混凝土锚固长度内不同位置 x 处 τ-s 曲线沿锚固长度有所差异，实测的平均粘结-滑移曲线大致居中。再生混凝土构件 τ-s 曲线整体规律与普通混凝土相似，但无论高强或普通强度，相比普通混凝土而言各组再生混凝土构件不同锚固位置处 τ-s 相对比较统一，差别较小，说明再生混凝土构件中粘结应力传递较快，粘结应力较普通混凝土构件较平均。

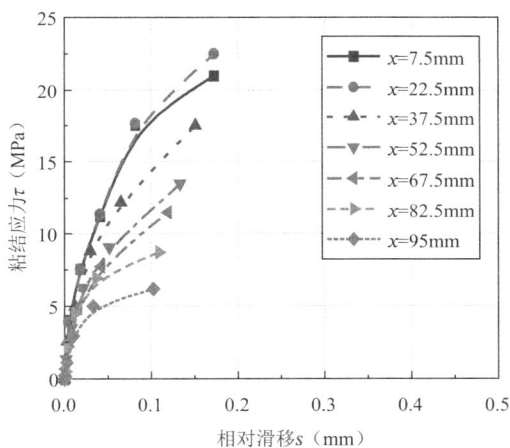

(a) HNC60-0-SD20-7.5d

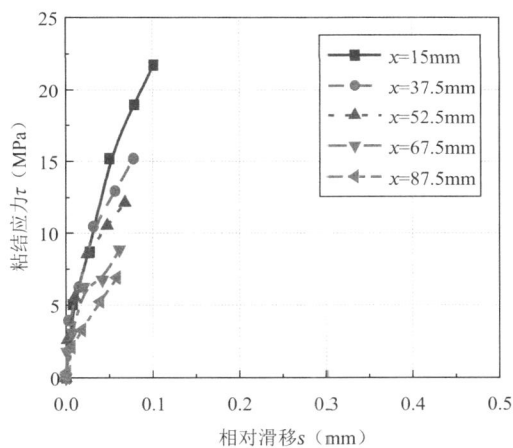

(b) HNC60-50-SD20-7.5d

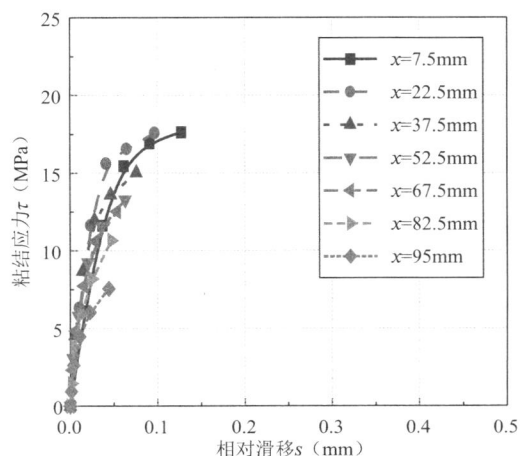

(c) HRC50-100-SD20-7.5d

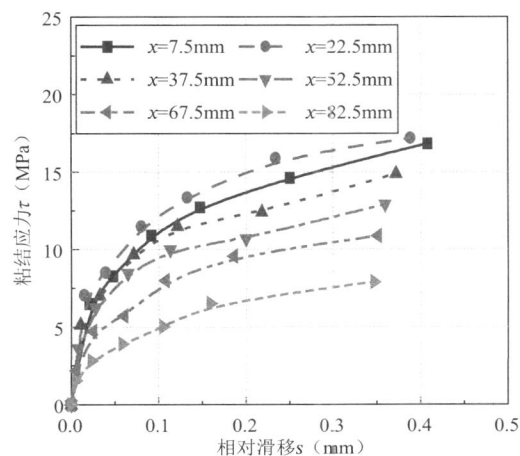

(d) NC35-0-SD20-7.5d

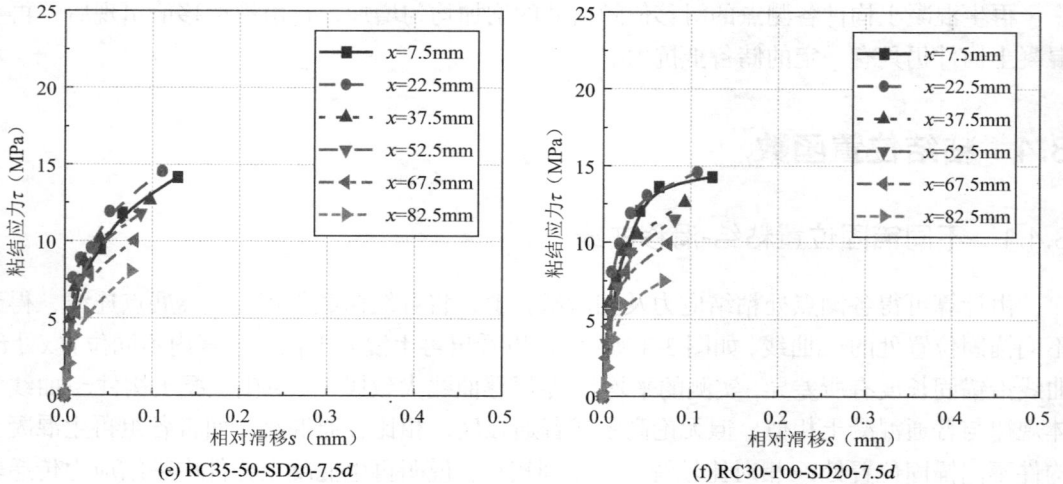

图 3-8　不同位置 x 处 τ-s 曲线

由以上分析结果可知，锚固长度内不同位置处 τ-s 曲线是变化的，因此有必要采用钢筋内贴片方法考虑锚固位置对 τ-s 本构曲线的影响。目前国内外学者采用该方法对普通混凝土与钢筋间的 τ-s 本构关系进行了一定的研究，即首先假设平均锚固刚度条件下求得基本的 τ-s 本构描述：

$$\overline{\tau} = g(\overline{s}) \tag{3-11}$$

再采用一个位置函数 $\psi(x)$ 来描述不同锚固位置处粘结刚度的相对大小，最后通过两者的积来准确表达钢筋-再生混凝土的 τ-s 本构关系：

$$\tau = \psi(x)g(\overline{s}) \tag{3-12}$$

3.4.2　粘结位置函数

由于计算所得粘结强度沿锚固长度并非均匀发展，而是随着位置有所不同，故将各构件粘结强度随锚固长度变化的规律图无量纲（$\tau \to \tau/\overline{\tau}$，$x \to x/L_a$）化，如图 3-9 所示。

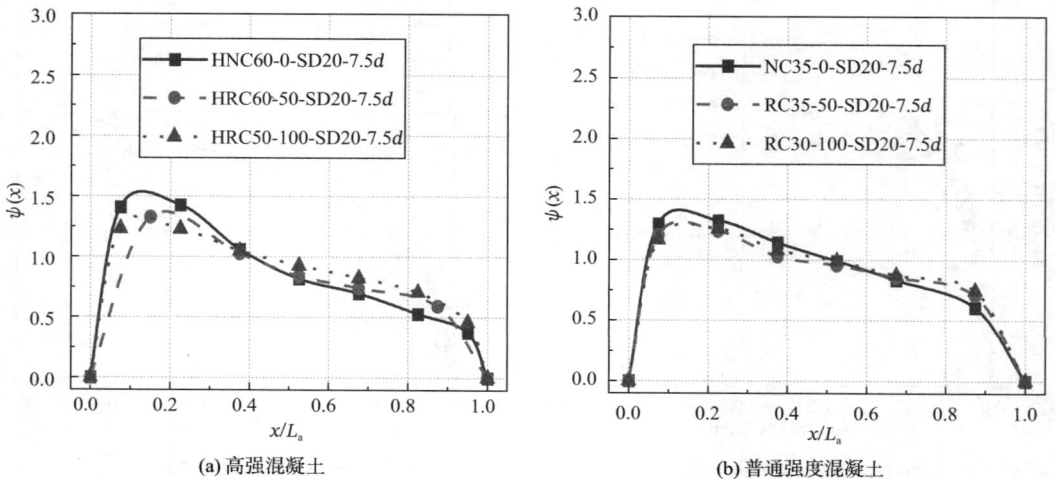

(a) 高强混凝土　　　　　　　　　　　　(b) 普通强度混凝土

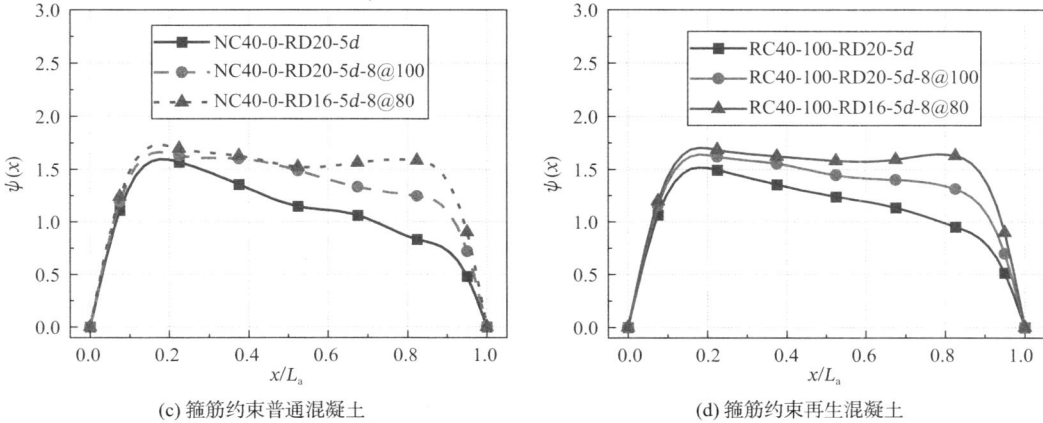

(c) 箍筋约束普通混凝土　　　　　　　　(d) 箍筋约束再生混凝土

图 3-9　不同锚固位置处无量纲化粘结刚度

由图 3-9 可知再生混凝土与钢筋粘结锚固刚度在加载端和自由端较小，向锚固内部显著增大，粘结锚固刚度基本在 0.15～0.85 倍锚固长度内稳定。无量纲化后各滑移量情况下粘结锚固刚度较为一致，粘结锚固刚度大小只与锚固位置有关，钢筋与再生混凝土粘结锚固刚度的变化规律即描述了 τ-s 本构关系沿锚固长度的相对变化规律，即位置函数 $\psi(x)$。

结合位置函数曲线特点，由于从加载端和自由端往内刚度均急剧变化而接近直线，且 $(0.15\sim0.85)L_a$ 段亦表现出缓慢的线性降低趋势，为了方便工程应用提出三折线模型，如图 3-10 所示。由于构件端部 PVC 套管及荷载等局部挤压影响等原因，在加载端和自由端引起局部刚度提高，导致实测曲线两端较三折线模型丰满。整个模型由四个控制点控制：1 点 $(0,0)$，2 点 $(0.15,A_1)$，3 点 $(0.85,A_2)$，4 点 $(1,0)$，A_1、A_2 与再生混凝土强度及再生骨料取代率有关，可以通过数值拟合方法得到其位置函数：

（1）高强度（H）：普通混凝土，$A_1=1.5$，$A_2=0.5$；再生混凝土，$A_1=1.35$，$A_2=0.65$。

（2）普通强度：普通混凝土，$A_1=1.4$，$A_2=0.6$；再生混凝土，$A_1=1.3$，$A_2=0.7$。

（3）试件无配置横向箍筋时：普通混凝土：$A_1=1.58$，$A_2=0.73$；再生混凝土：$A_1=1.51$，$A_2=0.78$；

（4）试件箍筋间距为 100mm 时：普通混凝土：$A_1=1.63$，$A_2=1.27$；再生混凝土：$A_1=1.61$，$A_2=1.32$。

（5）试件箍筋间距为 50mm 时：普通混凝土：$A_1=1.72$，$A_2=1.59$；再生混凝土：$A_1=1.69$，$A_2=1.68$。

由图 3-10 及数值拟合结果可知，高强再生混凝土的控制点 A_1 始终较普通强度再生混凝土大，而 A_2 则相反，说明普通强度再生混凝土粘结应力分布较高强再生混凝土均匀。同时无论高强或普通强度时，再生混凝土粘结位置函数 A_1 值较普通混凝土呈降低趋势，而自由端 A_2 值呈增长趋势，说明再生混凝土与钢筋间粘结应力传递较普通钢筋混凝土更快、粘结应力分布更均匀。

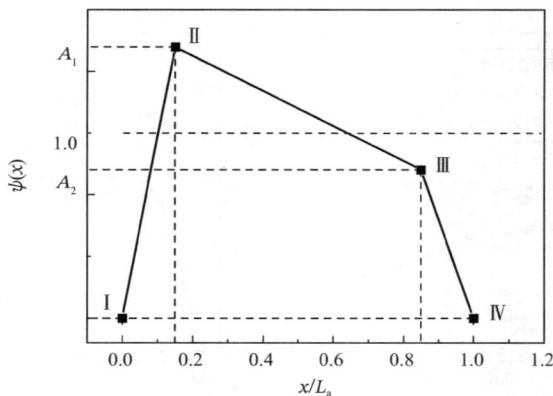

图 3-10 再生混凝土粘结滑移位置函数模型

配置有横向箍筋的再生混凝土的控制点A_2较无配置横向箍筋的再生混凝土控制点A_2大，配置横向箍筋间距 50mm 试件的控制点A_2较配置横向箍筋间距为 100mm 的控制点A_2大，各试件A_1的情况则表现出差别不大，说明由于箍筋的横向约束作用，混凝土的开裂得到了有效束缚，使得混凝土与钢筋之间的机械咬合力得到了有效保护，直接导致粘结锚固段的刚度变大，其粘结应力沿着锚固长度顺利地传递到自由端，使得粘结锚固段内粘结应力的分布更加均匀，并且随着箍筋的加强这种趋势也得到了增强；而无箍筋试件再生混凝土粘结应力分布因没有横向约束来限制裂缝的发展，靠近加载端位置的裂缝随着荷载的增大而逐渐变大，直到裂缝发展至试件表面发生劈裂破坏，锚固段靠近自由端位置的粘结应力始终很小。同时无论试件是否配置横向箍筋约束，再生混凝土粘结位置函数值A_1与普通混凝土更小，而自由端A_2值更大，说明再生混凝土与钢筋间粘结应力传递较天然骨料钢筋混凝土更快、粘结应力分布更均匀。

3.5 本章小结

（1）再生混凝土与钢筋间粘结锚固位置函数与普通混凝土相似，箍筋约束使锚固段内的刚度更大，粘结应力分布更为均匀，但对位置函数的影响不大。

（2）粘结锚固位置函数基本在$(0.15\sim0.85)L_a$保持稳定，在两端急剧变化。相比普通骨料混凝土而言，再生混凝土与钢筋粘结应力传递较快，分布较均匀。针对再生混凝土与钢筋间粘结滑移位置函数特点，提出三折线粘结锚固位置函数模型。

（3）钢筋再生混凝土粘结滑移曲线与锚固深度有关，采用位置函数与基本粘结滑移曲线乘积的形式表达：$\tau = \psi(x)g(\bar{s})$，且本章提出的$\psi(x)$、$g(\bar{s})$计算结果与实测结果吻合较好。

参考文献

[1] 徐有邻. 钢筋混凝土粘滑移本构关系的简化模型[C]//中国力学学会结构工程专业委员会, 中国力学

学会《工程力学》编委会, 广西壮族自治区科学技术协会, 广西大学, 清华大学土木工程系. 第六届全国结构工程学术会议论文集 (第二卷). 中国建筑科学研究院, 1997.

[2]　徐有邻, 沈文都, 汪洪. 钢筋砼粘结锚固性能的试验研究[J]. 建筑结构学报, 1994 (3): 26-37.

[3]　徐港. 锈蚀钢筋混凝土粘结锚固性能研究[D]. 武汉: 华中科技大学, 2009.

[4]　徐有邻. 变形钢筋-混凝土粘结锚固性能的试验研究[D]. 北京: 清华大学, 1990.

[5]　赵羽习, 金伟良. 钢筋与混凝土粘结本构关系的试验研究[J]. 建筑结构学报, 2002(1): 32-37.

[6]　过镇海. 钢筋混凝土原理[M]. 北京: 清华大学出版社, 1999.

[7]　赵国藩. 高等钢筋混凝土结构学[M]. 北京: 中国电力出版社, 1999.

[8]　王传志, 滕智明. 钢筋混凝土结构理论[M]. 北京: 中国建筑工业出版社, 1985.

[9]　周志祥. 高等钢筋混凝土结构[M]. 北京: 人民交通出版社, 2002.

第 4 章

多向侧压作用下
再生混凝土－钢筋粘结滑移性能试验研究

4.1 概述

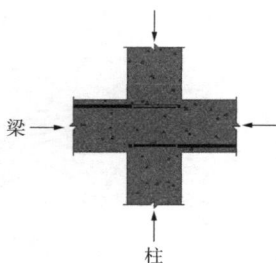

图 4-1 梁-柱节点

在工程应用中，钢筋与再生混凝土的粘结性能决定了结构的承载能力。目前对于钢筋与再生混凝土粘结性能的研究多为简单拉拔，而大部分钢筋混凝土结构在其生命周期内承受着复杂的应力，如梁-柱节点（图 4-1）、剪力墙以及预应力构件锚固端的局部受压区等都处于多向受力状态。这些钢筋与混凝土粘结区域的应力状态较为复杂，同时也值得我们研究。本章主要介绍在多向侧压应力状态下再生混凝土与钢筋间粘结滑移性能的试验分析。

4.2 试件设计

4.2.1 原材料与配合比

本试验选取的水泥为海螺牌 P·C 32.5R 复合硅酸盐水泥；细骨料采用普通天然河砂[1-2]；再生粗骨料[3-4]来源于南宁市某路面废弃混凝土经破碎和筛分而成，依据《混凝土用再生粗骨料》GB/T 25177—2010 的分类标准，采用的再生粗骨料为 Ⅱ 级骨料，天然粗骨料为普通碎石，粗骨料性能见表 4-1。主要受力钢筋选用热轧带肋钢筋 HRB400，钢筋直径为 16mm、20mm；钢筋基本试验性能见表 4-2。按同抗压强度等级（C40）要求试配 0%、30%、50%、70%、100% 共 5 种不同再生粗骨料取代率下的试件，设计时考虑再生粗骨料吸水率较高的特点，增加附加水。最终配合比和试件各组组成情况见表 4-3。试件编号规则：NC（普通混凝土）/RC（再生混凝土）-再生粗骨料取代率。

粗骨料性能 表 4-1

骨料类型	级配（mm）	表观密度（kg/m³）	堆积密度（kg/m³）	吸水率（%）	压碎值指标（%）
再生粗骨料	5～26.5	3105	1521	4.54	12.6
天然粗骨料	5～26.5	2340	1325	0.35	11.4

钢筋力学性能　　　　　　　　　　　　　　表 4-2

钢筋直径（mm）	屈服强度（MPa）	弹性模量（MPa）
16	500	2.11×10^5
20	500	2.17×10^5

混凝土配合比　　　　　　　　　　　　　　表 4-3

编号	再生粗骨料取代率	水胶比	材料用量（kg/m³）					
			水泥	砂	天然粗骨料	再生粗骨料	水	附加水
NC0	0%	0.46	402	544	1269	0	185	0
RC-30	30%	0.39	475	522	853	365	185	18
RC-50	50%	0.38	487	518	605	605	185	30
RC-70	70%	0.37	500	515	360	840	185	42
RC-100	100%	0.35	529	506	0	1180	185	59

4.2.2　试件设计与制作

1. 无侧压作用下的拉拔试验

试件按不同再生粗骨料取代率、相对保护层厚度及配箍率共分为 22 组，每组 3 个，编号见表 4-4。试件编号规则：钢筋直径-箍筋直径-再生粗骨料取代率。钢筋与再生混凝土的粘结长度 $5d$（d 为钢筋直径），粘结段在试件中部，为避免加载端应力集中影响测试结果，在两端增加 PVC 塑料管，使其成为无粘结段。钢筋直径分别为 20mm、16mm。

无侧压拉拔试验试件参数表　　　　　　　　　表 4-4

编号	再生粗骨料取代率（%）	箍筋直径（mm）	τ_u（MPa）	编号	再生粗骨料取代率（%）	箍筋直径（mm）	τ_u（MPa）
D20-0-0	0	0	10.59	D16-0-100	100	0	14.21
D20-0-30	30	0	11.44	D16-6-0	0	6	18.02
D20-0-50	50	0	11.92	D16-6-30	30	6	19.62
D20-0-70	70	0	12.47	D16-6-50	50	6	18.02
D20-0-100	100	0	11.36	D16-6-70	70	6	17.57
D20-8-0	0	8	13.24	D16-6-100	100	6	19.77
D20-8-30	30	8	15.92	D16-8-0	0	8	20.91
D20-8-50	50	8	13.43	D16-8-30	30	8	17.52
D20-8-70	70	8	13.61	D16-8-50	50	8	20.81
D20-8-100	100	8	15.03	D16-8-70	70	8	18.44
D16-0-0	0	0	16.94	D16-8-100	100	8	19.66

2. 单向侧压作用下的拉拔试验

试件按五种不同取代率（0%、30%、50%、70%、100%）、不同单向侧压力比（$P_l/f_{cu} = 0$、0.1、0.2、0.3，f_{cu} 为立方体抗压强度）共分 20 组，每组 3 个，共 60 个试件，编号见表 4-5，编号规则为：钢筋直径-单向侧压力比 P_l/f_{cu}-再生粗骨料取代率。主要受力钢筋选用热轧带肋钢筋 HRB400，钢筋直径为 20mm。试件尺寸及单轴侧压示意图如图 4-2 所示。试件形式与简单拉拔试验的试件一致。

单轴侧向压力作用下拉拔试验试件参数表　　　　表 4-5

编号	再生粗骨料取代率（%）	单向侧压力比	τ_u（MPa）	编号	再生粗骨料取代率（%）	单向侧压力比	τ_u（MPa）
D20-0-0	0	0	10.37	D20-0.2-0	0	0.20	17.31
D20-0-30	30	0	11.69	D20-0.2-30	30	0.20	19.77
D20-0-50	50	0	11.52	D20-0.2-50	50	0.20	16.27
D20-0-70	70	0	12.42	D20-0.2-70	70	0.20	20.61
D20-0-100	100	0	11.69	D20-0.2-100	100	0.20	19.23
D20-0.1-0	0	0.10	16.92	D20-0.3-0	0	0.30	19.22
D20-0.1-30	30	0.10	17.86	D20-0.3-30	30	0.30	20.28
D20-0.1-50	50	0.10	20.08	D20-0.3-50	50	0.30	21.14
D20-0.1-70	70	0.10	13.70	D20-0.3-70	70	0.30	17.66
D20-0.1-100	100	0.10	15.13	D20-0.3-100	100	0.30	20.68

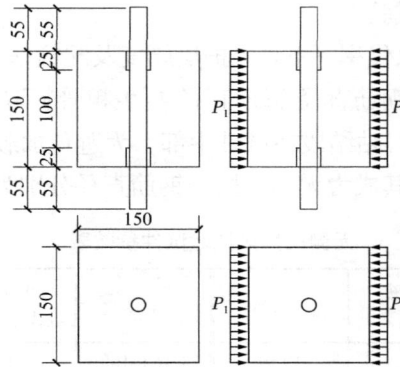

图 4-2　试件尺寸（mm）及单轴侧压示意图

3. 双轴侧向压力作用下的拉拔试验

试件按五种不同再生粗骨料取代率（0%、30%、50%、70%、100%）、两种相对保护层厚度比（c/d）、不同单向侧压比（$P_1/f_{cu} = 0.067$、0.084、0.1、0.135）、不同双侧压力相对比（$P_1/P_2 = 1$、2、3）共分 32 组，每组 3 个，共 96 个试件，编号见表 4-6。表中试件编号规则为：钢筋直径-第一侧压力 P_1/f_{cu}-第二侧压力 P_2/f_{cu}-再生粗骨料取代率。试件尺寸及双轴侧压示意图如图 4-3 所示。

双轴侧向压力作用下拉拔试验试件参数表　　　　表 4-6

编号	再生粗骨料取代率（%）	P_1/P_2	f_{cu}（MPa）	P_1/f_{cu}	P_2/f_{cu}	τ_u（MPa）
D20-0.067-0.023-50	50	3	44.93	0.067	0.023	14.46
D20-0.084-0.028-50	50	3	44.93	0.084	0.028	15.01
D20-0.1-0.033-50	50	3	44.93	0.1	0.033	16.11
D20-0.135-0.045-50	50	3	44.93	0.135	0.045	17.38
D20-0.067-0.033-50	50	2	44.93	0.067	0.033	14.01

续表

编号	再生粗骨料取代率（%）	P_1/P_2	f_{cu}（MPa）	P_1/f_{cu}	P_2/f_{cu}	τ_u（MPa）
D20-0.084-0.042-50	50	2	44.93	0.084	0.042	15.86
D20-0.1-0.05-50	50	2	44.93	0.1	0.05	18.5
D20-0.135-0.067-50	50	2	44.93	0.135	0.067	18.81
D20-0.067-0.067-0	0	1	44.93	0.067	0.067	17.21
D20-0.084-0.084-0	0	1	44.93	0.084	0.084	18.73
D20-0.1-0.1-0	0	1	44.93	0.1	0.1	20.43
D20-0.135-0.135-0	0	1	44.93	0.135	0.135	22.73
D20-0.067-0.067-30	30	1	45.41	0.067	0.067	15.39
D20-0.084-0.084-30	30	1	45.41	0.084	0.084	17.29
D20-0.1-0.1-30	30	1	45.41	0.1	0.1	21.5
D20-0.135-0.135-30	30	1	45.41	0.135	0.135	20.64
D20-0.067-0.067-50	50	1	44.93	0.067	0.067	18.52
D20-0.084-0.084-50	50	1	44.93	0.084	0.084	16.58
D20-0.1-0.1-50	50	1	44.93	0.1	0.1	21.9
D20-0.135-0.135-50	50	1	44.93	0.135	0.135	24.21
D20-0.067-0.067-70	70	1	44.93	0.067	0.067	16.97
D20-0.084-0.084-70	70	1	44.93	0.084	0.084	17.07
D20-0.1-0.1-70	70	1	44.93	0.1	0.1	17.81
D20-0.135-0.135-70	70	1	44.93	0.135	0.135	23.07
D20-0.067-0.067-100	100	1	44.93	0.067	0.067	20.92
D20-0.084-0.084-100	100	1	44.93	0.084	0.084	19.99
D20-0.1-0.1-100	100	1	44.93	0.1	0.1	21.26
D20-0.135-0.135-100	100	1	44.93	0.135	0.135	19.99
D16-0.067-0.067-50	50	1	45.41	0.067	0.067	21.75
D16-0.084-0.084-50	50	1	45.41	0.084	0.084	21.28
D16-0.1-0.1-50	50	1	45.41	0.1	0.1	21.60
D16-0.135-0.135-50	50	1	45.41	0.135	0.135	23.07

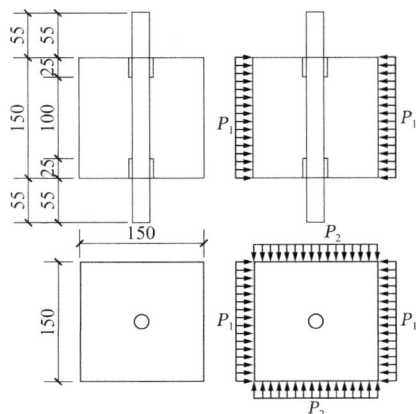

图 4-3　试件尺寸（mm）及双轴侧压示意图

4.2.3　试验仪器和试验加载

试件的加载在广西大学的高压伺服静动载真三轴试验机（TAWZ-5000/3000）上进行。该试验机是一种专为岩石和混凝土类材料试验用的综合型刚性试验机。具有刚度高、试验稳定性好、测控精度高等特点，可以进行单轴拉伸和压缩、剪切试验和常规三轴试验以及真三轴试验的各项力学试验，如图 4-4 所示。

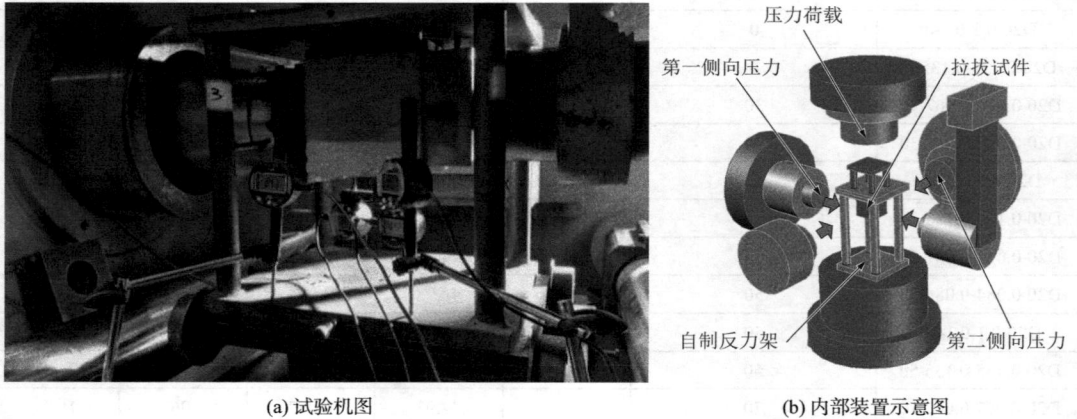

(a) 试验机图　　　　　　　　　　　　(b) 内部装置示意图

图 4-4　高压伺服静动载真三轴试验机

试件加载时，先施加侧压力，当侧压力加载到试验所需的压力值时，再施加拉拔力。侧压力的加载采用力控的方式。侧压力按与立方体抗压强度成比例进行加载控制。双向侧压时需保证两个方向的侧压力对准试件的中心。侧向压应力加载示意图如图 4-5 所示。

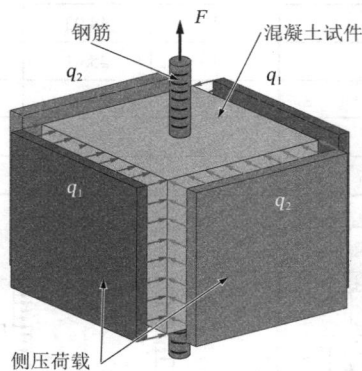

图 4-5　侧向压应力加载示意图

4.3　粘结-滑移曲线

4.3.1　无侧压作用下的粘结-滑移曲线

无侧压作用下试验测试获得的粘结-滑移曲线如图 4-6 所示。

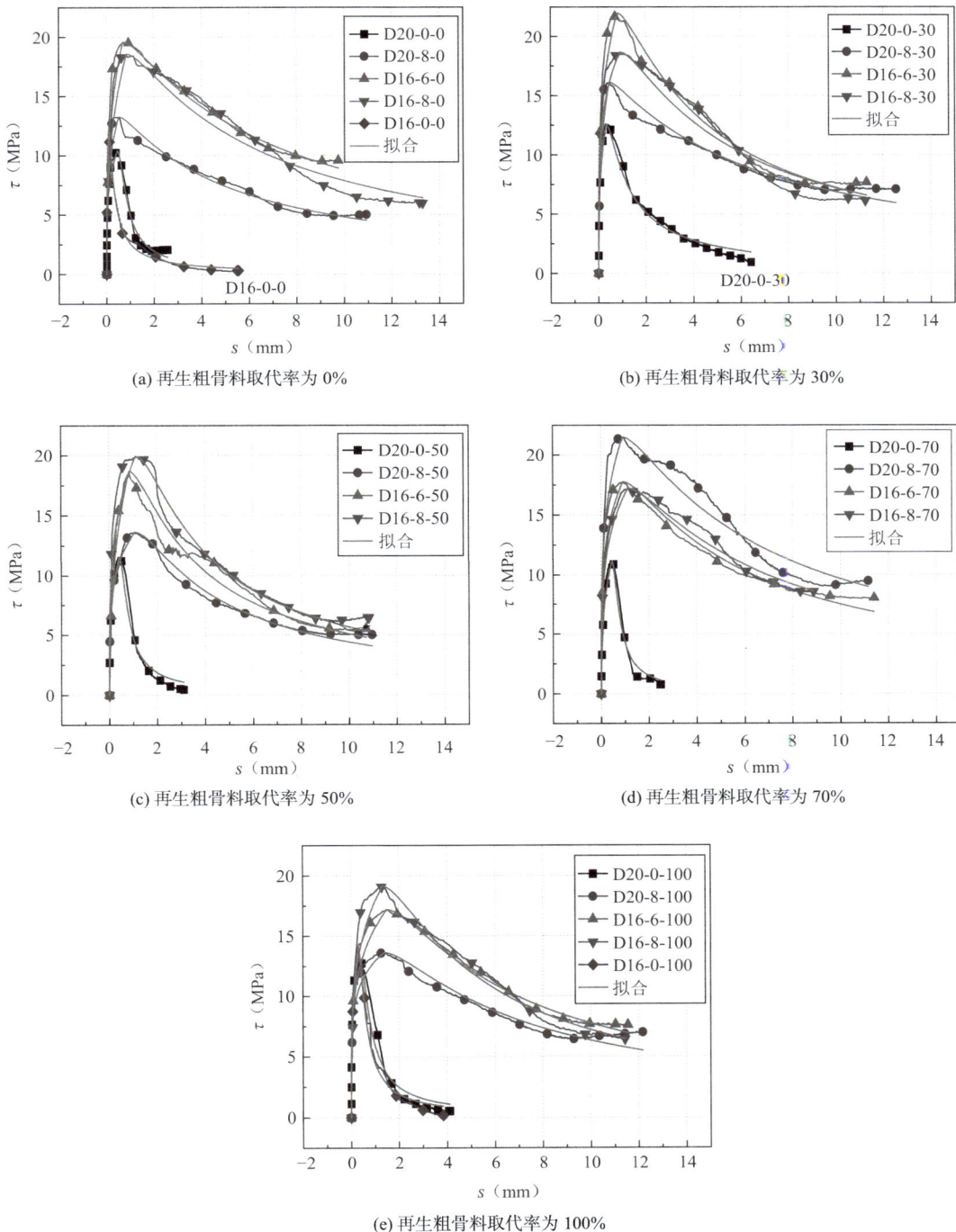

(a) 再生粗骨料取代率为 0%

(b) 再生粗骨料取代率为 30%

(c) 再生粗骨料取代率为 50%

(d) 再生粗骨料取代率为 70%

(e) 再生粗骨料取代率为 100%

图 4-6　无侧压作用下粘结-滑移曲线

4.3.2　单向侧压作用下的粘结-滑移曲线

单向侧压作用下试验测试粘结-滑移曲线如图 4-7 所示，ξ 为单向侧压力比，由于部分试件未能完整测试到下降段曲线，仅绘制部分构件的完整曲线。

(a) 再生粗骨料取代率为 0%

(b) 再生粗骨料取代率为 30%

(c) 再生粗骨料取代率为 50%

(d) 再生粗骨料取代率为 70%

(e) 再生粗骨料取代率为 100%

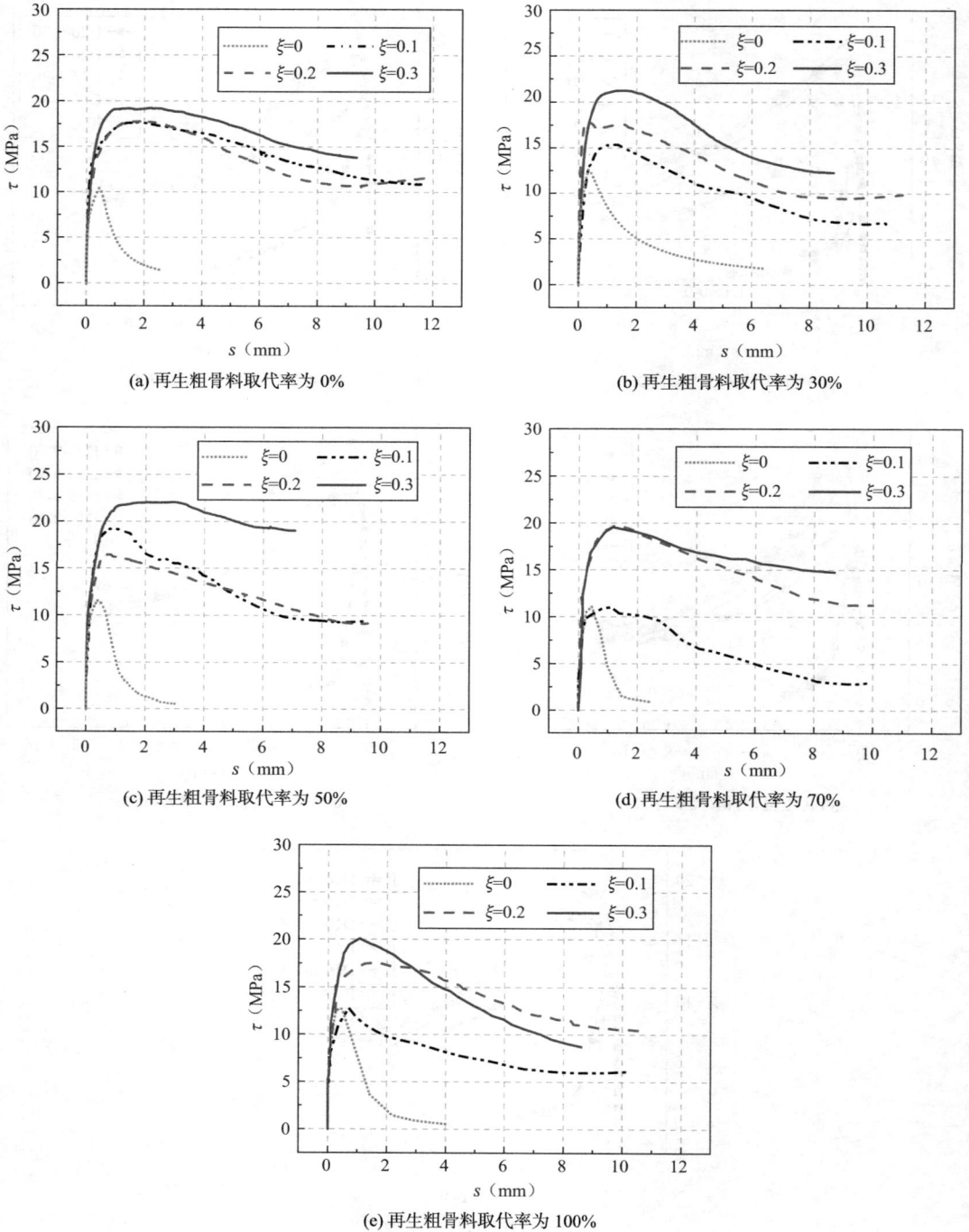

图 4-7 单向侧压作用下粘结-滑移曲线

4.3.3 双向侧压作用下的粘结-滑移曲线

双向侧压作用下试验测试的粘结-滑移曲线如图 4-8、图 4-9 所示，图中 0.067，0.082，0.1 和 0.135 为单向侧压力比 P_1/f_{cu}。其中，图 4-8 为双侧压相对比 $P_1/P_2 = 1$ 的粘结-滑移曲线，图 4-9 为双侧压相对比$P_1/P_2 = 2$ 的粘结-滑移曲线，图 4-10 为$P_1/P_2 = 3$ 的粘结-滑移曲线。由于部分试件未能完整测出下降段，图中仅绘制部分完整的曲线。

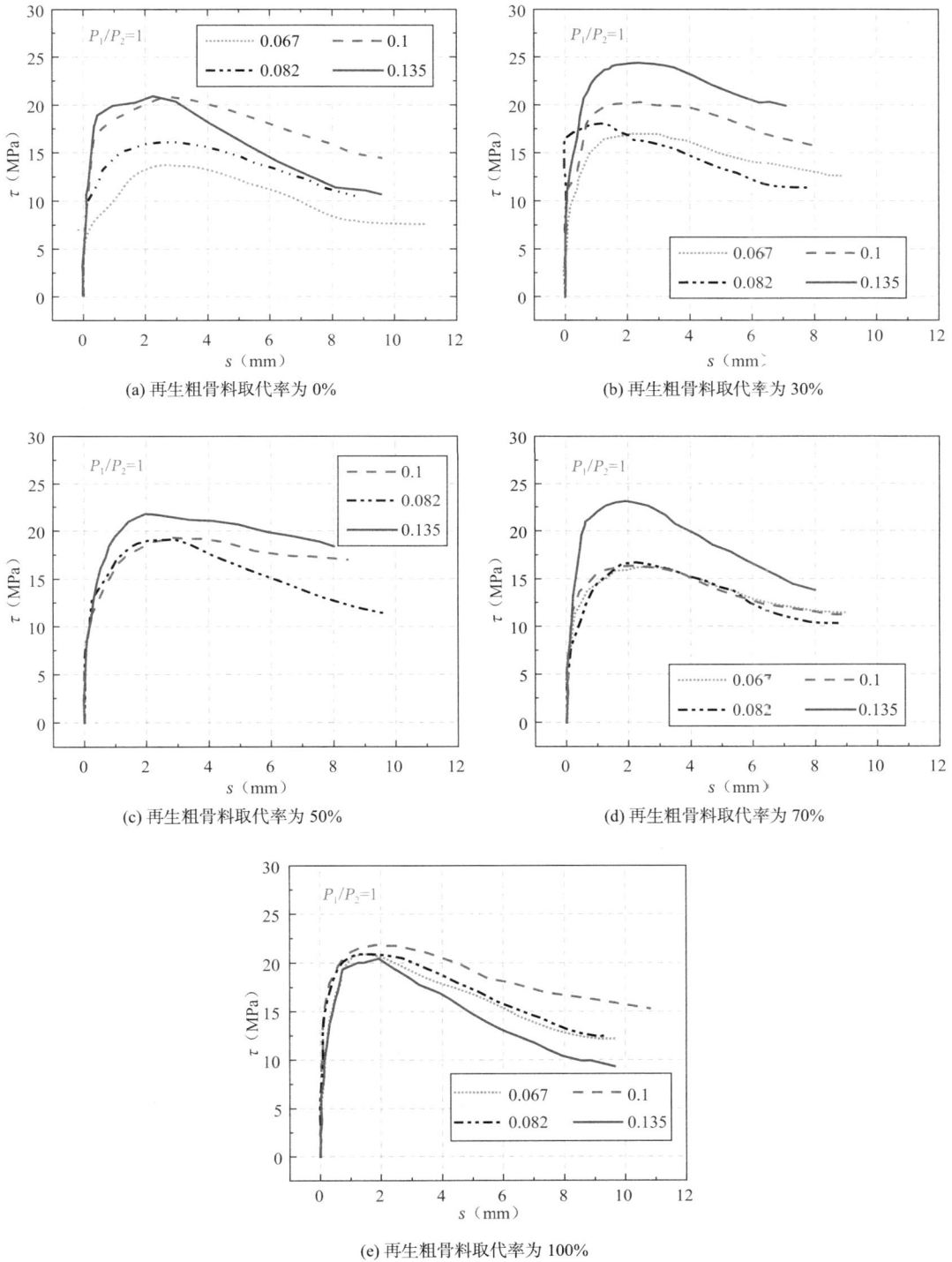

(a) 再生粗骨料取代率为 0%

(b) 再生粗骨料取代率为 30%

(c) 再生粗骨料取代率为 50%

(d) 再生粗骨料取代率为 70%

(e) 再生粗骨料取代率为 100%

图 4-8　双侧压相对比$P_1/P_2 = 1$ 下的粘结-滑移曲线

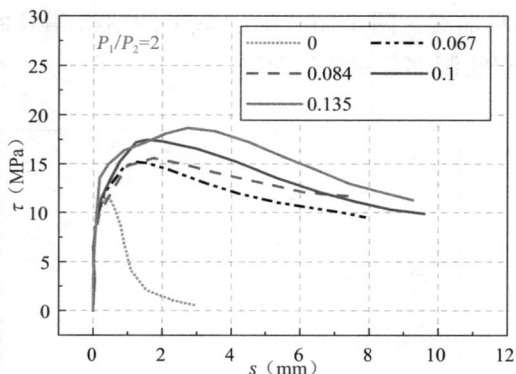

图 4-9　双侧压相对比 $P_1/P_2 = 2$ 下的粘结-滑移曲线

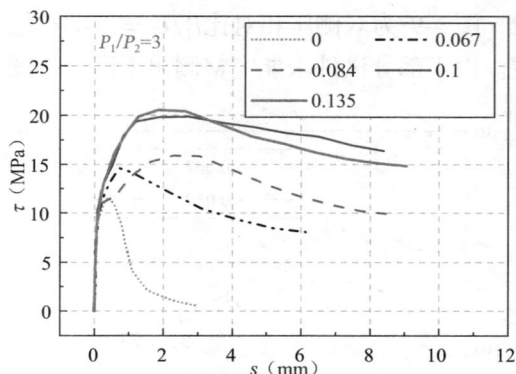

图 4-10　双侧压相对比 $P_1/P_2 = 3$ 下的粘结-滑移曲线

4.4　破坏模式及破坏机理

4.4.1　破坏模式

通过观察发现试件的破坏模式分为三种，分别是劈裂破坏、拔出破坏和两种破坏模式都兼有的劈裂-拔出破坏。其中无侧压作用下，无箍筋试件发生劈裂破坏，而配箍筋试件大部分 D20、D16 发生劈裂-拔出破坏，部分保护层较大的 D16 试件发生拔出破坏。

图 4-11（a）为单向侧压作用下拉拔试件的破坏模式，混凝土试件多被劈裂成两部分，主裂缝几乎与侧压力面垂直，最终将变形钢筋从混凝土中拔出，属于劈裂-拔出破坏[5]。但由于侧向压力的影响，混凝土仍保持整体性，侧压试件的裂缝宽度明显小于无侧压力试件。

当施加双向侧压力时，试件的破坏模式为劈裂-拔出［图 4-11（b）］。破坏时试件表面可见细小裂缝，这些裂缝由钢筋混凝土交界面延伸至试件表面。但由于侧向压力的作用，裂缝宽度较小。裂缝的开展与双向侧压力的大小和比例有关。当两个方向的侧压力大小相等时，在钢筋混凝土界面处主要产生压应力，它们可以抵消钢筋横肋挤压混凝土产生的拉应力。当横肋挤压产生的拉应力大于侧向压力产生的压应力时，破坏裂缝沿着垂直两个加载面的方向发展。然而，当两个侧压力大小不等时，主裂缝主要沿着垂直于较大侧压力加载面的方向开展，当另一侧加载面提供的侧压应力约束不足时，也会产生次要裂缝，但其宽度和长度均不及主裂缝。试件在不同侧压应力状态下破坏形态与裂缝示意图如图 4-12 所示。

(a) 单向侧压作用　　　　　　　　　(b) 双向侧压作用

图 4-11　侧向作用下的劈裂-拔出破坏模式

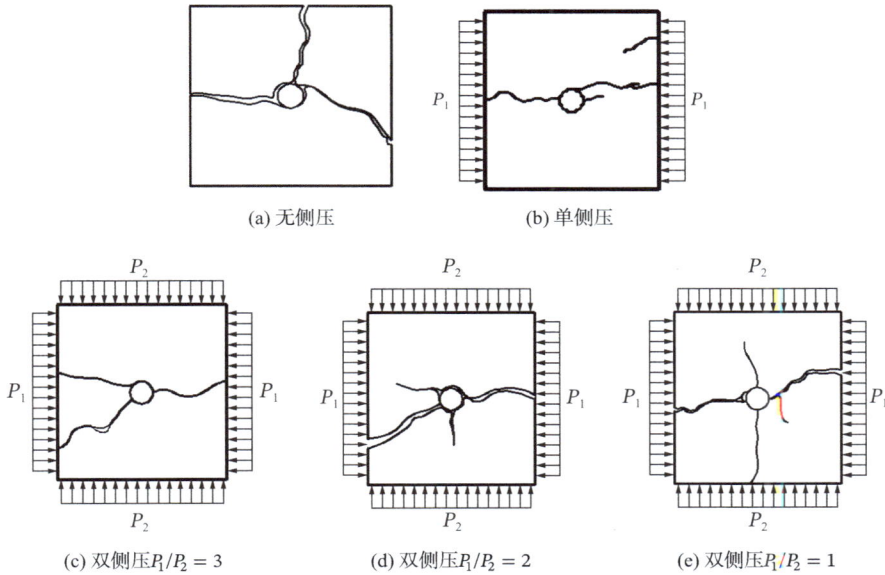

(a) 无侧压　　　　　　　　(b) 单侧压

(c) 双侧压$P_1/P_2 = 3$　　　(d) 双侧压$P_1/P_2 = 2$　　　(e) 双侧压$P_1/P_2 = 1$

图 4-12　试件破坏形态与裂缝示意图

4.4.2　破坏机理

从单侧压试件破坏的内部可以观察到（图 4-13），在钢筋与混凝土的接触界面上，钢筋横肋与混凝土的咬合部位出现了明显的刮犁现象。钢筋横肋前有楔状的碎屑沿着钢筋拉拔的方向堆积，这表明在试件加载的过程中，滑移首先是从钢筋肋前的混凝土压碎开始的[6]。这些楔状的混凝土碎屑形成了混凝土与钢筋之间新的接触面。由于侧压力的存在，界面上混凝土的抗剪性能得到了充分发挥，导致试件发生了延性破坏。从粘结滑移曲线中可以观察到，施加了侧压力的试件，其残余滑移值较大，且粘结应力在达到峰值后会缓慢下降。

通过对比双侧压试件破坏的内部情况（图 4-14），可以发现其与单向侧压试件的破坏规律有相似之处。在钢筋与混凝土的接触界面上，碎屑相较于单向侧压作用时堆积得更多。这说明在双向侧压力作用下，试件在加载过程中，钢筋横肋会直接沿着混凝土齿剪切出一个圆柱面，该圆柱面的混凝土碎屑形成了混凝土与钢筋之间新的接触面。由于双向侧压力的存在，界面上混凝土的抗剪性能也得到了增强[7-8]，导致试件同样会发生延性破坏。另外，从粘结-滑移曲线中可以观察到，施加双向侧压力的试件，其残余应力相较于单向侧压试件更大。

双向侧压与单向侧压试件的主要区别在于裂缝的开裂方向不同。当施加双向侧压时，相当于在两个方向上增加了附加的压应力场[9]，这个附加压应力场的大小和比例与双向侧压力的大小和比例有关。当两个方向的侧压力大小相等时，破坏时裂缝的走向会沿着裂缝发展的最短路径。而当两个侧压力大小不等时，主裂缝会沿着垂直于更大侧压力加载面的方向开展。次要裂缝的宽度和长度均不及主裂缝，且由于外侧应力场的约束作用，一般发展不到自由端表面。

　　对比无侧压作用拉拔试件的破坏过程可以发现，侧压作用下的粘结-滑移曲线同样分为以下五个阶段：微滑移阶段、滑移阶段、开裂阶段、下降阶段、残余阶段。不同的是，在开裂阶段中，由于侧向压力的作用，混凝土内部产生了附加应力场。此应力场在钢筋混凝土界面处产生了平行于加载面的方向上的压力，抵消了因钢筋拉拔而挤压产生的拉应力；而垂直于加载面的方向上产生的拉应力并没有抵消，而是继续加大。当这两者的作用大于混凝土的抗拉强度时，混凝土开始产生劈裂裂缝。随着滑移的继续增大，该裂缝从界面处沿垂直于加载面的径向逐步扩展，直至试件破坏。随后，裂缝在横向方向上延伸至试件表面。同时，由于附加压应力场的存在，随着滑移值的增加，粘结应力的下降变得较为缓慢。到残余阶段时，残余粘结应力仍保持在较大的水平，残余滑移值达到一个钢筋肋距左右。

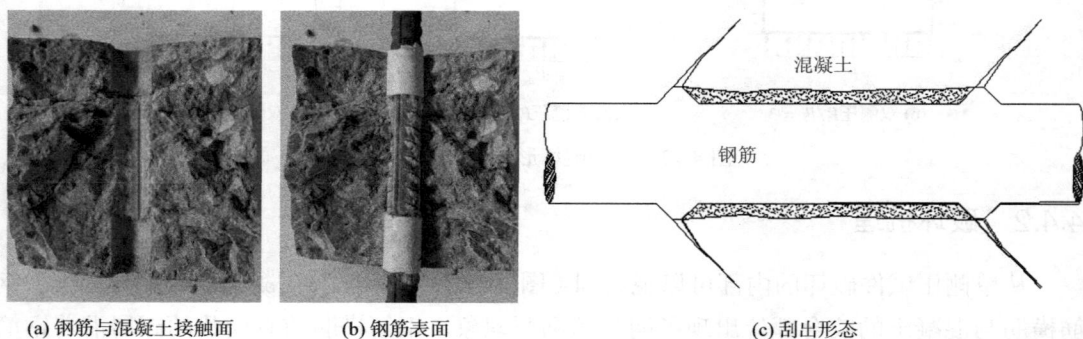

(a) 钢筋与混凝土接触面　　(b) 钢筋表面　　(c) 刮出形态

图 4-13　单侧压试验后的试件内部形态

图 4-14　双侧压试验后的试件内部形态

4.5　粘结强度分析

4.5.1　再生粗骨料取代率对粘结强度的影响

　　当没有侧压作用且无箍筋约束时，D20-0、D20-8、D16-0、D16-6、D16-8 各组试件 30%、

50%、70%和100%不同再生粗骨料取代率对应的相对粘结强度$\tau_u/\sqrt{f_{cu}}$与 NC0 的比值δ，如图 4-15 所示。δ值分别为 1.05～1.17、0.95～1.22、0.81、0.93～1.10、0.84～0.9，说明试件的相对粘结强度随再生粗骨料取代率的变化不明显。当有箍筋约束时，试件的粘结强度的增量$(\tau_u - \tau_{cr})$随配箍率ρ_{cv}的增加整体大致呈线性增长关系，如图 4-16 所示。

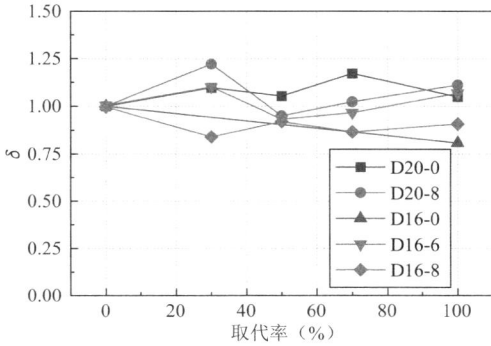

图 4-15　$\tau_u/\sqrt{f_{cu}}$比值与再生粗骨料取代率关系　　图 4-16　粘结强度增量与横向配箍率关系

在单侧压作用下，试件的相对粘结强度$\tau_u/\sqrt{f_{cu}}$随再生粗骨料取代率的变化关系如图 4-17 所示。当单向侧压力比P_1/f_{cu}为 0、0.1、0.2、0.3 时，试件的相对粘结强度分别为 1.03～1.13、0.79～1.10、0.87～1.17、0.90～1.06，再生粗骨料取代率对粘结强度的影响规律不明显。

在双侧压作用下，再生粗骨料取代率对相对粘结强度$\tau_u/\sqrt{f_{cu}}$的影响如图 4-18 所示。当双侧压相对比P_1/P_2为 1，且单向侧压力比P_1/f_{cu}为 0、0.067、0.084、0.1、0.135 时，相对粘结强度比值分别为 1.09～1.19、1.12～1.36、0.96～1.14、0.85～1.03、0.96～1.19，再生粗骨料取代率对粘结强度的影响规律也不明显。不同再生粗骨料取代率的试件都按同抗压强度的配合比进行设计，因此，再生混凝土的粘结强度相应的随着再生粗骨料取代率变化不明显[10]。

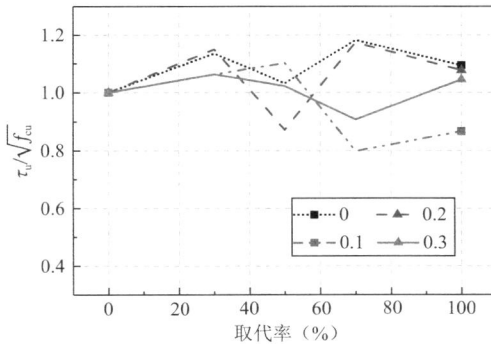

图 4-17　单侧压作用下$\tau_u/\sqrt{f_{cu}}$与再生粗骨料　　图 4-18　双侧压作用下$\tau_u/\sqrt{f_{cu}}$与再生粗骨料
取代率的关系　　　　　　　　　　　　　取代率的关系

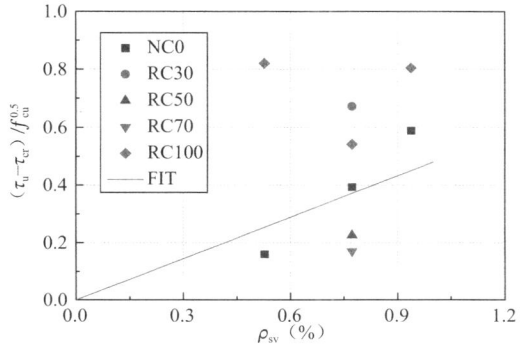

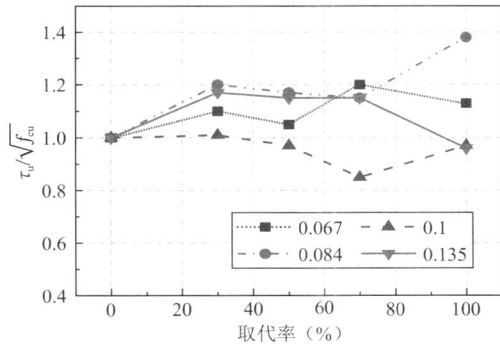

4.5.2　侧压力对粘结强度的影响

在单侧压作用下，试件的相对粘结强度$\tau_u/\sqrt{f_{cu}}$与单向侧压力比的关系如图 4-19 所示。

其中，单向侧压力比为 0、0.1、0.2、0.3 时，对应的粘结强度τ_u平均值分别为 11.54MPa、16.74MPa、18.64MPa、19.80MPa，施加侧向压力后比施加侧向压力前分别提高 45%、62%、72%，表明相对粘结强度随着侧向力的增加而增加。

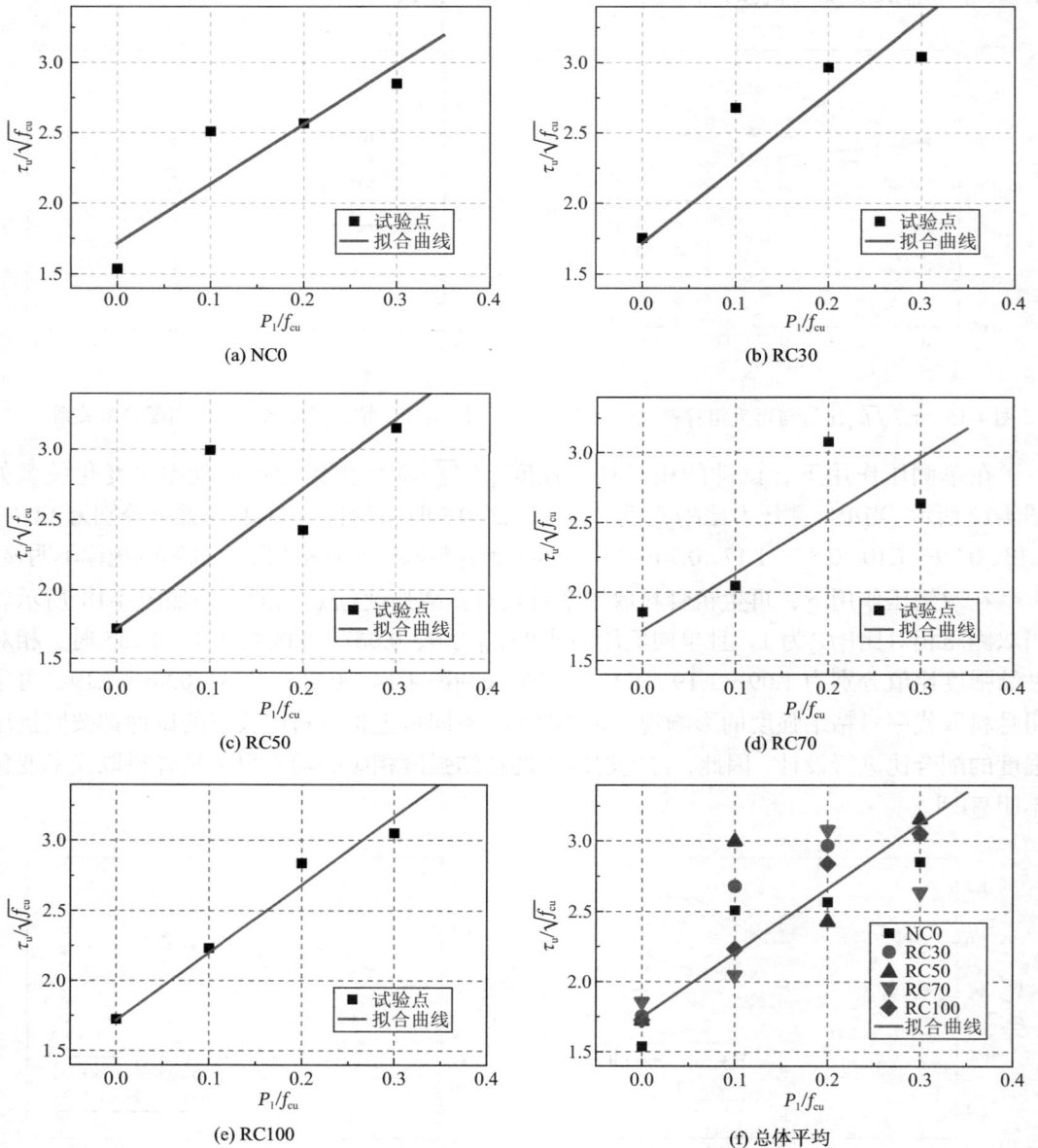

图 4-19　$\tau_u/\sqrt{f_{cu}}$ 和单向侧压力比的关系

在双侧压作用下，当双侧压相对比$P_1/P_2 = 3$，单向侧压力比P_1/f_{cu}为 0.067、0.084、0.1、0.135 时，粘结强度平均值分别为 14.46MPa、15.01MPa、16.11MPa、17.38MPa。当双侧压相对比$P_1/P_2 = 2$，单向侧压力比P_1/f_{cu}为 0.067、0.084、0.1、0.135 时，粘结强度平均值分别为 14.01MPa、15.86MPa、18.50MPa、18.81MPa。当双侧压相对比$P_1/P_2 = 1$，单向侧压力比

P_1/f_{cu}为 0.067、0.084、0.1、0.135 时,粘结强度平均值分别为 17.21MPa、18.73MPa、20.43MPa、22.73MPa。

当双侧压相对比P_1/P_2为 3、2、1 时,再生粗骨料取代率为 50%的试件的相对粘结强度$\tau_u/\sqrt{f_{cu}}$与单向侧压力比P_1/f_{cu}的关系如图 4-20 所示,相对粘结强度$\tau_u/\sqrt{f_{cu}}$随着双侧压相对比P_1/P_2的提高而提高。

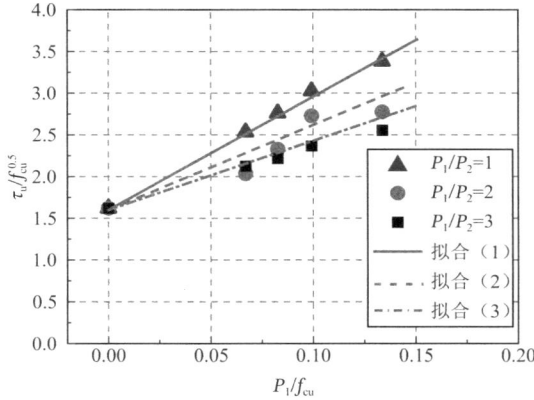

图 4-20 $\tau_u/\sqrt{f_{cu}}$和不同侧向压力的关系

当双侧压相对比P_1/P_2为 1 时,不同再生粗骨料取代率的试件的相对粘结强度$\tau_u/\sqrt{f_{cu}}$与单向侧压力比P_1/f_{cu}的关系如图 4-21 所示。可以看出,相对粘结强度$\tau_u/\sqrt{f_{cu}}$与单向侧压力比P_1/f_{cu}存在线性关系。为便于使用,表达式可以用统一的公式(4-1)来表述,其中c为保护层厚度。拟合结果见表 4-7,统一拟合后数据的拟合优度为 0.52。

$$\tau_u/\sqrt{f_{cu}} = 0.25 + 0.46\frac{c}{d} + \alpha(1+\delta)P_1/f_{cu} \tag{4-1}$$

再生混凝土$\tau_u/\sqrt{f_{cu}}$公式拟合值 表 4-7

参数	再生粗骨料取代率					总体平均
	0%	30%	50%	70%	100%	
α	5.589	7.028	6.452	5.839	6.438	6.122

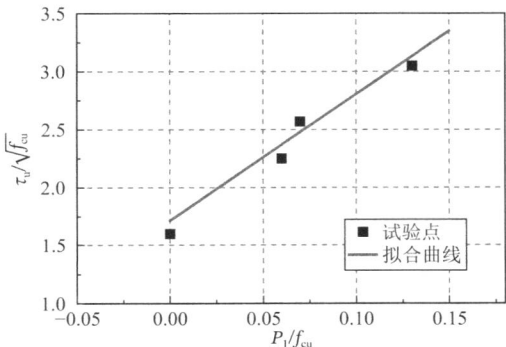

(a) NC0

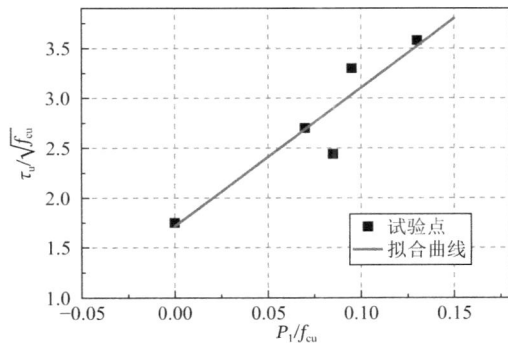

(b) RC30

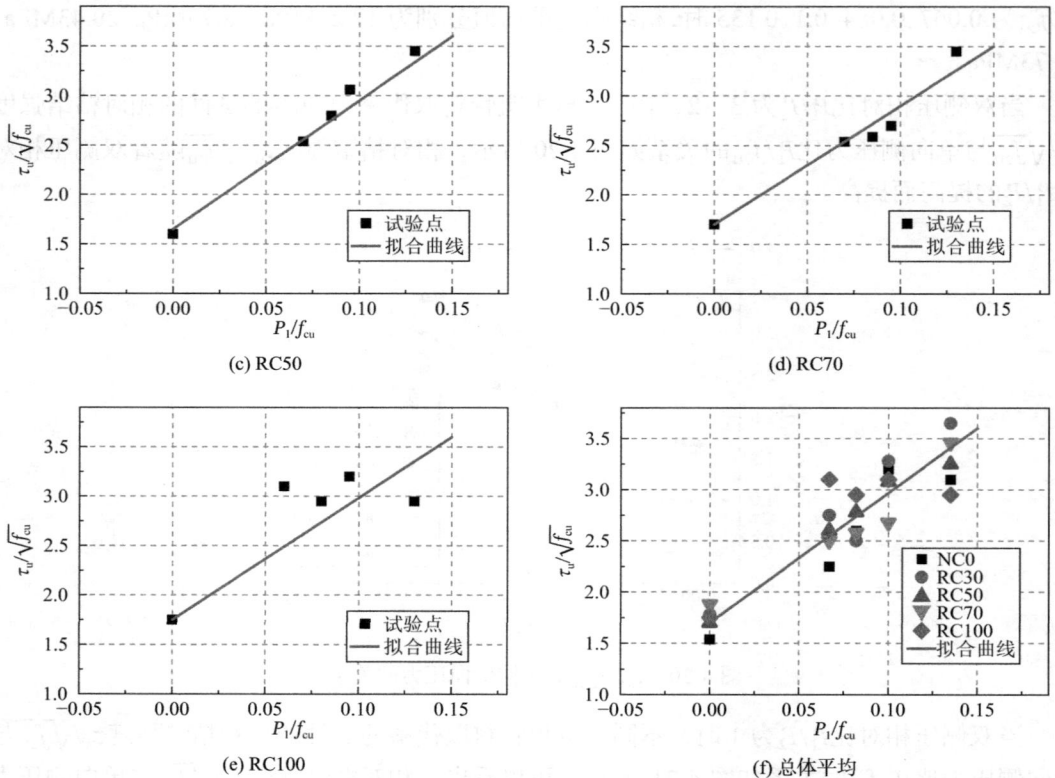

(c) RC50

(d) RC70

(e) RC100

(f) 总体平均

图 4-21　$\tau_\mathrm{u}/\sqrt{f_\mathrm{cu}}$ 与 $P_\mathrm{l}/f_\mathrm{cu}$ 的关系

4.5.3　再生粗骨料取代率与侧压力对粘结强度的耦合影响

　　根据所开展的试验数据及方差分析结果，我们对再生粗骨料取代率和单向侧压力这两个因素对粘结强度的影响进行了定量评估。以粘结强度作为显著性检验的研究对象，自变量设定为再生粗骨料取代率（A，包含 5 个水平：0%、30%、50%、70%、100%）和侧向力（B，在此分析中我们主要关注其作为有无或特定水平对结果的影响）。通过双因素方差分析表（表 4-8 展示了具体计算结果）得出，P 值分别为 0.671 和 6.036×10^{-5}。前者是在再生粗骨料取代率（列因素 A）影响下获得的，由于它大于 0.05 的显著性水平，我们接受原假设，即认为再生粗骨料取代率对粘结强度无显著差异；后者是在侧向力（行因素 B）影响下得出的，因其远小于 0.05 的显著性水平，我们拒绝原假设，确认侧向力对粘结强度有显著影响。

　　再生粗骨料取代率对相对粘结强度变动的影响率（SSA/SST）为 3.23%，侧向压力比对相对粘结强度变动的影响率（SSB/SST）为 80.54%。结果表明，侧压力对相对粘结强度的提升具有显著正面效应，而再生粗骨料取代率因素对相对粘结强度的增强影响则相对较小。

　　根据试验数据，通过方差分析，定量分析再生粗骨料取代率和双侧压相对比两个因素对相对粘结强度的影响。取相对粘结强度为显著性检验的研究对象，两个自变量为侧向压力比（A）和再生粗骨料取代率（B）因素。其中因素 A 的水平数为 $r = 5$（0%、30%、50%、70%、100%），因素 B 的水平数为 $s = 5$（0、0.067、0.084、0.1、0.135）。由此可得双因素方差分析表，表 4-9 给出了计算结果，根据计算结果求得 $P = 0.4029$、0.0000，第一个 P 值由列因素（即再生粗骨料取代率）影响下得到，第二个P值是由行因素（即侧向压力比）影响下得到，当采用$a = 0.05$作为水平时，由于第一个P值大于 0.05，故接受原假设，说明再生粗骨料取代率无显著差异，而第二个P值小于 0.05，故拒绝原假设，说明侧向压力比有显著差异。

再生粗骨料取代率因素对相对粘结强度变动的影响率（SSA/SST）为 2.76%，双侧压相对比因素对相对粘结强度变动的影响率（SSB/SST）为 86.94%。结果表明，侧压对粘结强度提高有显著影响，而再生粗骨料取代率因素对粘结强度影响较小[11]。

再生粗骨料取代率和单侧向压力双因素方差分析　表 4-8

来源	平方和	自由度	均方和	方差	P值
A	0.177	4	0.044	0.596	0.671
B	4.432	3	1.477	19.852	6.036×10^{-5}
E	0.893	12	0.074	—	—
总和	5.503	19	—	—	—

再生粗骨料取代率与双侧压相对比双因素方差分析　表 4-9

来源	平方和	自由度	均方和	方差	P值
A	0.230	4	0.057	1.071	0.402
B	7.248	4	1.812	33.746	1.29×10^{-7}
E	0.859	16	0.053	—	—
总和	8.337	24	—	—	—

4.5.4　钢筋保护层厚度对粘结强度的影响

当保护层厚度不同且 D16 与 D20 试件的双侧压相对比P_1/P_2为 1 时，从图 4-22 中可以看出，D16 组与 D20 组相对粘结强度随着单向侧压力比的增加而减小。这是由于随着单向侧压力比的增大，钢筋周围混凝土的约束作用随之增大，侧压力对粘结强度的影响作用超过相对保护层厚度的影响作用。而以上情况表明，随着侧压力的增加，侧压力对粘结强度的影响大于保护层厚度对粘结强度的影响。

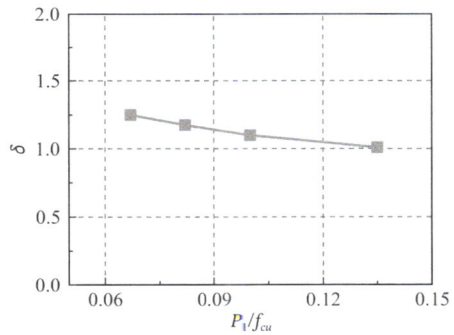

图 4-22　$\tau_u/\sqrt{f_{cu}}$与相对保护层厚度关系

4.5.5　粘结强度统计公式

综上所述，拟合 D20 组和 D16 组不同保护层厚度的α值，可得到与保护层相关的α值，经过拟合得到$\alpha = -1.308c/d + 10.37$。基于普通混凝土箍筋影响参数计算公式[12]，利用试验数据拟合得到螺纹钢极限平均粘结强度的经验公式，最后得到粘结强度公式如式(4-2)所示。

$$\tau_u = \left(0.184 + 0.092\frac{c}{d} + \frac{1.68d_{sv}^2}{cs_{sv}} + \alpha(1 + \delta)\frac{P_1}{f_{cu}}\right)\sqrt{f_{cu}} \tag{4-2}$$

式中：$\delta = P_2/P_1$；τ_u为配置箍筋试件粘结强度；f_{cu}为抗压强度；A_{sv}/cs_{sv}为体积配箍率；A_{sv}为箍筋面积；d_{sv}为箍筋直径；c为保护层厚度；s_{sv}为箍筋间距。

4.6 滑移值分析

4.6.1 再生粗骨料取代率对峰值滑移的影响

在不同单向侧压力作用下，不同再生粗骨料取代率的试件对应的峰值滑移如图 4-23 所示。由于无侧向压力作用时，试件劈裂破坏随机性较大，因此，单向侧压力比P_1/f_{cu}为 0 时，这些特性并不明显。再生混凝土的弹性模量小于普通混凝土，使得受到同样压力的状态下，再生混凝土在横向上被挤压，造成钢筋在纵向拉拔的过程中变形余度更小。侧压力的存在抑制了再生混凝土的变形，使得再生混凝土的峰值滑移较小。从本书第 2 章中可知，在箍筋约束作用下的再生混凝土的峰值滑移随着再生粗骨料取代率的增加而增加，而施加了单向侧压力后，再生粗骨料取代率对峰值滑移的影响减小。这说明侧向压力作为主动约束的作用比箍筋约束等被动约束的作用，更能抑制再生骨料对粘结性能的不利影响。

再生混凝土的峰值滑移随再生粗骨料取代率的变化关系如图 4-24 所示，当双向侧压相对比$P_1/P_2 = 1$，单向侧压力比P_1/f_{cu}为 0、0.067、0.084、0.1、0.135 时，总体上峰值滑移随再生粗骨料取代率的增大，先增大后减小。当单向侧压力比较小时，峰值滑移受到再生粗骨料取代率的影响较大，当单向侧压力比较大时，峰值滑移受到再生粗骨料取代率的影响减小，趋于稳定。这是由于再生混凝土多层界面的存在，使得整体受力较为复杂。由于微观上多层界面的不均匀性，造成了宏观上的变形的离散性。当侧向压力对峰值滑移的影响大于再生粗骨料取代率对于峰值滑移的影响时，滑移量趋于稳定。

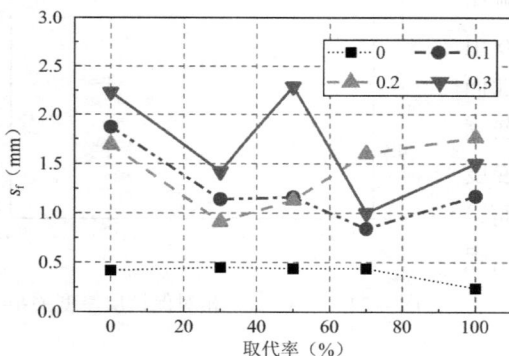

图 4-23 单侧压作用下峰值滑移和再生粗骨料
取代率的关系

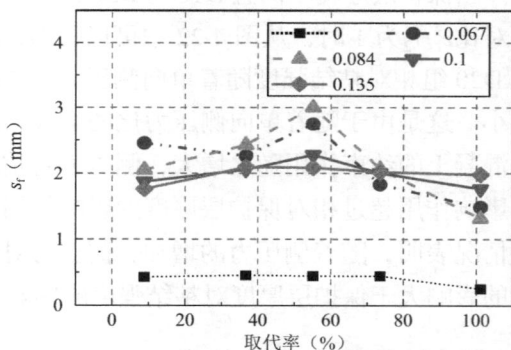

图 4-24 双侧压作用下峰值滑移和再生粗骨料
取代率的关系

4.6.2 侧压力对峰值滑移的影响

在单侧压作用下，试件的峰值滑移与单向侧压力比P_1/f_{cu}的关系如表 4-10 所示，单向侧压力比为 0、0.1、0.2、0.3 时，峰值滑移的平均值分别为 0.398mm、1.236mm、1.418mm、1.688mm，施加侧向压力后比施加侧向压力前分别提高 3.10 倍、3.56 倍、4.24 倍。试验结果表明，峰值滑移随着侧向力的增加而增加。

单侧压作用下的峰值滑移（mm）　　　　　　　　　表 4-10

单向侧压力比	取代率					
	0%	30%	50%	70%	100%	平均
0	0.42	0.45	0.44	0.44	0.24	0.398
0.1	1.87	1.14	1.16	0.84	1.17	1.236
0.2	1.69	0.91	1.13	1.6	1.76	1.418
0.3	2.23	1.42	2.29	1	1.5	1.688

在双向侧压作用下，试件的峰值滑移与单向侧压力比P_1/f_{cu}的关系如表 4-11 及图 4-25 所示，当双向侧压相对比$P_1/P_2 = 3$，P_1/f_{cu}为 0.067、0.084、0.1、0.135 时，峰值滑移量平均值分别为 0.91mm、2.93mm、1.70mm、2.22mm。当双向侧压相对比$P_1/P_2 = 2$，P_1/f_{cu}为 0.067、0.084、0.1、0.135 时，峰值滑移量平均值分别为 1.17mm、1.86mm、2.29mm、2.99mm。当双向侧压相对比$P_1/P_2 = 1$，P_1/f_{cu}为 0.067、0.084、0.1、0.135 时，峰值滑移量平均值分别为 2.77mm、3.58mm、2.30mm、2.09mm。当双向侧压相对比P_1/P_2为 3、2 时，峰值滑移量随着侧向压力的增大而增大。当双向侧压相对比P_1/P_2为 1 时，峰值滑移量随着侧向力的增加，先增加后减少。测量的滑移值为自由端的滑移值，当侧向压力较大时，峰值滑移的测量会受到干扰。这是由于当侧压力较大时，钢筋开始部分屈服，传递到自由端的滑移值会减少。

不同双向侧压力作用下的峰值滑移（mm）　　　　　表 4-11

P_1/f_{cu}	单向侧压力比				
	0	0.067	0.084	0.10	0.135
$P_1/P_2 = 3$	0.44	0.91	1.33	1.70	2.22
$P_1/P_2 = 2$	0.44	1.17	1.86	2.29	2.99
$P_1/P_2 = 1$	0.44	2.77	3.58	3.78	3.82

在双侧压作用下，试件的峰值滑移与单向侧压力比P_1/f_{cu}的关系如图 4-26 所示，当双向侧压相对比$P_1/P_2 = 1$，单向侧压力比P_1/f_{cu}为 0、0.067、0.084、0.1、0.135 时，峰值滑移量s_f平均值分别为 0.4mm、2.17mm、2.30mm、2.01mm、1.99mm。随着侧压力的增大，峰值滑移量先增大后减小并趋于稳定。此外，随着侧向压力的增大，各不同再生粗骨料取代率试件间的偏差随之减小。

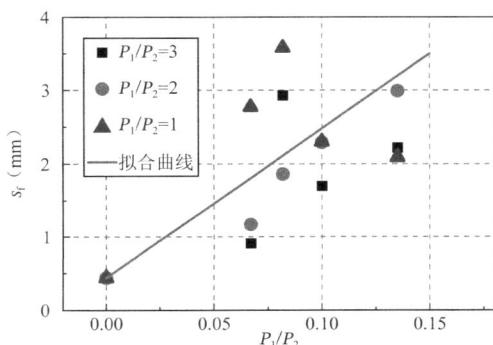

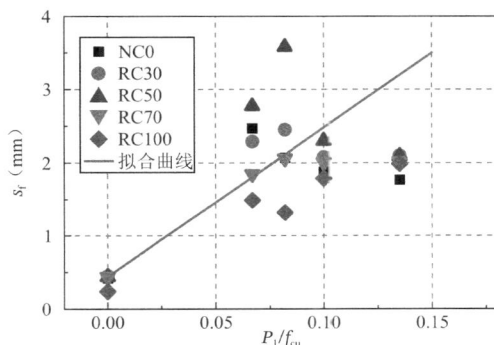

图 4-25　峰值滑移与不同双向侧压相对比的关系　　图 4-26　峰值滑移与不同再生粗骨料取代率的关系

4.6.3 再生粗骨料取代率与侧压力对峰值滑移的耦合影响

根据试验数据，通过方差分析，定量分析再生粗骨料取代率和单向侧压力比两个因素对峰值滑移的影响。取峰值滑移为显著性检验的研究对象，两个自变量为单向侧压力比（A）和再生粗骨料取代率（B）因素。其中因素A的水平数为 $r = 5$（0%、30%、50%、70%、100%），因素B的水平数为 $s = 4$（0、0.1、0.2、0.3）。由此可得双因素方差分析表，表 4-12 给出了计算结果，根据计算结果求得 $P = 0.1877$、0.0005，第一个P值由列因素（即再生粗骨料取代率）影响下得到，第二个P值是由行因素（即单向侧压力比）影响下得到，当采用 $a = 0.05$ 作为水平时，由于第一个P值大于 0.05，故接受原假设，说明再生粗骨料取代率无显著影响，而第二个P值小于 0.05，故拒绝原假设，说明侧向压力比有显著影响。

再生粗骨料取代率因素对峰值滑移变动的影响率（SSA/SST）为 12.95%，单向侧压力比因素对滑移值变动的影响率（SSB/SST）为 65.83%。结果表明，单向侧压力比对峰值滑移的提高有显著的正面影响，而再生粗骨料取代率因素对峰值滑移的负面影响较小。

再生粗骨料取代率和单向侧压应力比对滑移值的影响　　　　表 4-12

来源	平方和	自由度	均方和	方差	P值
A	0.914	4	0.228	1.831	0.187
B	4.646	3	1.548	12.411	0.0005
E	1.497	12	0.124	—	—
总和	7.057	19	1.900	—	—

根据试验数据，通过方差分析，定量分析再生粗骨料取代率和不同双向侧压相对比对峰值滑移的影响。取峰值滑移为研究对象，两个自变量为再生粗骨料取代率（A）和双向侧压相对比（B）因素。其中因素A的水平数为 $r = 5$（0%、30%、50%、70%、100%），因素B的水平数为 $s = 5$（0、0.067、0.084、0.1、0.135）。表 4-13 给出了计算结果，根据计算结果求得 $P = 0.0098$、0.0000，第一个P值由列因素（即再生粗骨料取代率）影响下得到，第二个P值是由行因素（即双向侧压相对比）影响下得到，当采用 $a = 0.05$ 作为水平时，由于第一个P值小于 0.05，故拒绝原假设，说明在双侧压作用下，再生粗骨料取代率因素存在显著影响，而第二个P值小于 0.05，故拒绝原假设，说明双向侧压相对比因素有显著影响。再生粗骨料取代率因素对峰值滑移变动的影响率（SSA/SST）为 10.73%，双向侧压相对比因素对峰值滑移变动的影响率（SSB/SST）为 80.34%。结果表明，双向侧压相对比对峰值滑移的正面影响更大，而再生粗骨料取代率因素对峰值滑移值影响较小。

再生粗骨料取代率与双向侧压相对比双因素方差分析表　　　　表 4-13

来源	平方和	自由度	均方和	方差	P值
A	1.552	4	0.388	4.800	0.009
B	11.627	4	2.906	35.955	8.273×10^{-8}
E	1.293	16	0.080	—	—
总和	14.473	24	3.374	—	—

4.6.4　相对保护层厚度对峰值滑移的影响

当不同保护层厚度，且 D16 和 D20 试件的 $P_1/P_2 = 1$ 时，从表 4-14 中可以看出，试件峰值滑移量的比值，除了单向侧压力比为 0.135 时 D16 试件发生钢筋拉断之外，峰值滑移的比值随着单向侧压力比的增加而减小。这是由于随着单向侧压力比的增大，钢筋周围混凝土的约束作用随着增大，侧压力对峰值滑移的正面影响作用更加明显。而以上情况表明，随着侧压力的增加，侧向压力对峰值滑移的影响大于保护层厚度对峰值滑移的影响[13]。

不同保护层厚度的峰值滑移比值　　　　　　　　　　表 4-14

编号	单向侧压力比			
	0.067	0.084	0.1	0.135
D20	1	1	1	1
D16	0.47	0.39	1.31	—

4.7　本章小结

本章介绍了在单向以及双向侧压力状态下，再生混凝土与钢筋的粘结滑移破坏形态和粘结滑移特征值，并得到如下试验结论。

（1）侧压力作用下试件主要发生劈裂-拔出破坏，表明施加侧压力能明显改变试件的破坏形态，同时有效改善试件的延性性能。单向侧压力作用下，试件的主裂缝开裂方向垂直于侧压力面。双向侧压作用下，试件裂缝的方向与双向侧压力的大小和侧压的比例有关。

（2）在配制同强度等级混凝土的条件下，再生粗骨料取代率的变化对试件的相对粘结强度、峰值滑移、粘结滑移曲线等的影响不明显。侧压力能有效提高试件的粘结强度和峰值滑移量，其影响远超过了再生粗骨料取代率的影响。

（3）在单向与双向侧压作用下，随着侧压力的增大，钢筋周围混凝土的约束作用也增大，试件的粘结强度和峰值滑移都增大，侧压力对钢筋与再生混凝土粘结性能的影响超过相对保护层厚度的影响。

（4）考虑不同侧向压力对粘结强度的影响，建立了再生混凝土试件的粘结强度与相对保护层厚度、箍筋约束、侧压力之间的定量关系。

参考文献

[1]　中华人民共和国国家市场监督管理总局. 建设用卵石、碎石:GB/T 14685—2022[S]. 北京: 中国标准出版社, 2022.

[2]　中华人民共和国国家市场监督管理总局. 建设用砂: GB/T 14684—2022[S]. 北京: 中国标准出版社, 2022.

[3]　中华人民共和国国家质量监督检验检疫总局. 混凝土用再生骨料: GB/T 25177—2010[S]. 北京: 中

国标准出版社, 2011.

[4]　中华人民共和国住房和城乡建设部. 再生骨料应用技术规程: JGJ/T 240—2011[S]. 北京: 中国建筑工业出版社, 2011.

[5]　Soroushian P, Choi K B, Park G H, et al. Bond of deformed bars to concrete: effects of confinement and strength of concrete[J]. ACI Materials Journal, 1991, 88(3): 227-232.

[6]　Li Z, Deng Z, Yang H, et al. Bond behavior between recycled aggregate concrete and deformed rebar after Freeze-thaw damage[J]. Construction and Building Materials, 2020, 250: 118805.

[7]　Untrauer R E, Henry R L. Influence of normal pressure on bond strength[J]. Journal Proceedings, 1965, 62(5): 577-586.

[8]　Navaratnarajah V, Speare P. An experimental study of the effec ts of lateral pressure on the trans fer bond of reinforcing bars with variable cover[J]. Proceedings of the Institution of Civil Engineers, 1986, 81(4): 697-791.

[9]　邓志恒, 李作华, 杨海峰, 等. 再生混凝土压-剪复合受力性能研究[J]. 建筑结构学报, 2019, 40(5): 174-80.

[10]　Li Z, Deng Z, Yang H. Experimental and theoretical study of bond stress distribution between recycled concrete and deformed steel bar after freeze-thaw damage[J]. Structural Concrete, 2022, 23(6): 3465-3482.

[11]　Yang H, Hou Y, Li Z. Bond strength theory between rebar and recycled aggregate concrete after freeze-thaw cycles under stress state Ⅰ: Uniaxial lateral compression[J]. Construction and Building Materials, 2024, 411: 134391.

[12]　徐有邻. 变形钢筋-混凝土粘结锚固性能的试验研究[D]. 北京: 清华大学, 1990.

[13]　Xiao J, Mei J, Yang H, et al. Bond behavior between stainless steel rebar and fiber reinforced coral concrete under lateral constraint[J]. Engineering Structures, 2024, 317: 118697.

多向侧压作用下
再生混凝土－钢筋粘结强度理论

5.1　概述

目前大多数文献关于粘结强度的计算表达式基本上都是从试验数据回归得到。这些表达式虽能在一定程度上反映粘结强度，但由于试验往往是针对某一类特定的混凝土材料而进行的，所以表达式缺乏足够的理论支撑。本章依据前一章多向侧压作用下粘结滑移的试验数据，从平面模型及轴对称空间模型两个角度出发，对侧向约束下的钢筋混凝土粘结强度进行理论分析。首先从平面模型研究劈裂和拔出两种破坏模式的钢筋再生混凝土粘结强度理论，推导箍筋约束作用下的粘结强度计算公式。然后根据钢筋与再生混凝土界面处径向变形与粘结滑移值之间的关系，建立劈裂和拔出两种破坏模式下粘结-滑移的曲线方程。最后从轴对称空间模型出发，针对多轴侧压作用下的传力机制，研究混凝土在拔出各阶段的应力状态，采用再生混凝土多轴强度准则计算相应的特征强度，为实际工程应用提供参考依据。

5.2　基于平面模型的粘结强度理论分析

5.2.1　无箍筋拉拔试件的粘结强度

对于混凝土保护层的劈裂破坏问题，国内外部分学者[1-3]针对粘结强度的计算提出了许多理论，研究表明完全塑性状态和部分开裂状态分别为粘结应力的上、下限，拉拔试验的粘结强度试验值处于两者之间。为了寻求该问题的精确解，在 Tepfers[4] 和 Van Der Veen[5] 提出的仅考虑弹性外层的厚壁筒理论基础上，考虑了开裂内层混凝土的软化效应，且内层混凝土开裂采用指数型软化曲线。采用其方法进行计算，如式(5-1)所示，公式等号右边第一项为弹性外层作用、第二项为开裂内层混凝土的软化效应作用，模型如图 5-1（a）所示。

$$\tau_u \tan\alpha = \frac{f_t 2e}{d} \frac{\left(c+\frac{d}{2}\right)^2 - e^2}{\left(c+\frac{d}{2}\right)^2 + e^2} + \frac{2f_t}{d}\left(e-\frac{d}{2}\right)\left[1 - \left\{\left(\frac{2\pi\varepsilon_{cr}}{n\delta_0}\right)\left(e-\frac{d}{2}\right)\right\}^k \frac{1}{k+1}\right] \tag{5-1}$$

式中：τ_u 为粘结强度；α 为混凝土内胀力与粘结应力的夹角，通常取 45°；e 为开裂面位置；c为保护层厚度；d为钢筋直径；f_t为抗拉强度；n为裂缝条数，n为 2 条；δ_0为基本开裂宽度，取 0.2mm；ε_{cr}为开裂应变；k为软化曲线指数，取 0.248。劈裂粘结应力是裂缝开裂面位置e的参数，将$e = \beta\left(c + \dfrac{d}{2}\right)$代入式(5-1)，并对$\beta$求导，令$\dfrac{\partial \tau_{cr}}{\partial \beta} = 0$，可求得劈裂粘结应力最大时开裂面位置，最后求得理论劈裂粘结应力。所得计算结果列于表 5-1，试件编号与前一章表 4-4 相同。在表 5-1 中，τ_u为粘结强度；$\tau_{u,d}$为理论粘结强度；$\delta = \tau_{u,d}/\tau_u$。无箍筋试件劈裂粘结应力理论计算值$\tau_{u,d}$与试验值$\tau_u$之比的平均值为 1.04，标准偏差 0.09，总体上吻合较好。

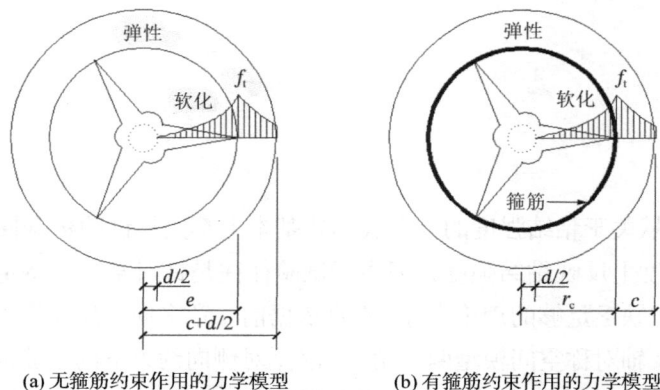

(a) 无箍筋约束作用的力学模型　　　　(b) 有箍筋约束作用的力学模型

图 5-1　开裂内层混凝土考虑软化效应的力学模型

试验及理论计算结果　　　　　　　　　　　　　　表 5-1

编号	τ_u（MPa）	$\tau_{u,d}$（MPa）	δ	编号	τ_u（MPa）	$\tau_{u,d}$（MPa）	δ
D20-0-0	10.59	11.90	1.22	D16-0-100	14.21	14.78	1.07
D20-0-30	11.44	11.32	1.03	D16-6-0	18.02	16.41	1.01
D20-0-50	11.92	11.03	1.04	D16-6-30	19.62	15.61	0.82
D20-0-70	12.47	10.49	0.90	D16-6-50	18.02	15.23	0.90
D20-0-100	11.36	11.59	1.05	D16-6-70	17.57	14.49	0.91
D20-8-0	13.24	13.03	1.06	D16-6-100	19.77	15.98	1.01
D20-8-30	15.92	12.41	0.83	D16-8-0	20.91	16.56	0.95
D20-8-50	13.43	12.11	1.08	D16-8-30	17.52	15.77	0.97
D20-8-70	13.61	11.54	0.92	D16-8-50	20.81	15.38	0.79
D20-8-100	15.03	12.70	1.01	D16-8-70	18.44	14.65	0.87
D16-0-0	16.94	15.18	0.97	D16-8-100	19.66	16.14	0.86

5.2.2　箍筋约束下拉拔试件的粘结强度

设置箍筋约束后，再生混凝土的受力较为复杂，由无箍筋试验所获得的参数将有所改变。对于软化曲线指数k值及箍筋作用效应，根据试验结果，本书通过引入提高系数γ来考虑设置箍筋后受力形态的变化。在式(5-1)的基础上考虑了箍筋的约束作用，得出横向配筋的理论模型，如图 5-1（b）及公式(5-2)所示。公式(5-2)等号右边第三项代表箍筋作用。

$$\tau_{\mathrm{u}} \tan \alpha = \frac{f_{\mathrm{t}} 2e}{d} \frac{\left(c + \dfrac{d}{2}\right)^2 - e^2}{\left(c + \dfrac{d}{2}\right)^2 + e^2} +$$

$$\frac{2f_{\mathrm{t}}}{d}\left(e - \frac{d}{2}\right)\left[1 - \left\{\left(\frac{2\pi\varepsilon_{\mathrm{cr}}}{n\delta_0}\right)\left(e - \frac{d}{2}\right)\right\}^{k\gamma} \frac{1}{k\gamma + 1}\right] + \gamma\frac{\sigma_{\mathrm{sv}}A_{\mathrm{sv}}}{r_{\mathrm{c}}s} \tag{5-2}$$

式中：σ_{sv} 为箍筋应力；A_{sv} 为箍筋面积；r_{c} 为箍筋位置；γ 为提高系数，本书根据试验结果取 1.2；s 为箍筋间距。

由于混凝土开裂面的位置会达到箍筋处，因此，取 $e = r_{\mathrm{c}}$，根据试验结果，取 $\varepsilon_{\mathrm{cr}} = 150 \times 10^{-6}$；根据变形协调条件，箍筋处开裂混凝土的应变等于钢筋的应变，因此 $\sigma_{\mathrm{sv}} = E_{\mathrm{sv}}\varepsilon_{\mathrm{cr}}$，$E_{\mathrm{sv}}$ 为箍筋的弹性模量取 $2.0 \times 10^5 \mathrm{MPa}$。将式(5-2)计算结果列于表 5-1，从表中可以看出，带箍筋试件理论计算值 $\tau_{\mathrm{u,d}}$ 与试验值 τ_{u} 之比的平均值为 0.92，标准偏差 0.09，总体上吻合较好。

5.2.3　混凝土约束模型

在钢筋与混凝土间挤压力作用下，厚壁筒理论中混凝土的发展可分为三个阶段，分别是未开裂阶段、部分开裂阶段、完全开裂阶段。

1. 未开裂阶段

圆筒处于弹性阶段，圆筒的应力与变形直接引用弹性力学理论。

$$\sigma_{\mathrm{r,r}} = \frac{r_{\mathrm{s}}^2 \sigma_{\mathrm{r},r_{\mathrm{s}}}}{c_1^2 - r_{\mathrm{s}}^2}\left(1 - \frac{c_1^2}{r^2}\right) \tag{5-3}$$

$$\sigma_{\mathrm{t,r}} = \frac{r_{\mathrm{s}}^2 \sigma_{\mathrm{r},r_{\mathrm{s}}}}{c_1^2 - r_{\mathrm{s}}^2}\left(1 + \frac{c_1^2}{r^2}\right) \tag{5-4}$$

式中：$\sigma_{\mathrm{r,r}}$ 为径向应力；$\sigma_{\mathrm{r},r_{\mathrm{s}}}$ 为界面处的径向压力，其中下标中第一个 r 代表径向，第二个 r 代表位置，此编号规则下同；r_{s} 代表钢筋与混凝土界面，$c_1 = r_{\mathrm{s}} + c$，其中 c 为保护层厚度。

$$u_{\mathrm{r,r}} = \frac{r_{\mathrm{s}}\sigma_{\mathrm{r},r_{\mathrm{s}}}}{E_{\mathrm{c}}}\left(\frac{c_1^2 + r_{\mathrm{s}}^2}{c_1^2 - r_{\mathrm{s}}^2} + \mu_{\mathrm{c}}\right) \tag{5-5}$$

式中：$u_{\mathrm{r,r}}$ 为径向位移，μ_{c} 为混凝土泊松比。

2. 部分开裂阶段

钢筋和混凝土界面上的径向内压力和径向应变分别由开裂的内层混凝土和未开裂的外层混凝土组成，见图 5-1，在开裂区与未开裂区的交界面 $r = e$ 处，环向拉应力等于抗拉强度 $\sigma_{\mathrm{t,r}} = f_{\mathrm{t}}$（下标中第一个 t 代表环向，第二个 r 代表位置），代入式(5-4)，令 $r_{\mathrm{s}} = e$，可得在开裂区与未开裂区的交界面处的径向应力为：

$$\sigma_{\mathrm{r},e} = f_{\mathrm{t}}\frac{c_1^2 - e^2}{c_1^2 + e^2} = f_{\mathrm{t}}C_1 \tag{5-6}$$

式中：e 表示开裂面位置，$C_1 = \frac{c_1^2 - e^2}{c_1^2 + e^2}$。

因此，根据开裂面处的径向应力，以及几何关系可以得到在钢筋与混凝土的界面处的径向应力如式(5-7)所示。

$$\sigma_{r,r_s}^{LE} = \frac{e}{r_s}\sigma_{r,e} = \frac{e}{r_s}f_t C_1 \tag{5-7}$$

上标LE代表未开裂部分。将式(5-6)代入式(5-5)，令$r_s = e$，且$\frac{f_t}{E_c} = \varepsilon_{cr}$得开裂交界面处（$r = e$）的径向位移为：

$$u_{r,e} = e\varepsilon_{cr}\left(1 + \mu_c\frac{c_1^2 - e^2}{c_1^2 + e^2}\right) = e\varepsilon_{cr}(1 - \mu_c C_1) \tag{5-8}$$

同理，根据几何关系可以得到钢筋和混凝土界面处（$r = r_s$）的径向应变为：

$$\varepsilon_{r,r_s}^{LE} = \frac{e}{r_s}\varepsilon_{cr}(1 - \mu_c C_1) \tag{5-9}$$

Hillerborg 的虚拟裂缝模型［图 5-1（a）］常被用来进行混凝土劈裂破坏过程分析和承载力分析，Van Der Veen 在 Tepfers 提出的仅考虑弹性外层的厚壁筒理论基础上，考虑了开裂内层混凝土的软化效应，因此更真实地反映了混凝土在劈裂破坏时过程。内层混凝土开裂采用指数型软化曲线。

$$\frac{\sigma_{t,r}}{f_t} = 1 - \left(\frac{\delta}{\delta_0}\right)^k \tag{5-10}$$

式中：δ为开裂宽度；δ_0为基本开裂宽度，取 0.2mm；k为软化曲线指数，取 0.248。表达成开裂宽度形式时如下所示。

$$\delta = \delta_0\left[1 - \left(\frac{\sigma_{t,r}}{f_t}\right)\right]^{1/k} \tag{5-11}$$

对于内层开裂混凝土，该模型假定混凝土各裂缝同时向前扩展，在任一半径r处，混凝土的周向伸长$\Delta c_{t,r}$则由n条虚拟裂缝宽度和缝间混凝土弹性变形组成，忽略径向应力产生的切向变形的影响，总的变形可以表示为：

$$\Delta c_{t,r} = 2\pi r\varepsilon_{t,r} + n\delta_0\left[1 - \left(\frac{\sigma_{t,r}}{f_t}\right)\right]^{1/k} \tag{5-12}$$

对方程式(5-12)的求解即是解决混凝土劈裂破坏问题的关键，但求解该方程涉及周向伸长和混凝土软化关系，本书采用了等周向伸长假定，即开裂区混凝土的周向变形相等且等于开裂区与弹性区交界面周向变形值，假设$\Delta c_{t,r} = 2\pi e\varepsilon_{cr}$，如图 5-2（a）所示，而真实的开裂区变形，如图 5-2（b）所示。因此，实际上开裂部分环向应变被高估，也忽略了泊松比的影响。此外，再假设开裂区各条裂缝间的混凝土的应变达到其临界值$\varepsilon_{t,r} = \varepsilon_{cr}$。得到：

$$2\pi e\varepsilon_{cr} = 2\pi r\varepsilon_{cr} + n\delta_0\left[1 - \left(\frac{\sigma_{t,r}}{f_t}\right)\right]^{1/k} \tag{5-13}$$

表示成应力：

$$\frac{\sigma_{t,r}}{f_t} = 1 - \left[\frac{2\pi\varepsilon_{cr}}{n\delta_0}(e - r)\right]^k = 1 - [(e - r)C_2]^k \tag{5-14}$$

式中：$C_2 = \frac{2\pi\varepsilon_{cr}}{n\delta_0}$。在开裂部分圆筒的径向应力与环向应力存在如下关系。

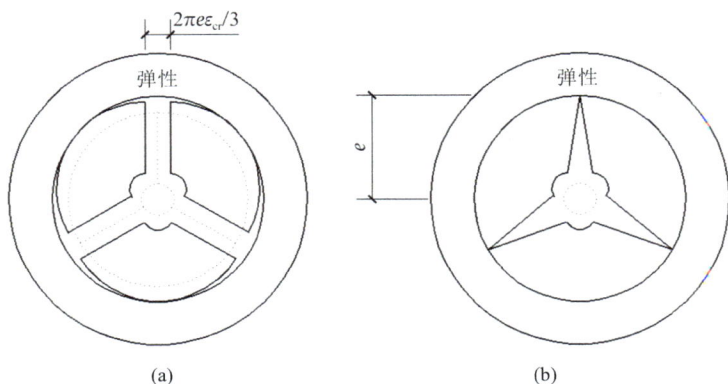

图 5-2   传力机制力学模型

$$\sigma_{r,r}^{NL} = \frac{1}{r} \int_r^e \sigma_{t,r} \, dr \tag{5-15}$$

因此将式(5-14)代入式(5-15)并积分后得到。

$$\frac{\sigma_{r,r}^{NL}}{f_t} = \frac{1}{r}(e-r)\left\{1 - \frac{[(e-r)C_2]^k}{1+k}\right\} \tag{5-16}$$

将 $r = r_s$ 代入，可推导出在钢筋与混凝土的界面处的径向应力。

此时，在第二阶段产生的总径向应力包含式(5-7)、式(5-16)。

$$\frac{\sigma_{r,r}^{II}}{f_t} = \frac{\sigma_{r,r}^{LE}}{f_t} + \frac{\sigma_{r,r}^{NL}}{f_t} \tag{5-17}$$

上标 LE 和 NL 分别代表未开裂部分和开裂部分，上标 I、II、III 分别代表未开裂、部分开裂和完全开裂的三个阶段。

泊松比对开裂部分的径向变形的影响相对较小，可以忽略不计，因此，开裂部分的径向变形如下所示。

$$\Delta c_{cr}^{NL} = \int_{r_s}^e \frac{\sigma_{r,r}^{II}}{E_c} \, dr = \varepsilon_{cr} \int_{r_s}^e \frac{\sigma_{r,r}^{II}}{f_t} \, dr = \varepsilon_{cr} \int_{r_s}^e \frac{\sigma_{r,r}^{LE}}{f_t} \, dr + \varepsilon_{cr} \int_{r_s}^e \frac{\sigma_{r,r}^{NL}}{f_t} \, dr \tag{5-18}$$

根据几何关系，由未开裂外层部分在开裂内层部分产生的径向应力如下所示。

$$\frac{\sigma_{r,r}^{LE}}{f_t} = \frac{e}{r} \frac{\sigma_{r,e}}{f_t} = \frac{e}{r} C_1 \tag{5-19}$$

开裂部分中的径向应力如式(5-16)所示，并将式(5-7)、式(5-16)代入式(5-18)可得下式。

$$\Delta c_{cr}^{NL} = \Delta c_{cr,1} + \Delta c_{cr,2} \tag{5-20}$$

其中

$$\Delta c_{cr,1} = \varepsilon_{cr} C_1 \int_{r_s}^e \frac{e}{r} \, dr = \varepsilon_{cr} C_1 \ln\left(\frac{e}{r_s}\right) \tag{5-21}$$

和

$$\Delta c_{cr,2} = \varepsilon_{cr} \int_{r_s}^e \frac{1}{r}(e-r)\left\{1 - \frac{[(e-r)C_2]^k}{1+k}\right\} dr \tag{5-22}$$

因此，钢筋与混凝土界面上的由开裂部分的径向变形产生的径向应变如下所示。

$$\varepsilon_{r,r_s}^{NL} = \frac{\Delta c_{cr}^{NL}}{r_s} = \frac{\Delta c_{cr,1}}{r_s} + \frac{\Delta c_{cr,2}}{r_s} \tag{5-23}$$

钢筋与混凝土界面上总的径向应变包含未开裂部分和开裂部分，分别如式(5-9)及式(5-23)给出。

$$\varepsilon_{r,r_s}^{II} = \varepsilon_{r,r_s}^{LE} + \varepsilon_{r,r_s}^{NL} \tag{5-24}$$

3. 完全开裂阶段

经过了前两个阶段后，径向裂缝已经穿透了整个圆筒，在第三阶段裂缝变得更宽，且混凝土的约束作用随着裂缝的开裂逐渐减小，推导此阶段径向应力应变的关系类似于第二阶段部分开裂圆筒。采用了等周向伸长假定，即开裂区混凝土的周向变形相等，$\Delta c_{t,r} = \Delta c_{tot}$。此外，再假设开裂区各条裂缝间的混凝土的应变达到其临界值 $\varepsilon_{t,r} = \varepsilon_{cr}$，并把这些值代入式(5-12)，可得下式。

$$\frac{\sigma_{t,r}}{f_t} = 1 - \left(\frac{\Delta_{tot}}{n\delta_0} - \frac{2\pi\varepsilon_{cr}}{n\delta_0}r\right)^k = 1 - (C_3 - C_2 r)^k \tag{5-25}$$

式中：$C_3 = \frac{\Delta_{tot}}{n\delta_0}$。

下一步，将式(5-25)代入式(5-15)，并从 r 到 c_1 积分后可得径向应力。

$$\frac{\sigma_{r,r}}{f_t} = \frac{1}{r}\left[c_1 - r - \frac{-(-c_1 C_2 + C_3)^{1+k} + (C_3 - C_2 r)^{1+k}}{C_2 + C_2 k}\right] \tag{5-26}$$

将 $r = r_s$ 代入式(5-26)可得在钢筋界面上的径向应力，如下所示。

$$\frac{\sigma_{r,r}^{III}}{f_t} = \frac{1}{r_s}\left[c_1 - r_s - \frac{-(-c_1 C_2 + C_3)^{1+k} + (C_3 - C_2 r_s)^{1+k}}{C_2 + C_2 k}\right] \tag{5-27}$$

钢筋与混凝土界面上的径向应变由径向变形导出包含两部分，一是采用了等周向伸长假定后，相当于刚体移动部分，其值等于径向位移的变化值 $\frac{\Delta r_s}{r_s}$；二是圆筒壁厚的变化值 Δ_c，如下所示。

$$\varepsilon_{r,r_s}^{III} = \varepsilon_{r,r_s}^{RBM} + \varepsilon_{r,r_s}^{\Delta_c} \tag{5-28}$$

式中：$\varepsilon_{r,r_s}^{RBM}$ 为刚体移动部分的径向应变，可由下式表达。

$$\varepsilon_{r,r_s}^{RBM} = \frac{\Delta r_s}{r_s} = \frac{\Delta_{tot}}{2\pi r_s} = \frac{C_3 n\delta_0}{2\pi r_s} \tag{5-29}$$

圆筒壁厚的变化值 Δ_c 导出的径向应变，由式(5-26)从钢筋与混凝土交界面到整个壁厚的积分得到，并代入相应的弹性模量及钢筋直径。

$$\varepsilon_{r,r_s}^{\Delta_c} = \frac{\Delta_c}{r_s} = \frac{1}{r_s}\int_{r_s}^{c_1} \frac{\sigma_{r,r}}{E_c} dr \tag{5-30}$$

配筋混凝土试件的约束模型只需在应力项中增加配筋修正项 $\gamma\frac{\sigma_{sv}A_{sv}}{r_c s}$，并对软化曲线指数 k 值，根据试验结果引入提高系数 γ 来考虑设置箍筋后受力形态的变化。由于混凝土开裂面的位置会达到箍筋处，取 $e = r_c$，并在相应的应变项中增加这部分的效应，即可得到配筋混凝土的约束模型。以上积分项较为复杂，均采用数值方法计算。

5.2.4　粘结破坏模式

混凝土保护层之所以发生劈裂破坏是由于钢筋横肋在钢筋混凝土界面处的挤压应力使混凝土内部产生环向拉应力引起的，如图 5-3 所示。根据图 5-3 中粘结应力 τ_b 和内压力 P 值的关系，可得试件的发生粘结破坏时的破坏模型，如式(5-31)所示。该模型需满足以下条件，首先，假设滑移量与钢筋和混凝土界面处径向变形的存在联系；其次，假设粘结应力与径向压应力成比例关系，因此可以建立起粘结应力 τ_b 与径向应力 σ_r 的关系。

$$\tau_b = \sigma_r \cot\theta \tag{5-31}$$

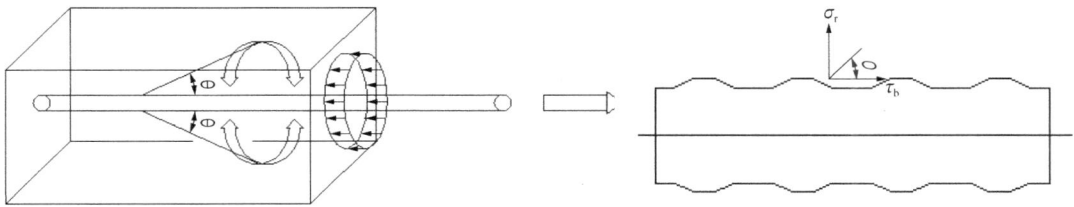

图 5-3　传力机制模型

根据传力机制的不同，分为两个粘结破坏模型，劈裂破坏和拔出破坏。对于劈裂破坏来说，横肋对混凝土的挤压力是最重要的影响因素，此外，泊松比等因素的影响相对较小，为了简化计算，因此忽略不计。因此，劈裂破坏模型可以表示为：

$$\varepsilon_{r,r_s} r_s = s \tan\theta \tag{5-32}$$

式中：s 为滑移量；θ 为等效圆锥与钢筋轴向的夹角。

在开裂阶段，混凝土握裹层除了贯通的径向裂缝外，还存在一些沿径向的细微裂缝和肋前混凝土的劈裂裂缝等。另外，随着钢筋和混凝土的相对滑移加大，这些细微裂缝的扩展以及肋前混凝土局部挤碎所引起的滑移量，无论是通过试验还是理论方法都很难准确估算。此外，钢筋肋前混凝土会形成局部的挤碎区由于模型简化成一个单位的平面模型，而实际模型则是三维模型，则忽略了沿钢筋方向的弹性变形。因此，需对平面模型进行修正，本书根据试验结果在径向方向增加一个系数 $\varphi_1 = d_s$，d_s 为钢筋直径。

而对于拔出破坏来说，随着滑移的增加，等效圆锥面锥角变小，泊松比的影响不能忽略，滑移面的磨损与压实不能被忽略。因此，界面上的径向变形，影响因素很多，总体上与滑移量和局部钢筋应力有关联。根据这些联系可以建立如下拔出破坏的模型。

$$\varepsilon_{r,r_s} r_s = s \tan[\theta(s)] - \alpha_p \varepsilon_s \mu_s r_s - F(s) \tag{5-33}$$

式中：$\theta(s)$ 为与滑移量有关的等效圆锥角；α_p 为与界面处径向应变释放有关的系数；ε_s 为钢筋的应变；μ_s 为钢筋的泊松比；$F(s)$ 由于滑移面磨损和挤压引起径向应变释放的函数。

由于以上的这些因素，目前尚无法精确地进行分析。通常，将上述因素用一个函数包含锥楔作用、泊松比影响和滑移面磨损和挤压。

$$\varepsilon_{r,r_s}r_s = F(s,\varepsilon_s) \tag{5-34}$$

式中：$F(s,\varepsilon_s)$为局部滑移与钢筋应力的函数。为简化计算，令函数$F(s,\varepsilon_s) = \varphi_2 s\tan\theta$，根据试验结果取$\varphi_2 = 2$，与劈裂破坏模式类似，由于模型简化成一个单位的平面模型，而实际模型则是三维模型，因此，需对平面模型进行修正，本书根据试验结果在径向方向增加一个系数$\varphi_1 = d_s$。

5.2.5 粘结-滑移曲线理论计算

根据上述厚壁筒理论未开裂阶段、部分开裂阶段、完全开裂阶段中建立的径向变形计算公式，结合劈裂破坏和拔出破坏等不同的破坏模式中滑移量的函数与粘结强度函数，就可以通过计算得出粘结-滑移的关系曲线。

从图5-4中，可以看出，理论计算得出的粘结-滑移曲线，无配筋试件与理论计算的粘结-滑移曲线符合较好，而配筋试件略有差别，产生这些问题的原因，是配筋试件充分发挥混凝土齿的抗剪作用，因此破坏趋于拔出破坏。而理论计算出来的粘结-滑移曲线，由于无法精确分析局部滑移与钢筋的应力函数$F(s,\varepsilon_s)$，而采用了简化方法，本质上只是采用了修正的劈裂破坏模型。因此，与试验结果略有差别，但是在实际应用中，这种差别影响并不是很大。

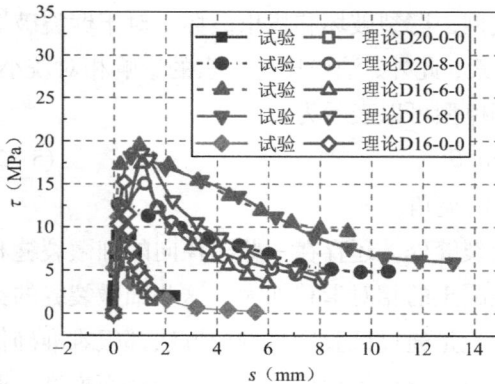

(a) NC0

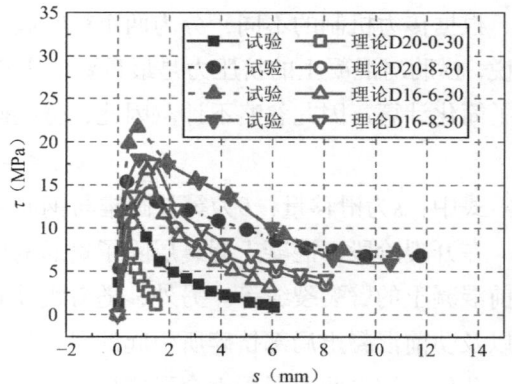

(b) RC30

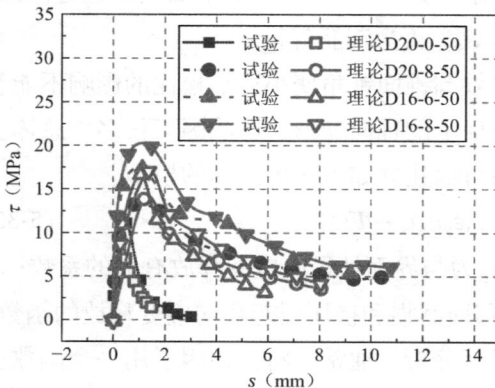

(c) RC50

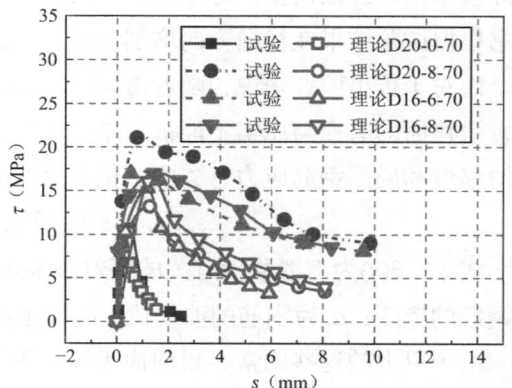

(d) RC70

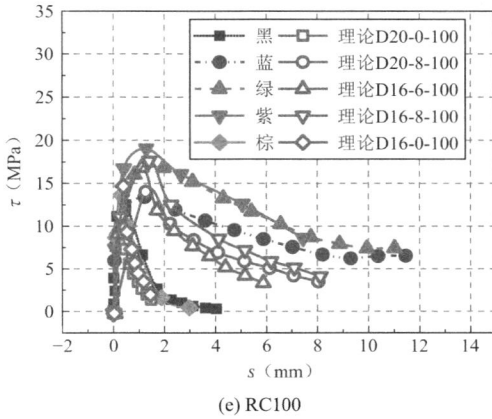

(e) RC100

图 5-4 τ-s曲线

5.3 基于空间模型的粘结强度理论分析

由于握裹层混凝土处于多轴应力状态，其强度和破坏条件十分复杂，变形钢筋咬合力作用来源于肋前挤压力P。挤压力P乘以摩擦系数μ可得挤压面上的摩擦力μP，周围混凝土产生了径向压力σ_r和环向拉力σ_θ，而混凝土咬合齿的受力和破坏往往取决于这些力所形成的多轴应力状态[6]。可以由几何条件找出挤压面上作用力（μP）与破坏面（即咬合齿根部）上的应力状态（σ_r、σ_θ和τ）的关系，如图 5-5 所示，用多轴强度条件的再生混凝土破坏准则[7]来确定混凝土的破坏条件，进而找出各受力临界状态的挤压力，其水平投影即为相应的特征强度。

钢筋几何尺寸为直径d，横肋高$h = 0.07d$（肋最高处0.1d左右，因月牙形状各处不一，取平均值0.07d）；横肋间距$l = 0.5d$（齿距），肋面倾角$\alpha = 45°$；基圆直径$d' = 0.96d$。荷载作用在挤压面上引起了横肋面上的挤压力P，摩擦力μP。根据不同受力阶段所对应的裂缝状态，在徐有邻[8]四个微观传力模型基础上，对其拔出破坏模型进行修改，分别得到了内裂模型［图 5-5（a）］；劈裂模型［图 5-5（b）］；拔出破坏模型［图 5-5（c）］；残余应力模型［图 5-5（d）］。

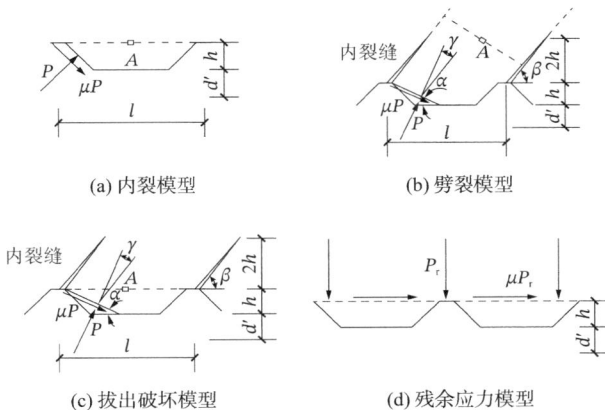

(a) 内裂模型   (b) 劈裂模型

(c) 拔出破坏模型   (d) 残余应力模型

图 5-5 粘结锚固传力模型

5.3.1 应力状态分析

对图 5-5 的传力模型，滑移挤压面上受到挤压力 P，摩擦力 μP，这些力投影为咬合齿根部破坏面上作用的应力（σ_r、σ_θ 和 τ），其三个方向的主应力 σ_1、σ_2、σ_3 及主压应力方向（可能产生裂缝方向）β 的计算如式(5-35)~式(5-38)所示，咬合齿根部的应力状态如图 5-6 所示，其中图 5-6（a）对应内裂模型的应力状态，图 5-6（b）对应劈裂模型的应力状态。

$$\sigma_1 = -\frac{\sigma_r}{2} + \sqrt{\left(\frac{\sigma_r}{2}\right)^2 + \tau^2} \tag{5-35}$$

$$\sigma_2 = \sigma_\theta \tag{5-36}$$

$$\sigma_3 = -\frac{\sigma_r}{2} - \sqrt{\left(\frac{\sigma_r}{2}\right)^2 + \tau^2} \tag{5-37}$$

$$\beta = \frac{1}{2}\arctan\left(-\frac{2\tau}{\sigma_r}\right) + \frac{\pi}{2} \tag{5-38}$$

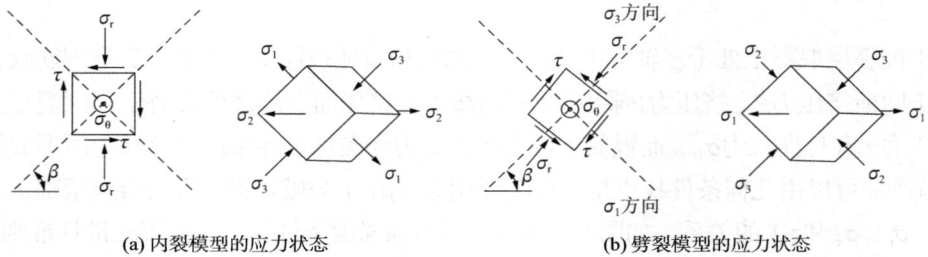

(a) 内裂模型的应力状态　　　　　　　　　　　(b) 劈裂模型的应力状态

图 5-6　应力状态

5.3.2 再生混凝土破坏准则

根据八面体强度表达式，再生混凝土破坏准则[7]的拉、压子午线方程的表达式为：

$$\sigma_o = a(\tau_o)^2 + k\tau_o + c \quad 0° \leqslant 0 \leqslant 60° \tag{5-39}$$

$$\sigma_o = \sigma_{oct}/f_c \quad \tau_o = \tau_{oct}/f_c \tag{5-40}$$

$$\sigma_{oct} = \frac{1}{3}(\sigma_1 + \sigma_2 + \sigma_3) \quad \tau_o = \tau_{oct}/f_c \tag{5-41}$$

$$\sigma_{oct} = \frac{1}{3}(\sigma_1 + \sigma_2 + \sigma_3) \tag{5-42}$$

$$\tau_{oct} = \frac{1}{3}\sqrt{\left[(\sigma_1 - \sigma_2)^2 + (\sigma_2 - \sigma_3)^2 + (\sigma_3 - \sigma_1)^2\right]} \tag{5-43}$$

$$\theta = \arccos\left(\frac{2\sigma_1 - \sigma_2 - \sigma_3}{3\sqrt{2}\tau_{oct}}\right) \tag{5-44}$$

式中：σ_{oct} 为八面体正应力；τ_{oct} 为八面体剪应力；θ 为罗德角；f_c 棱柱体抗压强度。偏平面方程可表示为：

$$k = k_1(\cos 1.5\theta)^{1.75} + k_2(\sin 1.5\theta)^2 \quad 0° \leqslant \theta \leqslant 60° \tag{5-45}$$

式(5-39)和式(5-45)中 a、k_1、k_2、c 根据多轴强度试验确定，计算参数如表 5-2 所示确定。

再生混凝土破坏准则参数 表 5-2

参数	NC0	RC30	RC50	RC70	RC100
a	−0.1033	−0.1062	−0.1164	−0.1073	−0.1153
k_1	−1.4291	−1.4123	−1.3988	−1.4264	−1.4192
k_2	−0.9016	−0.8912	−0.8834	−0.8994	−0.8838
c	0.1147	0.1104	0.1090	0.1145	0.1089

根据破坏条件求出破坏时的挤压力 P，摩擦力 μP，并将其向水平方向投影，就可得相应于该传力模型的粘结锚固强度。

5.3.3 无侧向压力作用时粘结强度

根据不同传力模型计算得到不同的粘结锚固强度。根据混凝土强度、保护层厚度、配箍约束条件，可得内裂、劈裂、极限三个特征强度（τ_s、τ_{cr}、τ_u）如下。

1. 内裂状态

如图 5-5（a）所示，横肋面上挤压力 P，摩擦力 μP，摩擦系数按 $\mu = 0.3$ 取值，挤压面积 $\pi(d' + h)h/\sin\alpha$，咬合齿面积 $\pi(d' + 2h)l$。根据常用直径月牙肋钢筋的几何条件进行统计，横肋高 $h = 0.07d$（肋最高处 $0.1d$ 左右，因月牙形状各处不一，取平均值 $0.07d$）；横肋间距 $l = 0.5d$（齿距），肋面倾角 $\alpha = 45°$；基圆直径 $d' = 0.96d$ 的圆柱体。作用力向混凝土齿根截面投影可由几何关系计算平均应力 τ 和径向压力 σ_r。

$$\tau = (\sin\alpha + \mu\cos\alpha)P\frac{\pi(d' + h)h/\sin\alpha}{\pi(d' + 2h)l} \tag{5-46}$$

$$\sigma_r = (\cos\alpha - \mu\sin\alpha)P\frac{\pi(d' + h)h/\sin\alpha}{\pi(d' + 2h)l} \tag{5-47}$$

还可计算界面上的平均径向推力 P_r。根据锥楔作用和环向应力梯形分布假定，P_r 引起的环向应力 σ_θ 与至圆心的距离 r 有关[9-10]，可以表达为：

$$P_r = (\cos\alpha - \mu\sin\alpha)P\frac{\pi(d' + h)h/\sin\alpha}{\pi d'l} \tag{5-48}$$

$$\sigma_\theta = \frac{10}{9}\Big(1 - \frac{r}{5d}\Big)K_\theta P_r \tag{5-49}$$

$$K_\theta = \frac{1}{2\frac{c}{d}\big(1 - \frac{c}{9d}\big)} \tag{5-50}$$

式中：K_θ 为环向应力系数，取决于相对保护层厚度 c/d。由强度准则确定 P 值后，挤压力和摩擦力水平投影可求得内裂强度如下。

$$\tau_s = (\sin\alpha + \mu\cos\alpha)P\frac{\pi(d' + h)h/\sin\alpha}{\pi dl} \tag{5-51}$$

2. 劈裂状态

如图 5-5（b）所示，角度为 β 的斜裂缝发展到约 2 倍肋高处停滞，此处引用徐有邻的结果，斜裂缝及向前延伸的不可见微裂缝将握裹层混凝土切割成一系列斜向受压的圆锥状筒体，并在筒顶承受斜向压力。该压力是由横肋斜向挤压提供的。由于肋前破碎堆积锥状楔形成了新的挤压摩阻面，界面作用转为混凝土间的摩阻，故$\mu = 0.6$，锥面斜角变化范围较大 $10° \sim 40°$。夹角$\gamma = 90° - \alpha - \beta$，横肋面上挤压力$P$，摩擦力$\mu P$的合力指向齿根中心，近似认为应力在齿根截面上均布，简化求得A点应力如下。

$$\sigma_c = (\cos\gamma + \mu\sin\gamma)P\frac{\pi(d'+h)h/\sin\alpha}{\pi(d'+6h)l\sin\beta} \tag{5-52}$$

$$\tau = (-\sin\gamma + \mu\cos\gamma)P\frac{\pi(d'+h)h/\sin\alpha}{\pi(d'+6h)l\sin\beta} \tag{5-53}$$

还可相应求出径向推力P_r和环向应力σ_θ

$$P_r = (\cos\alpha - \mu\sin\alpha)P\frac{\pi(d'+h)h/\sin\alpha}{\pi dl} \tag{5-54}$$

$$\sigma_\theta = \frac{10}{9}\left(1 - \frac{r}{5d}\right)K_\theta P_r \tag{5-55}$$

$$K_\theta = \frac{1}{2\dfrac{c}{d}\left(1 - \dfrac{c}{9d}\right)} \tag{5-56}$$

根据以上计算应力状态，按强度准则求出P值，就可求出劈裂粘结强度：

$$\tau_{cr} = (\sin\alpha + \mu\cos\alpha)P\frac{\pi(d'+h)h/\sin\alpha}{\pi dl} \tag{5-57}$$

3. 极限应力状态

如图 5-5（c）所示，配箍筋后如约束足够时，试件更多的是发生拔出破坏而非劈裂破坏，此时，随着荷载的增加，破坏面沿着横肋形成柱圆柱体。

$$\sigma_c = (\cos\gamma + \mu\sin\gamma)P\frac{\pi(d'+h)h/\sin\alpha}{\pi(d'+2h)l} \tag{5-58}$$

$$\tau = (-\sin\gamma + \mu\cos\gamma)P\frac{\pi(d'+h)h/\sin\alpha}{\pi(d'+2h)l} \tag{5-59}$$

还可相应求出径向推力P_r和环向应力σ_θ

$$P_r = (\cos\alpha - \mu\sin\alpha)P\frac{\pi(d'+h)h/\sin\alpha}{\pi dl} \tag{5-60}$$

$$\sigma_\theta = \frac{10}{9}\left(1 - \frac{r}{5d}\right)K_\theta \dot{P_r} \tag{5-61}$$

根据以上计算应力状态，按强度准则求出p值，就可求出极限粘结强度：

$$\tau_u = (\sin\alpha + \mu\cos\alpha)p\frac{\pi(d'+h)h/\sin\alpha}{\pi dl} \tag{5-62}$$

采用式(5-57)和式(5-62)计算结果列于表 5-3，试件编号规则：钢筋直径-箍筋直径-再生粗骨料取代率，τ_u为粘结强度，$\tau_{u,d}$为理论粘结强度，$\delta = \tau_{u,d}/\tau_u$。从表 5-3 中可以看出，试件理论计算值与试验值之比的平均值为 0.90，标准偏差 0.10，总体上吻合较好。

试验及理论计算结果　　　　　　　　表 5-3

编号	$\tau_{\rm u}$（MPa）	$\tau_{\rm u,d}$（MPa）	δ	编号	$\tau_{\rm u}$（MPa）	$\tau_{\rm u,d}$（MPa）	δ
D20-0-0	10.59	12.18	1.15	D16-0-100	14.21	13.35	0.94
D20-0-30	11.44	11.95	1.04	D16-6-0	18.02	16.27	0.90
D20-0-50	11.92	11.93	1.00	D16-6-30	19.62	16.08	0.82
D20-0-70	12.47	12.19	0.98	D16-6-50	18.02	15.1	0.89
D20-0-100	11.36	11.92	1.05	D16-6-70	17.57	16.28	0.93
D20-8-0	13.24	12.54	0.95	D16-6-100	19.77	16.05	0.81
D20-8-30	15.92	12.31	0.77	D16-8-0	20.91	16.47	0.79
D20-8-50	13.43	12.29	0.92	D16-8-30	17.52	16.28	0.93
D20-8-70	13.61	12.55	0.92	D16-8-50	20.81	16.30	0.78
D20-8-100	15.03	12.28	0.82	D16-8-70	18.44	16.48	0.89
D16-0-0	16.94	13.18	0.78	D16-8-100	19.66	16.25	0.83

5.3.4　侧向压力作用时粘结强度

受到侧向压力的作用 q 的时，使混凝土产生径向力 σ_ρ、环向力 σ_φ 和切向力 $\tau_{\rho\varphi}$，同样对破坏面（咬合齿根部）上的应力状态（$\sigma_{\rm r}$、σ_θ 和 τ）产生影响，如图 5-7 所示。为了简化计算，需进行部分假定：

（1）握裹层混凝土受到肋前挤压力和侧向压力的线性叠加作用。

（2）由于肋间长度较短，将肋间混凝土分成若干单位的圆环，每个圆环近似成平面问题。

（3）由于更关心的是界面的粘结应力，为了简化计算，将侧向压力产生的应力沿着界面积分后得到界面上的平均应力。

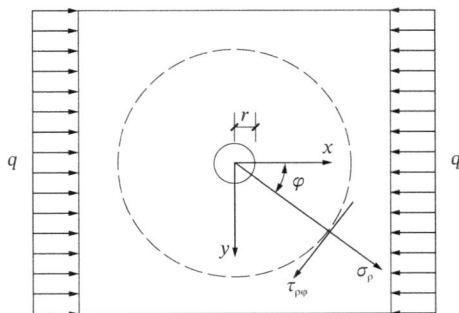

图 5-7　侧向压力模型

$$\sigma_\rho = -\frac{q}{2} + \frac{q}{2}\frac{r^2}{\rho^2}\frac{1 + k\nu_{\rm c} - k - \nu_{\rm s}}{1 + k\nu_{\rm c} + k - \nu_{\rm s}} - \frac{q}{2}\left[1 + \frac{r^2}{\rho^2}\left(4 - \frac{3r^2}{\rho^2}\right)\frac{1 + k\nu_{\rm c} - k + \nu_{\rm s}}{-1 + k\nu_{\rm c} - 3k - \nu_{\rm s}}\right]\cos 2\varphi \tag{5-63}$$

$$\sigma_\varphi = -\frac{q}{2} + \frac{q}{2}\frac{r^2}{\rho^2}\frac{1 + k\nu_{\rm c} - k - \nu_{\rm s}}{1 + k\nu_{\rm c} + k - \nu_{\rm s}} + \frac{q}{2}\left[\left(1 - \frac{3r^4}{\rho^4}\right)\frac{1 - k\nu_{\rm c} - k + \nu_{\rm s}}{-1 + k\nu_{\rm c} - 3k - \nu_{\rm s}}\right]\cos 2\varphi \tag{5-64}$$

$$\tau_{\rho\varphi} = \frac{q}{2}\left[1 - \frac{2r^2}{\rho^2}\frac{1 - k\nu_c - k + \nu_s}{-1 + k\nu_c - 3k - \nu_s} + \frac{3r^4}{\rho^4}\frac{1 - k\nu_c - k + \nu_s}{-1 + k\nu_c - 3k - \nu_s}\right]\sin 2\varphi \tag{5-65}$$

式中：混凝土（弹性模量E_c，泊松比$\nu_c = 1/6$）和钢筋（弹性模量E_s，泊松比$\nu_s = 3/10$），$k = E_c/E_s$。

将上述应力沿着界面积分后得到界面上的平均应力。

$$\overline{\sigma}_\rho = \frac{\int_0^{2\pi}\rho\sigma_\rho\,\mathrm{d}\varphi}{2\pi\rho} = -\frac{q}{2} + \frac{q}{2}\frac{r^2}{\rho^2}\frac{1 + k\nu_c - k - \nu_s}{1 + k\nu_c + k - \nu_s} \tag{5-66}$$

$$\overline{\sigma}_\varphi = \frac{\int_0^{2\pi}\rho\sigma_\varphi\,\mathrm{d}\varphi}{2\pi\rho} = -\frac{q}{2} - \frac{q}{2}\frac{r^2}{\rho^2}\frac{1 + k\nu_c - k - \nu_s}{1 + k\nu_c + k - \nu_s} \tag{5-67}$$

$$\overline{\tau}_{\rho\varphi} = \frac{\int_0^{2\pi}\rho\tau_{\rho\varphi}\,\mathrm{d}\varphi}{2\pi\rho} = 0 \tag{5-68}$$

对前面根据不同传力模型计算得到不同的粘结锚固强度进行修正，施加横向力的作用。可得内裂、拔出、残余三个特征强度（τ_s、τ_u、τ_r）如下。

（1）内裂状态

$$\tau = (\sin\alpha + \mu\cos\alpha)P\frac{\pi(d' + h)h/\sin\alpha}{\pi(d' + 2h)l} \tag{5-69}$$

$$\sigma_r = (\cos\alpha - \mu\sin\alpha)P\frac{\pi(d' + h)h/\sin\alpha}{\pi(d' + 2h)l} + \overline{\sigma}_\rho\Big|_{\rho = \frac{d'}{2} + h} \tag{5-70}$$

还可计算界面上的平均径向推力P_r。根据锥楔作用和环向应力梯形分布假定，P_r引起的环向应力σ_θ与至圆心的距离r有关，可以表达为：

$$P_r = (\cos\alpha - \mu\sin\alpha)P\frac{\pi(d' + h)h/\sin\alpha}{\pi d' l} \tag{5-71}$$

$$\sigma_\theta = \frac{10}{9}\left(1 - \frac{r}{5d}\right)K_\theta P_r + \overline{\sigma}_\varphi\Big|_{\rho = \frac{d'}{2} + h} \tag{5-72}$$

$$K_\theta = \frac{1}{2\frac{c}{d}\left(1 - \frac{c}{9d}\right)} \tag{5-73}$$

式中：K_θ为环向应力系数，取决于相对保护层厚度c/d。由强度准则确定P值后，挤压力和摩擦力水平投影可求得内裂强度如下。

$$\tau_s = (\sin\alpha + \mu\cos\alpha)P\frac{\pi(d' + h)h/\sin\alpha}{\pi d l} + \mu\overline{\sigma}_\rho\Big|_{\rho = \frac{d'}{2}} \tag{5-74}$$

（2）拔出状态

如图 5-5（c）所示，假设此时与无侧向压力状态时一致，仅需加上侧向压力产生的应力的影响，便可得到界面上的应力分布，简化求得A点应力如下。

$$\sigma_c = (\cos\gamma + \mu\sin\gamma)P\frac{\pi(d' + h)h/\sin\alpha}{\pi(d' + 2h)} + \overline{\sigma}_\rho\Big|_{\rho = \frac{d'}{2} + h} \tag{5-75}$$

$$\tau = (-\sin\gamma + \mu\cos\gamma)P\frac{\pi(d' + h)h/\sin\alpha}{\pi(d' + 2h)} \tag{5-76}$$

还可相应求出径向推力P_r和环向应力σ_θ

$$P_r = (\cos\alpha - \mu\sin\alpha)P\frac{\pi(d'+h)h/\sin\alpha}{\pi dl} \tag{5-77}$$

$$\sigma_\theta = \frac{10}{9}\Big(1-\frac{r}{5d}\Big)K_\theta P_r + \overline{\sigma}_\varphi\big|_{\rho=\frac{d'}{2}+h} \tag{5-78}$$

$$K_\theta = \frac{1}{2\dfrac{c}{d}\Big(1-\dfrac{c}{9d}\Big)} \tag{5-79}$$

根据以上计算应力状态，按强度准则求出P值，就可求出粘结强度。

$$\tau_u = (\sin\alpha + \mu\cos\alpha)P\frac{\pi(d'+h)h/\sin\alpha}{\pi dl} + \mu\overline{\sigma}_\rho\big|_{\rho=\frac{d'}{2}} \tag{5-80}$$

（3）残余应力状态

下降段后期，滑移接近肋距，咬合齿被剪断，钢筋肋间填满碎屑，从而形成了新的沿变形钢筋外轮廓的滑移摩阻面，这是混凝土间的摩擦，并且由于大滑移引起的混凝土颗粒磨细，摩擦系数理论上会衰减，但由于外部应力场的存在，使得摩擦面的摩擦系数维持原来 0.6。摩擦面上的正应力P_r是极限状态时，挤压力径向分力的残存，摩阻发生在咬合齿根部截面，按几何条件计算得：

$$P_r = (\cos\alpha - \mu\sin\alpha)P_u\frac{\pi(d'+h)h/\sin\alpha}{\pi(d'+2h)l} + \overline{\sigma}_\rho\big|_{\rho=\frac{d'}{2}+h} \tag{5-81}$$

$$\tau_r = \mu P_r \tag{5-82}$$

采用上述计算理论得到的单向侧压作用下的结果列于表 5-4，从表中可以看出，理论计算值与试验值之比总体上吻合较好。粘结应力理论计算值与试验值之比$\delta(\tau_u)$、$\delta(\tau_r)$分别为 1.02、0.82，标准偏差分别为 0.11、0.15。

单向侧压试验及理论计算结果　　　　　　　　　　　表 5-4

编号	P/f_{cu}	τ_u（MPa）	τ_r（MPa）	τ_u计算值（MPa）	τ_r计算值（MPa）	$\delta(\tau_u)$	$\delta(\tau_r)$
D20-0.1-0	0.1	16.92	10.47	16.21	6.46	0.96	0.62
D20-0.1-30	0.1	17.86	8.27	16.05	6.41	0.90	0.78
D20-0.1-50	0.1	20.08	11.19	16.05	6.42	0.80	0.57
D20-0.1-70	0.1	13.7	5.86	16.23	6.47	1.18	1.10
D20-0.1-100	0.1	15.13	8.32	16.02	6.41	1.06	0.77
D20-0.2-0	0.2	17.31	11.29	18.84	8.96	1.09	0.79
D20-0.2-30	0.2	19.77	14.27	18.73	8.93	0.95	0.63
D20-0.2-50	0.2	16.27	9.87	18.76	8.94	1.15	0.91
D20-0.2-70	0.2	20.61	11.97	18.86	8.97	0.91	0.75
D20-0.2-100	0.2	19.23	11.14	18.70	8.92	0.97	0.80
D20-0.3-0	0.3	19.22	13.82	21.20	11.38	1.10	0.82
D20-0.3-30	0.3	20.28	11.81	21.14	11.36	1.04	0.96
D20-0.3-50	0.3	21.14	15.31	21.18	11.37	1.00	0.74

续表

编号	P/f_{cu}	τ_u（MPa）	τ_r（MPa）	τ_u计算值（MPa）	τ_r计算值（MPa）	$\delta(\tau_u)$	$\delta(\tau_r)$
D20-0.3-70	0.3	17.66	11.58	21.21	11.39	1.20	0.98
D20-0.3-100	0.3	20.68	11.32	21.10	11.35	1.02	1.00

双向侧压作用下的结果列于表 5-5，粘结应力理论计算值与试验值之比 $\delta(\tau_u)$、$\delta(\tau_r)$ 分别为 0.97、0.68，标准偏差分别为 0.10、0.13，粘结强度吻合较好，残余强度计算结果略小于试验结果。

双向侧压试验及理论计算结果　　　　　表 5-5

编号	τ_u（MPa）	τ_r（MPa）	τ_u计算值（MPa）	τ_r计算值（MPa）	$\delta(\tau_u)$	$\delta(\tau_r)$
D20-0.067-0.022-50	14.46	8.27	15.79	6.18	1.09	0.75
D20-0.084-0.028-50	15.01	8.14	16.41	6.73	1.09	0.83
D20-0.1-0.033-50	16.11	10.76	16.99	7.27	1.05	0.68
D20-0.135-0.041-50	17.38	14.83	18.29	8.48	1.05	0.57
D20-0.067-0.033-50	14.01	9.42	16.12	6.48	1.15	0.69
D20-0.084-0.041-50	15.86	10.41	16.80	7.09	1.06	0.68
D20-0.1-0.05-50	18.50	9.75	17.45	7.69	0.94	0.79
D20-0.135-0.067-50	18.81	10.81	18.87	9.05	1	0.84
D20-0.067-0.067-0	15.39	9.51	17.21	7.38	1.12	0.78
D20-0.084-0.084-0	17.29	10.57	18.05	8.18	1.04	0.77
D20-0.1-0.1-0	21.50	15.06	18.84	8.96	0.88	0.60
D20-0.135-0.135-0	20.64	10.43	20.58	10.73	1	1.03
D20-0.067-0.067-30	18.52	12.23	17.06	7.34	0.92	0.60
D20-0.084-0.084-30	16.58	11.74	17.92	8.15	1.08	0.69
D20-0.1-0.1-30	21.90	16.66	18.73	8.93	0.86	0.54
D20-0.135-0.135-30	24.21	19.98	20.51	10.70	0.85	0.54
D20-0.067-0.067-50	17.21	15.03	17.07	7.34	0.99	0.49
D20-0.084-0.084-50	18.73	16.83	17.94	8.16	0.96	0.48
D20-0.1-0.1-50	20.43	15.50	18.76	8.94	0.92	0.58
D20-0.135-0.135-50	22.73	18.28	20.54	10.72	0.9	0.59
D20-0.067-0.067-70	16.97	10.54	17.22	7.39	1.01	0.70
D20-0.084-0.084-70	17.07	9.23	18.07	8.20	1.06	0.89
D20-0.1-0.1-70	17.81	13.10	18.86	8.96	1.06	0.68
D20-0.135-0.135-70	23.07	13.94	20.59	10.73	0.89	0.77
D20-0.067-0.067-100	20.92	12.33	17.03	7.33	0.81	0.59
D20-0.084-0.084-100	19.99	11.71	17.89	8.14	0.89	0.69
D20-0.1-0.1-100	21.26	14.80	18.70	8.92	0.88	0.60
D20-0.135-0.135-100	19.99	13.43	20.47	10.69	1.02	0.80
D16-0.067-0.067-50	21.75	16.12	17.50	7.46	0.8	0.46

编号	τ_u（MPa）	τ_r（MPa）	τ_u计算值（MPa）	τ_r计算值（MPa）	$\delta(\tau_u)$	$\delta(\tau_r)$
D16-0.084-0.084-50	21.28	13.27	18.37	8.28	0.86	0.62
D16-0.1-0.1-50	20.03	12.35	19.18	9.06	0.96	0.73
D16-0.135-0.135-50	23.07	—	20.95	10.84	0.91	—

5.3.5　粘结强度简化计算

1. 无配箍与配箍筋粘结强度

根据不同传力模型计算得到不同的粘结强度。改变混凝土强度、保护层厚度、配箍约束条件和横向应力状态，可得劈裂和拔出破坏（τ_{cr}、τ_u）特征强度。根据传力模型计算结果，可拟合得到简单的再生混凝土粘结特征强度计算公式。

采用式(5-83)、式(5-84)计算结果列于表 5-6 中，试件编号规则：钢筋直径-箍筋直径-再生粗骨料取代率，τ_u粘结强度，$\tau_{u,d}$理论粘结强度，$\delta = \tau_{(u,d)}/\tau_u$。从表 5-6 中可以看出，不带箍筋试件理论计算值与试验值之比的平均值为 0.96，标准偏差 0.11，带箍筋试件理论计算值与试验值之比的平均值为 0.81，标准偏差 0.09，总体上吻合较好。

$$\tau_{cr} = \left(1.5 + 1.5\sqrt{\frac{c}{d}}\right)f_t \tag{5-83}$$

$$\tau_u = \left(1.5 + 1.5\sqrt{\frac{c}{d}}\right)(1 + 30\rho_{sv})f_t \tag{5-84}$$

试验及理论计算结果　　　　　　　　　　表 5-6

编号	τ_u（MPa）	$\tau_{u,d}$（MPa）	δ	编号	τ_u（MPa）	$\tau_{u,d}$（MPa）	δ
D20-0-0	10.59	12.11	1.14	D16-0-100	14.21	13.35	0.94
D20-0-30	11.44	11.48	1.00	D16-6-0	18.02	15.02	0.83
D20-0-50	11.92	11.23	0.94	D16-6-30	19.62	14.23	0.73
D20-0-70	12.47	10.68	0.86	D16-6-50	18.02	13.92	0.77
D20-0-100	11.36	11.77	1.04	D16-6-70	17.57	13.24	0.75
D20-8-0	13.24	13.67	1.03	D16-6-100	19.77	14.60	0.74
D20-8-30	15.92	12.96	0.81	D16-8-0	20.91	15.53	0.74
D20-8-50	13.43	12.68	0.94	D16-8-30	17.52	14.72	0.84
D20-8-70	13.61	12.06	0.89	D16-8-50	20.81	14.40	0.69
D20-8-100	15.03	13.29	0.88	D16-8-70	18.44	13.70	0.74
D16-0-0	16.94	13.16	0.78	D16-8-100	19.66	15.10	0.77

2. 侧向压力作用下粘结强度

而侧向压力作用下的，粘结强度拟合公式如式(5-85)所示，粘结强度计算结果见表 5-7，与理论值的对比结果见图 5-8。由于再生混凝土破坏准则采用棱柱体抗压强度f_c，再生混凝土棱柱体抗压强度值约等于 $0.77f_{cu}$，再生混凝土抗拉强度$f_t = 0.4\sqrt{f_{cu}}$。由图 5-8 可见，对比结果吻合较好。

$$\tau_{\mathrm{u}} = \left(1.5 + 1.5\sqrt{\frac{c}{d}}\right)\left(1 + \alpha(1 + \delta)\sqrt{\frac{P_1}{f_{\mathrm{cu}}}}\right)f_{\mathrm{t}} \tag{5-85}$$

式中：$\delta = P_2/P_1$，P_1、P_2为侧压力，由式(5-85)计算得到；α在$c/d = 1$、2、3、4、> 4.5时，分别为1.96、1.47、1.308、1.065、0.96。表 5-7 中，f_{cu}为立方体抗压强度，f_{c}为棱柱体抗压强度，f_{t}为抗拉强度，根据再生混凝土强度换算公式[7]及本书试验结果进行换算。

粘结强度计算表（MPa）

表 5-7

c/d	1				2				3			
f_{cu}	20	30	40	45	20	30	40	45	20	30	40	45
f_{c}	15.6	23.4	31.2	35.1	15.6	23.4	31.2	35.1	15.6	23.4	31.2	35.1
f_{t}	1.6	1.9	2.2	2.7	1.6	1.9	2.2	2.7	1.6	1.9	2.2	2.7
$\dfrac{P_1}{f_{\mathrm{cu}}} = 0.067$	8.7	11.7	14.0	15.2	9.5	12.9	15.5	17.0	9.7	13.2	16.0	17.5
$\dfrac{P_1}{f_{\mathrm{cu}}} = 0.084$	9.5	12.6	14.9	16.2	10.2	13.7	16.4	17.9	10.4	14.1	16.9	18.4
$\dfrac{P_1}{f_{\mathrm{cu}}} = 0.1$	10.2	13.4	15.8	17.1	10.9	14.5	17.3	18.7	11.1	14.8	17.7	19.2
$\dfrac{P_1}{f_{\mathrm{cu}}} = 0.135$	11.6	15.0	17.5	18.8	12.3	16.1	19.0	20.5	12.5	16.4	19.4	21.0
c/d	4				> 4.5							
f_{cu}	20	30	40	45	20	30	40	45				
f_{c}	15.6	23.4	31.2	35.1	15.6	23.4	31.2	35.1				
f_{t}	1.6	1.9	2.2	2.7	1.6	1.9	2.2	2.7				
$\dfrac{P_1}{f_{\mathrm{cu}}} = 0.067$	9.7	13.3	16.1	17.6	9.7	13.3	16.1	17.6				
$\dfrac{P_1}{f_{\mathrm{cu}}} = 0.084$	10.5	14.2	17.0	18.5	10.5	14.2	17.0	18.6				
$\dfrac{P_1}{f_{\mathrm{cu}}} = 0.1$	11.2	15.0	17.8	19.4	11.2	15.0	17.8	19.4				
$\dfrac{P_1}{f_{\mathrm{cu}}} = 0.135$	12.5	16.5	19.5	21.1	12.5	16.5	19.5	21.1				

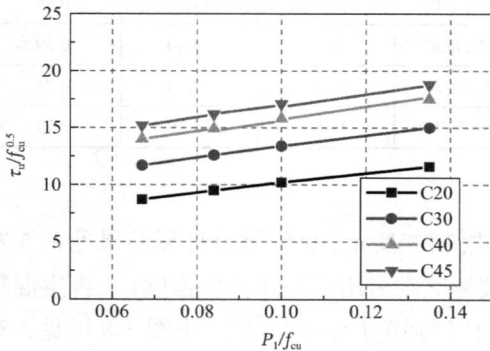

(a) $c/d = 1$

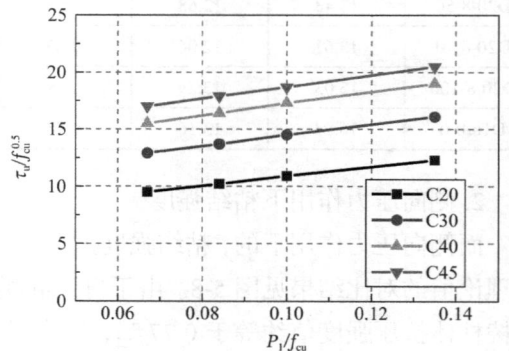

(b) $c/d = 2$

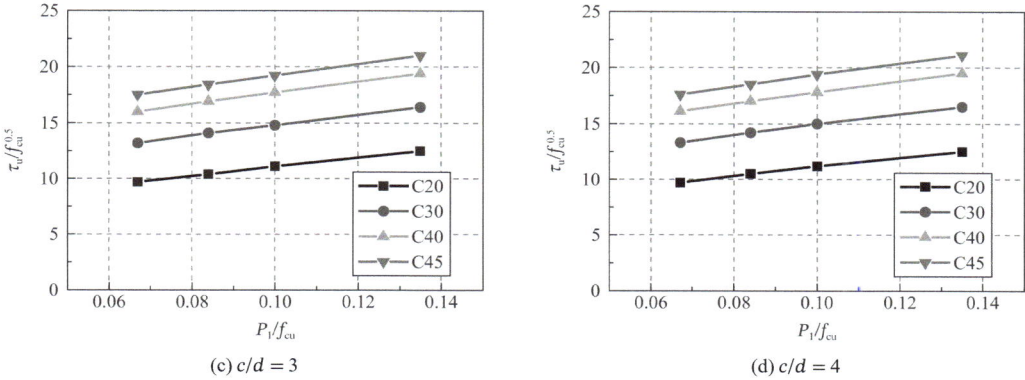

(c) $c/d = 3$ (d) $c/d = 4$

图 5-8   粘结强度与c/d的关系

根据理论计算结果拟合得到的侧向压力作用下的再生混凝土粘结特征强度，简化为实用公式后，更便于应用。

3. 试验粘结强度公式与理论值的对比

根据本章试验得到的粘结强度公式(5-3)，与表 5-7 中的理论值对比，对比结果如图 5-9 所示。由图可见，由试验粘结强度公式(5-3)计算得到的 C20～C45 的区域，与粘结强度理论计算得到的区域大部分重叠，对比结果表明，根据再生混凝土强度破坏准则，建立的多轴侧压力作用下钢筋与再生混凝土的粘结强度理论与试验得到的粘结强度公式基本保持一致。

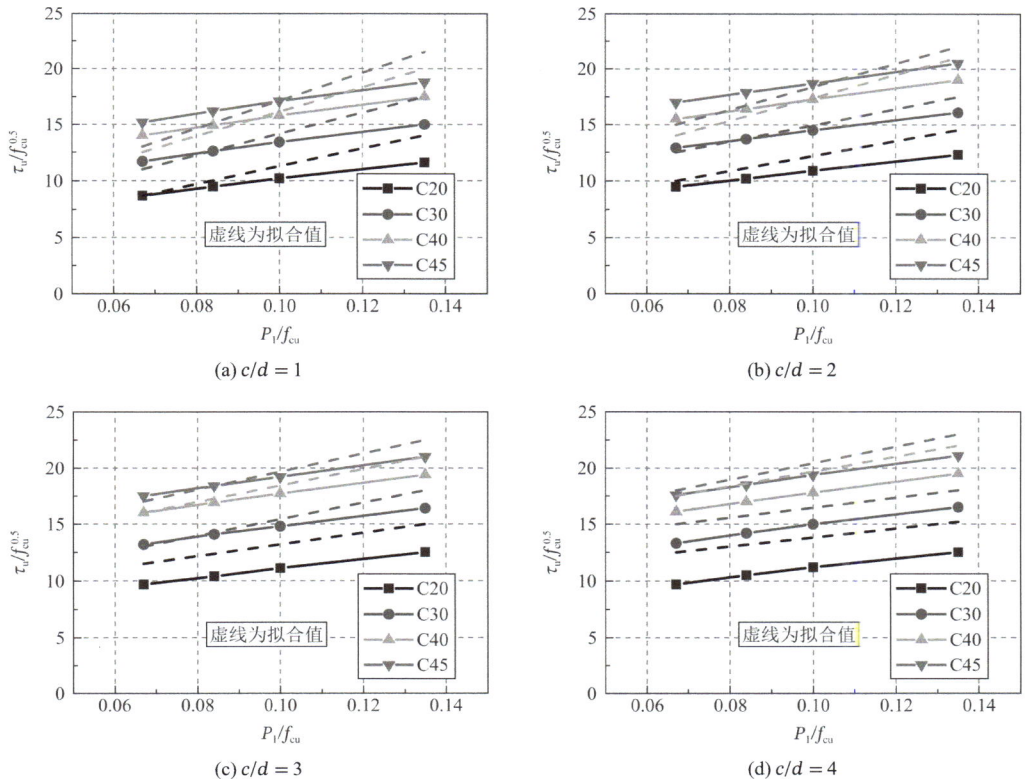

(a) $c/d = 1$ (b) $c/d = 2$

(c) $c/d = 3$ (d) $c/d = 4$

图 5-9   试验粘结强度与理论粘结强度的对比

5.4　本章小结

（1）在 Van Der Veen 理论模型的基础上，提出了设置箍筋后再生混凝土的粘结强度理论计算公式，计算结果与试验值吻合较好。未设置箍筋的再生混凝土构件粘结强度理论公式可采用 Van Der Veen 提出的理论模型。

（2）根据钢筋与再生混凝土界面处径向变形与滑移之间的关系建立了劈裂和拔出两种破坏模式的粘结-滑移曲线方程。最后将粘结-滑移曲线方程的理论模型与试验数据进行了对比，无配筋试件的试验值与理论计算值符合性较好，而配筋试件略有差别。

（3）从轴对称空间模型出发，根据再生混凝土强度破坏准则，建立了在多轴侧压状态下钢筋与再生混凝土的粘结强度理论，并与试验结果对比。结果表明理论计算值与试验结果吻合良好。为了方便使用，根据理论计算结果，提出了多轴侧压状态下粘结强度的简化公式。

参考文献

[1]　高向玲, 李杰. 钢筋与混凝土粘结本构关系的数值模拟[J]. 计算力学学报, 2005, 22(1): 73-77.

[2]　高向玲, 李杰. 钢筋与混凝土粘结强度的理论计算与试验研究[J]. 建筑结构, 2005, 4: 10-12.

[3]　Gao X L, Li J. theory and test on computative model of local bond strength between reinforcing bars and concrete[J]. Building Structure, 2005, 35(4): 10-12.

[4]　Tepfers R. Cracking of concrete cover along anchored deformed reingorced bars[J]. Magazine of Concrete Research, 1979, 31(106): 3-12.

[5]　Van D V C. Cryogenic bond stress-slip relationship[D]. Delft, Netherlands: Delft University of Technology, 1990.

[6]　赵卫平. 横向压力对钢筋与混凝土粘结性能的影响[J]. 工程力学, 2012, 29(4): 168-177.

[7]　王玉梅. 再生混凝土在多轴应力下的强度及本构关系研究[D]. 南宁: 广西大学, 2018.

[8]　徐有邻. 钢筋与混凝土粘结锚固的分析研究[J]. 建筑科学, 1992, 4: 18-24.

[9]　Li W, Xiao J, Sun Z, et al. Interfacial transition zones in recycled aggregate concrete with different mixing approaches[J]. Construction Building Materials, 2012, 35: 1045-1055.

[10]　González-Fonteboa B, Martínez-Abella F, Eiras-López J, et al. Effect of recycled coarse aggregate on damage of recycled concrete[J]. Materials Structures, 2011, 44(10): 1759.

第 6 章

冻融后再生混凝土 – 钢筋粘结滑移性能

6.1 概述

在我国寒冷地区，冻融循环损伤会严重影响再生混凝土结构使用的耐久性。由于再生混凝土骨料孔隙率大，内部微裂纹多，旧砂浆-旧骨料和旧砂浆-新砂浆的弱界面多等特性，再生混凝土的抗冻性一直是工程应用中关心的问题。

在实际工程中，混凝土结构常常承受如强震和疲劳荷载等重复荷载，这些荷载引起结构内部的损伤累积，导致钢筋锚固失效，从而使粘结性能退化，并造成节点区强度丧失和刚度降低[1]。本章介绍冻融后单调和重复荷载作用下再生混凝土与钢筋间的粘结滑移性能，总结再生混凝土与变形钢筋间粘结滑移规律，建立粘结滑移损伤模型和粘结强度模型。

6.2 试验设计

6.2.1 原材料及配合比

试验采用天然粗骨料为粒径 5～31.5mm 的砾石，再生粗骨料由广西高速公路拆除的废弃混凝土经破碎筛分得到，最大粒径 31.5mm。骨料的物理性能如表 6-1 所示，级配曲线如图 6-1 所示。

试验采用了 P·O 42.5 普通硅酸盐水泥，细度模数为 2.94 的天然河砂和普通自来水。试验中使用的箍筋为直径 8mm 的普通钢筋 HPB300，拔出钢筋为直径 20mm 的变形钢筋 HRB400。钢筋肋条角度 $\theta = 45°$，两个肋条之间的距离 $l = 10$mm，肋条的高度 $h = 1.2$mm。HPB300 和 PSB575 的弹性模量分别为 2.05×10^5MPa 和 2.17×10^5MPa，而 PSB575 的抗拉强度为 466.6MPa。

骨料的物理性能 表 6-1

种类	粒径（mm）	1h 吸水率（%）	24h 吸水率（%）	表观密度（kg/m³）	压碎指标（%）
再生粗骨料	5～31.5	4.1	4.7	2663	16.70
天然粗骨料	5～31.5	0.06	0.2	2702	11.40
细骨料	0.15～2.36	3.5	3.8	2600	—

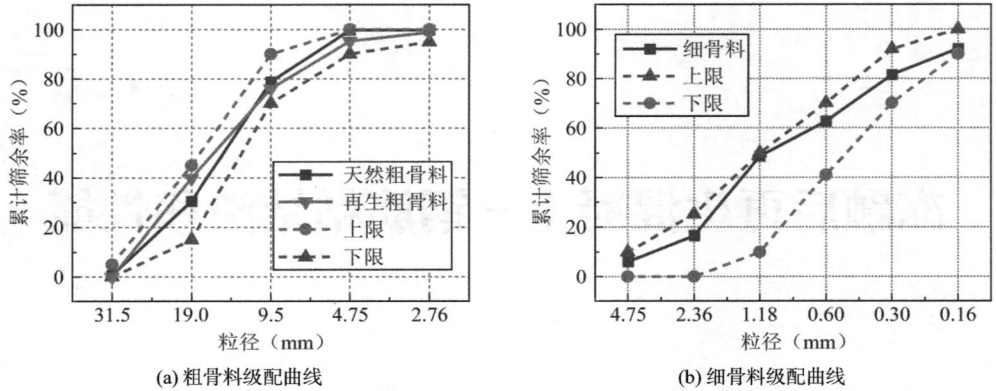

(a) 粗骨料级配曲线

(b) 细骨料级配曲线

图 6-1　骨料级配曲线

试验共设计了三组配合比 NC、RC50、RC100，并考虑到再生粗骨料的吸水性加入了附加水，配合比如表 6-2 所示。

配合比及基本力学性能　　　　　　　　　　　　表 6-2

类型	水胶比	材料用量（kg/m³）						立方体抗压强度（MPa）	劈裂抗拉强度（MPa）
		水泥	天然砂	天然粗骨料	再生粗骨料	水	附加水		
NC	0.46	433	669	1189	0	195	0	51.1	3.34
RC50	0.41	527	583	541	541	195	22	53.5	3.56
RC100	0.40	591	530	0	984	195	40	54.1	3.27

6.2.2　试件设计及加载

试件设计同第 2.2.1 节短锚试件，箍筋间距为 70mm。对于单调加载的试件，设计四个冻融循环次数（0、50、100、150）和三个粗骨料取代率（0%、50%、100%）；对于重复加载的试件，设计两个冻融循环次数（0、150）以及三个重复加载拉拔力比（$P_{max}/P_u = 0.3$、0.5、0.7），其中 P_{max} 为最大重复拔出载荷，P_u 为单调加载试件的拔出载荷。共 18 组（每组 3 个）54 个试件进行试验，试件参数见表 6-3。

单调加载试件采用三部分命名，混凝土类别-冻融循环次数-拉拔力比-试件编号，例如

图 6-2　冻融设备

对于 NC-100-0-2，NC 表示普通混凝土，100 表示冻融循环 100 次，0 表示单调加载，2 表示试件编号；对于 RC100-0-0.3-1，RC100 表示取代率为 100% 的再生混凝土，0 表示冻融循环 0 次，0.3 表示重复加载拉拔力比 $P_{max}/P_u = 0.3$，1 表示试件编号。所有样品在图 6-2 所示冻融机中进行冻融循环，根据《混凝土长期性能和耐久性能试验方法标准》GB/T 50082—2024[2]，试件的冻融温度范围为 $-16.0\sim5.0℃$，一个循环持续 4h。

试件参数

表 6-3

编号	冻融循环次数N	P_{max}/P_u	P_{max}（kN）	重复加载次数（n）
NC-0-0-1，2，3	0	0	—	—
NC-50-0-1，2，3	50	0	—	—
NC-100-0-1，2，3	100	0	—	—
NC-150-0-1，2，3	150	0	—	—
RC50-0-0-1，2，3	0	0	—	—
RC50-50-0-1，2，3	50	0	—	—
RC50-100-0-1，2，3	100	0	—	—
RC50-150-0-1，2，3	150	0	—	—
RC100-0-0-1，2，3	0	0	—	—
RC100-50-0-1，2，3	50	0	—	—
RC100-100-0-1，2，3	100	0	—	—
RC100-150-0-1，2，3	150	0	—	—
RC100-0-0.3-1，2，3	0	0.3	45	10
RC100-0-0.5-1，2，3	0	0.5	75	10
RC100-0-0.7-1，2，3	0	0.7	105	10
RC100-150-0.3-1，2，3	150	0.3	45	10
RC100-150-0.5-1，2，3	150	0.5	75	10
RC100-150-0.7-1，2，3	150	0.7	105	10

在冻融循环之后，使用 RMT 201 压力机对试件进行加载并得到粘结-滑移曲线。试验中使用的拉拔反力架、位移测量和加载装置与第 2.2.2 节中相同。对于单调拉拔试验，试件在预加载后以 0.5mm/min 的速率加载；对于重复加载试件，在预加载后施加重复加载，最后单调加载直至失效。

6.3　试验结果

6.3.1　破坏形态

由于箍筋约束的影响，所有试件最终均因钢筋拔出而破坏，当荷载接近极限拔出荷载时，可以观察到平行于变形钢筋的细小纵向裂纹，如图 6-3（a）所示，径向裂纹的分布如图 6-3（b）所示。

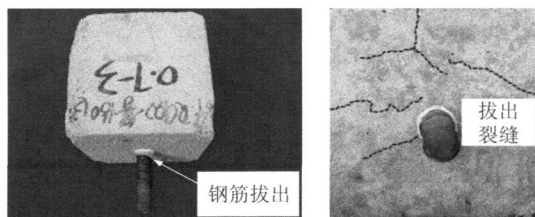

(a) 纵向裂纹　　　　　　(b) 径向裂纹

图 6-3　拔出试件的破坏模式

6.3.2 粘结-滑移曲线

假设粘结应力沿锚固长度均匀分布，定义滑移s是再生混凝土和钢筋之间的自由端滑移，则粘结应力可通过式(6-1)计算：

$$\tau = \frac{P}{\pi D L} \tag{6-1}$$

式中：P为拔出荷载；L为变形钢筋的锚固长度，此处为100mm；D为变形钢筋的直径。

图6-4为典型试件的粘结-滑移曲线，从图6-4（a）～（c）中可以看出，各系列试件的峰值应力随着冻融循环次数的增加而减小，且受取代率的影响较小。从图6-4（d）～（i）中可以观察到重复加载后峰值应力略有降低，而峰值滑移增加。

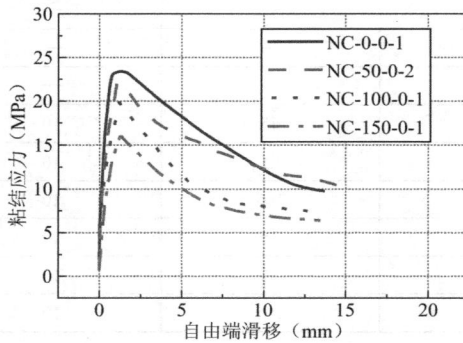

(a) NC

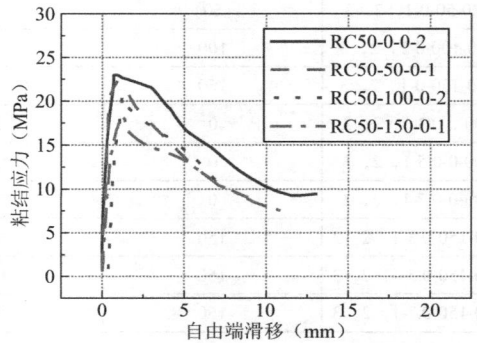

(b) RC50

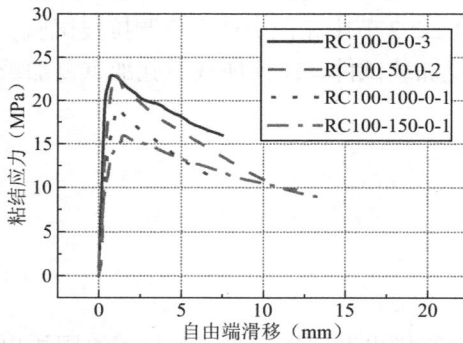

(c) RC100

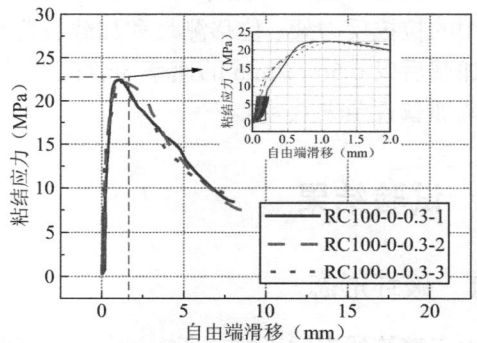

(d) RC100-0-0.3

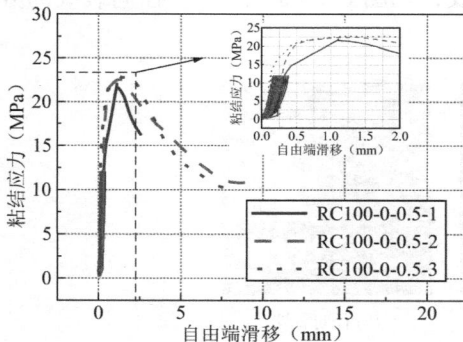

(e) RC100-0-0.5

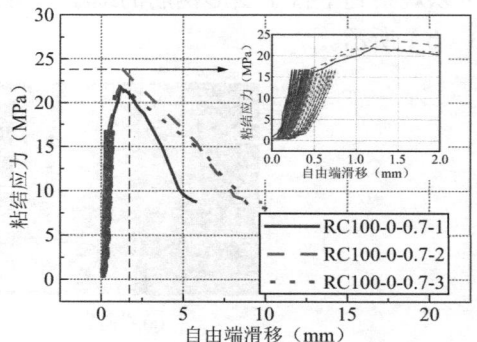

(f) RC100-0-0.7

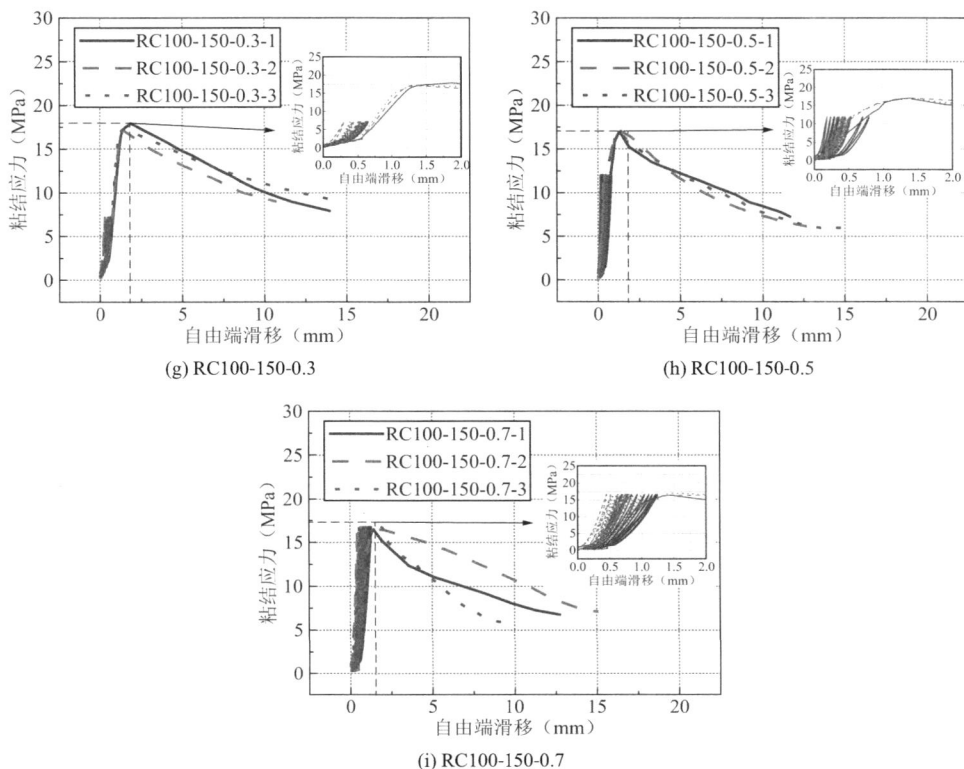

(g) RC100-150-0.3

(h) RC100-150-0.5

(i) RC100-150-0.7

图 6-4　粘结-滑移实测曲线

6.4　粘结-滑移曲线特征值分析

6.4.1　粘结强度

引入归一化粘结强度系数 δ_0 描述粘结强度的劣化情况：

$$\delta_0 = (\tau_{u0} - \tau_{uN})/\tau_{u0} \tag{6-2}$$

式中：τ_{u0} 为冻融前的粘结强度；τ_{uN} 为 N 次冻融循环之后的粘结强度[3]。

图 6-5 展示了单调加载下试件粘结强度在冻融后的劣化情况，图 6-5 中使用归一化参数 $N/50$ 是为了简化冻融循环次数的变化。

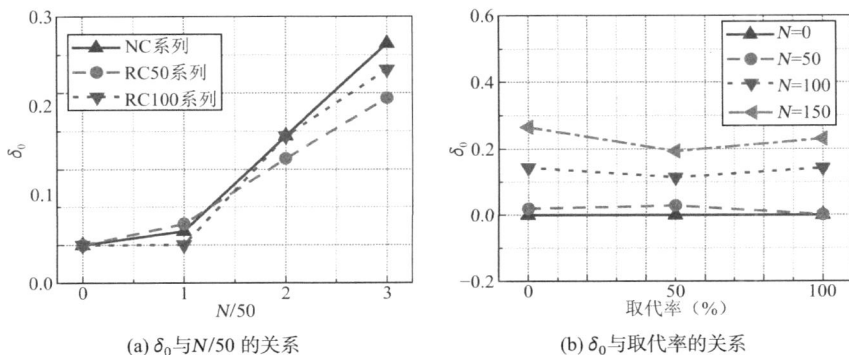

(a) δ_0 与 $N/50$ 的关系

(b) δ_0 与取代率的关系

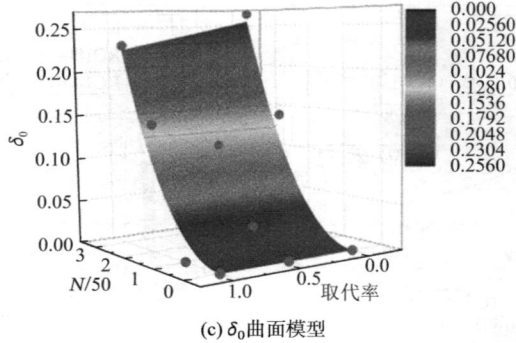

(c) δ_0曲面模型

图6-5 归一化粘结强度系数δ_0与冻融次数和取代率之间的关系

如图6-5（a）所示，随着$N/50$的增加，所有系列的δ_0都逐渐增加，这表明冻融循环后粘结强度有所下降。当$N/50$接近1时，δ_0的增加较小。当$N/50$达到3时（150次冻融循环），NC、RC50和RC100的δ_0分别增加了约26%、19%和23%。可以看出，冻融之后混凝土和钢筋之间的粘结性能大大降低，这是因为随着冻融循环次数的增加，初始裂缝发展，周围混凝土受到破坏，约束减弱，导致粘结强度下降。

如图6-5（b）所示，由于不同取代率的试件抗压强度相似，因此取代率对不同冻融循环次数后试件的δ_0影响有限。粘结强度的多参数分析表明，不同冻融循环次数后取代率与δ_0之间的关系可表示为式(6-3)，相关系数为0.93。式(6-3)的曲面模型如图6-5（c）所示。

$$\delta_0 = 0.273 \cdot (-0.12r + 0.104) \cdot \left(\frac{N}{50}\right)^2 \tag{6-3}$$

为了描述重复加载后粘结强度的劣化情况，式(6-4)给出了τ_{ru}/τ_u与τ_{rmax}/τ_u的关系，图6-6中给出了拟合曲线的参数k_1、k_2和重复加载下试件的归一化粘结强度对比。

$$\frac{\tau_{ru}}{\tau_u} = k_1\left(\frac{\tau_{rmax}}{\tau_u}\right)^2 + k_2\left(\frac{\tau_{rmax}}{\tau_u}\right) + 1 \tag{6-4}$$

式中：τ_{rmax}为重复加载后的最大拔出荷载P_{max}时的粘结强度；τ_u为单调加载的极限拔出荷载P_u时的粘结强度；τ_{ru}为重复加载后的粘结强度。

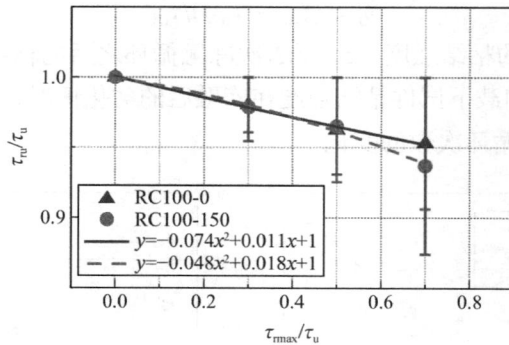

图6-6 归一化粘结强度对比

可以看出，冻融循环次数对重复加载下试件的归一化粘结强度影响较小。当τ_{rmax}/τ_u达到0.7时，在0次冻融和150次冻融中强度分别下降了5%和6%，这是由于重复加载导致了钢筋和混凝土界面裂缝的扩展。

6.4.2　峰值滑移和残余滑移

引入归一化峰值滑移系数δ_1描述单调加载下试件冻融后峰值滑移的变化：

$$\delta_1 = (s_{uN} - s_{u0})/s_{u0} \tag{6-5}$$

式中：s_{u0}为冻融前的峰值滑移；s_{uN}为N次冻融循环之后的峰值滑移。

图 6-7 展示了δ_1与冻融次数和取代率之间的关系。如图 6-7（a）所示，δ_1受冻融循环的影响较大。当$N/50$接近 2 时，δ_1几乎呈线性增长，RC50 系列的增长最大为 30%。在 100 次冻融循环后（$N/50 = 2$），δ_1增加幅度较小，在 NC、RC50、RC100 系列中分别为 4%、5%、10%。此外，NC 系列δ_1普遍低于 RC 系列。当$N/50$接近 3 时，NC、RC50 和 RC100 与未冻融试件相比，δ_1分别增加了约 28.5%、32.5%和 35.8%。

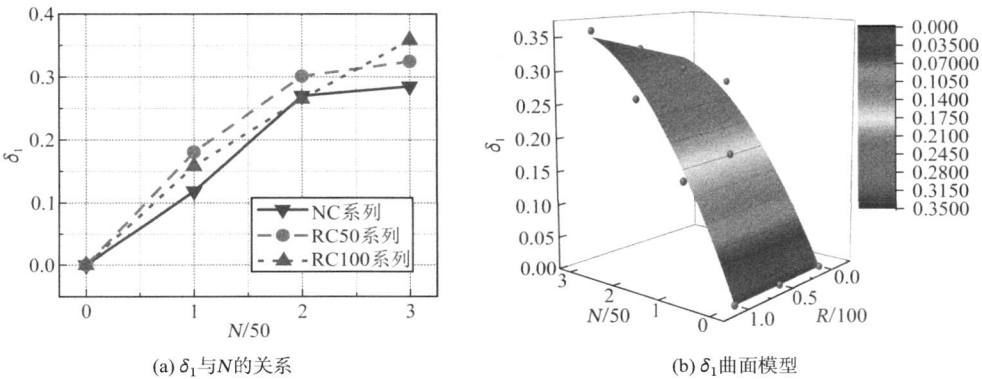

（a）δ_1与N的关系　　　　　　　（b）δ_1曲面模型

图 6-7　归一化峰值滑移系数δ_1与冻融次数和取代率的关系

提出曲面模型反映不同取代率试件的δ_1与冻融循环次数之间的关系，其公式如式(6-6)所示，相关系数为 0.963，图 6-7（b）为公式(6-6)的曲面模型。

$$\delta_1 = (0.027r + 0.174) \cdot \left[-0.14\left(\frac{N}{50}\right)^2 + 2.46\left(\frac{N}{50}\right) \right] \tag{6-6}$$

根据图 6-4（d）～（i）所示的粘结滑移曲线可以看出，由于钢筋肋周围混凝土中微裂缝的扩展，峰值滑移随拉拔力比的增加而增加。为反映重复加载阶段残余滑移s_{rmin}的变化，将归一化残余滑移定义为每个加载周期的残余滑移比s_{rmin}/s_u，其中s_{rmin}为n个重复加载周期后P_{min}时的残余滑移，s_u为P_u时的峰值滑移。

图 6-8（a）、（b）分别绘制了冻融循环前和 150 次冻融循环后不同加载周期下s_{rmin}/s_u与τ_{rmax}/τ_u的关系。如图 6-8（a）所示，残余滑移比随着τ_{rmax}/τ_u的增大而增大，表明P_{max}加速了混凝土微裂缝的发展。然而，残余滑移比并没有随着τ_{rmax}/τ_u的增大而相应增大［图 6-8（b）］，这归因于冻融循环与重复加载耦合产生的非线性破坏。混凝土中的冻胀力影响了微裂缝的变化，而微裂缝的变化是由P_{max}的增加引起的。根据回归分析，提出了公式(6-7)来描述不同冻融循环次数后重复加载试件的残余滑移。

$$\frac{s_{rmin}}{s_u} = F_{n1}\left(\frac{\tau_{rmax}}{\tau_u}\right)^2 + F_{n2}\left(\frac{\tau_{rmax}}{\tau_u}\right) \tag{6-7}$$

式中：s_{rmin}为n个重复加载周期后P_{min}时的残余滑移；s_u为P_u时的峰值滑移；F_{n1}为未

确定的参数，0.10～0.167，标准差为 0.010；F_{n2} 为未确定的参数，0.078～0.113，标准差为 0.025。

图 6-8（c）描述了 s_{ru}/s_u 和 τ_{rmax}/τ_u 之间的关系，其中 s_{ru} 表示重复加载后实测滑移峰值。随着 s_{ru}/s_u 的增加，τ_{rmax}/τ_u 也随之增加，这表明在有限的重复加载循环后，肋附近混凝土中的微裂缝将发展成贯穿性裂缝，从而增加滑移。式(6-8)建立了 s_{ru}/s_u 和 τ_{rmax}/τ_u 之间的关系式：

$$\frac{s_{ru}}{s_u} = F_{n3}\frac{\tau_{rmax}}{\tau_u} + 1 \tag{6-8}$$

式中：F_{n3} 为拟合参数，在 RC100-0 和 RC100-150 系列中的值分别为 0.31 和 0.12。

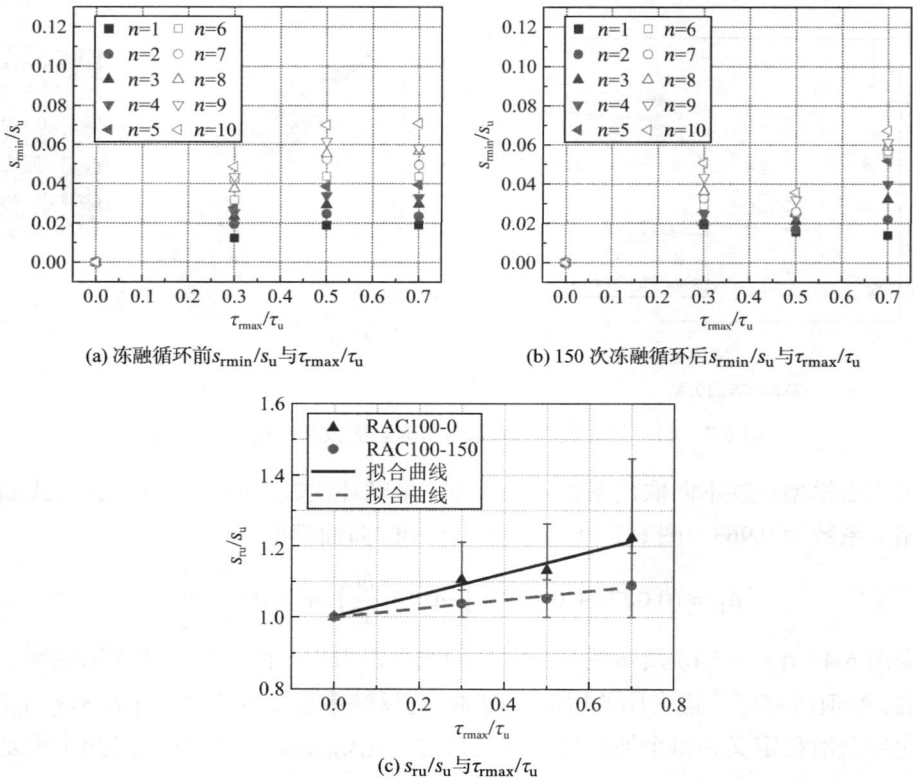

(a) 冻融循环前 s_{rmin}/s_u 与 τ_{rmax}/τ_u (b) 150 次冻融循环后 s_{rmin}/s_u 与 τ_{rmax}/τ_u

(c) s_{ru}/s_u 与 τ_{rmax}/τ_u

图 6-8　特征滑移与 τ_{rmax}/τ_u 间关系

6.5　冻融损伤后钢筋-再生混凝土粘结劣化机理

6.5.1　单调加载下粘结劣化机理

单调加载试件粘结性能的劣化可分为两个阶段（图 6-9）。在加载前，由于冻融循环造成的破坏，箍筋约束混凝土中出现微裂缝。随着单调荷载的增加，微裂缝开始扩展。在粘结强度达到峰值之前，由于箍筋的约束作用，裂缝的发展受到限制，试件不会发生突然的劈裂破坏。

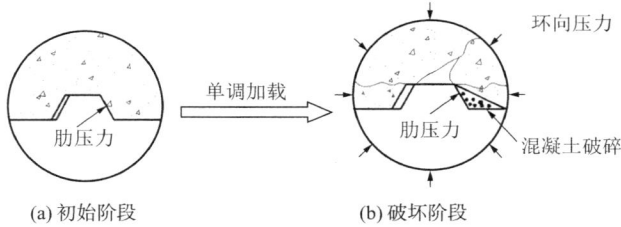

(a) 初始阶段　　　　　(b) 破坏阶段

图 6-9　单调加载试验粘结示意图

6.5.2　重复加载下粘结劣化机理

重复加载试验的结果表明，劣化可分为三个阶段，如图 6-10 所示。随着重复加载次数的增加，初始裂缝从肋顶向核心混凝土发展。由于肋压引起混凝土侧向变形，箍筋开始提供约束力，从而抑制了裂缝的快速发展。随着重复循环次数的增加，裂缝进一步发展，导致损伤的累积和残余滑移的增加。由于冻融循环后，肋前的混凝土损伤累积较大，且试验中重复加载次数有限，因此在重复加载阶段裂缝扩展不充分。这些结果解释了重复试验中粘结强度和峰值滑移的变化。

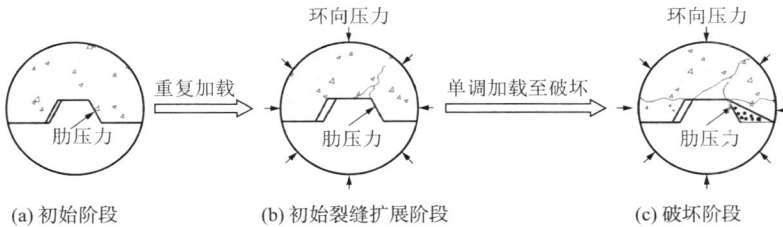

(a) 初始阶段　　　　　(b) 初始裂缝扩展阶段　　　　　(c) 破坏阶段

图 6-10　重复加载试验粘结示意图

6.6　粘结-滑移模型

6.6.1　粘结强度模型

Tepfers[4]提出了弹性套筒理论，用于估算外弹性层对钢筋和混凝土之间粘结强度的影响，然而在该模型中并未考虑钢筋长度方向的界面裂缝。在此基础上，Van[5]考虑混凝土的软化效应建立了软化套筒理论。考虑到箍筋引起的径向应力，本章建立了考虑箍筋约束效应的修正软化套筒模型[6]，如图 6-11 所示。

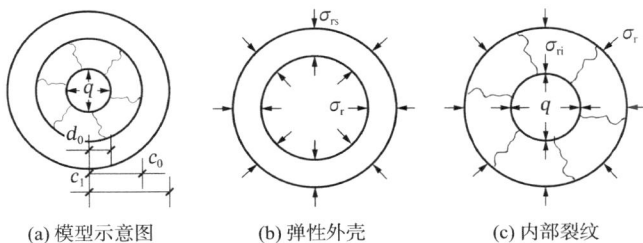

(a) 模型示意图　　　　　(b) 弹性外壳　　　　　(c) 内部裂纹

图 6-11　拉拔式圆筒的粘结强度模型

图 6-11 中，σ_r，σ_{ri} 和 σ_{rs} 分别是开裂的内部混凝土、弹性外部混凝土和箍筋引起的径向应力。因此，混凝土与钢筋之间界面的径向应力 σ_c 可通过式(6-9)计算得出：

$$\sigma_c = \sigma_r + \sigma_{ri} + \sigma_{rs} \tag{6-9}$$

对于内部开裂部分，Van 研究混凝土的软化能力，并在考虑裂缝开展后，对径向应力进行了修正。为了计算混凝土的软化规律，Hillerborg 等[7]假设裂缝区域的径向应力随着裂缝的扩大呈指数下降。本章采用增强系数 γ 反映箍筋对软化层的影响，径向应力表示如下：

$$\sigma_{ri} = \frac{f_t}{d_0}(c_0 - d_0)\left\{1 - \left[\frac{2\pi\varepsilon_{cr}}{n_0 u_0}(c_0 - d_0)\right]^{k\gamma}\frac{1}{k\gamma + 1}\right\} \tag{6-10}$$

式中：c_0 为内半径，由箍筋位置决定；d_0 为变形钢筋半径；u_0 为再生混凝土裂缝宽度；ε_{cr} 为由 f_t/E_c 得到的径向应变；f_t 为冻融循环后再生混凝土的抗拉强度；E_c 为混凝土的弹性模量；n_0 为径向裂缝的数量，根据拉拔试验结果取 $n_0 = 2$；k 为软化曲线指数，考虑冻融效应时，$k = 0.248$[8]；γ 为增强系数，取 1.2。

由箍筋产生的侧向应力可通过公式(6-11)、公式(6-12)计算。根据拉拔试件中混凝土与箍筋之间的变形协调关系，箍筋的总伸长等于拉应变 ε_{cr}。

$$\sigma_{rs} = \gamma k_e \frac{\sigma_{sv} A_{sv}}{c_0 l} \tag{6-11}$$

$$\sigma_{sv} = \frac{E_s \varepsilon_{cr}}{4} \tag{6-12}$$

式中：σ_{rs} 为单个方箍筋的应力；k_e 为有效约束参数[9]，利用式(6-19)计算；E_s 为钢筋弹性模量，$E_s = 2.05 \times 10^5 \text{MPa}$；$A_{sv}$ 为箍筋面积，$A_{sv} = \frac{\pi d^2}{4}$；$l$ 为箍筋中心间距。

$$k_e = \frac{\left(1 - \frac{\omega_i^2}{6b_c^2}\right) \cdot \left(1 - \frac{l}{2b_c}\right)^2}{1 - \rho_{cc}} \tag{6-13}$$

式中：ω_i 为纵向钢筋之间的净距；b_c 为正方形箍筋的尺寸；ρ_{cc} 为混凝土核心中纵向钢筋的比率。

Timoshenko 等[10]提出了弹性外层应力的精确解法，计算了作用在钢筋表面的弹性外层应力，却并未考虑箍筋的影响。Coccia 等[11]引入了一个参数 λ_c 来修正由上述弹性外层提供的径向应力，σ_r 的表达式如公式(6-14)所示。

$$\sigma_r = f_t \frac{c_0}{d_0}\left(\frac{c_1^2 - c_0^2}{c_1^2 + c_0^2} + \lambda_c\right) \tag{6-14}$$

式中：c_1 为箍筋内径；λ_c 为修正参数，由公式(6-15)得出：

$$\lambda_c = \frac{d_{eq}}{c_1} \cdot \frac{E_s}{E_c} \tag{6-15}$$

式中：d_{eq} 为等效直径，与箍筋形状相关。

Morita 等[12]针对拉拔试件提出的约束模型的钢筋布置如图 6-12 所示，箍筋间距为 l。

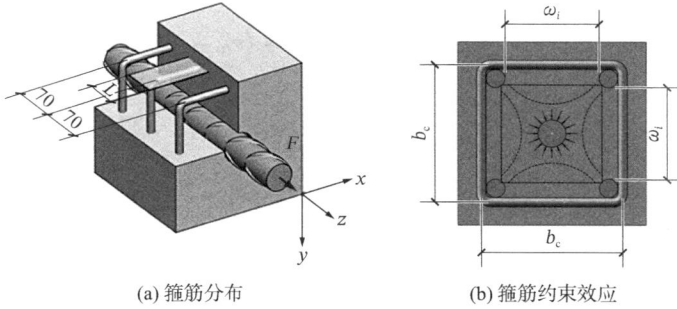

(a) 箍筋分布　　　　　(b) 箍筋约束效应

图 6-12　箍筋约束示意图

根据力学平衡原理，等效应力如式(6-16)所示。

$$f_l b_c l = 2 f_{yh} A'_{sv} \tag{6-16}$$

式中：f_l 为有效横向应力；f_{yh} 为单支箍筋的有效应力；A'_{sv} 为箍筋的等效面积，$A'_{sv} = \frac{\pi d_{eq}^2}{4}$。等效应力 f_l 可用公式(6-17)、公式(6-18)计算。

$$f_l = \frac{f_{lx} + f_{ly}}{2} \tag{6-17}$$

$$f_{lx} = f_{ly} = k_e f_{yhx} \frac{A_{svx}}{b_c l} = k_e f_{yhy} \frac{A_{svy}}{b_c l} \tag{6-18}$$

式中：f_{lx}、f_{ly} 为 x 和 y 方向上的横向应力；A_{svx}、A_{svy} 为箍筋截面积；f_{yhx}、f_{yhy} 为箍筋的屈服强度。

d_{eq} 最终表示为公式(6-19)。

$$d_{eq} = d\sqrt{k_e} \tag{6-19}$$

式中：d 为箍筋直径；将 d_{eq} 代入公式(6-15)，即可确定参数 λ_c、λ_c 和 σ_r 的精确解由公式(6-14)给出。

Ka 等[13]提出可以用式(6-20)来表示 τ_u 和 σ_c 之间的关系，Den 等[14]提出了一个具有锥形形状的边界层模型，如图 6-13 所示，其中内部膨胀角为 45°～46°。

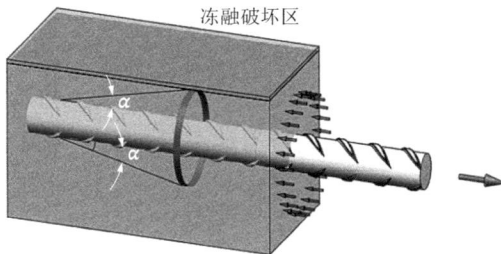

图 6-13　钢筋应力场

考虑到冻融破坏是从试件表面向内部发展的，且冻融破坏区靠近表面，将冻融循环后再生混凝土试件的内部膨胀角修正为 46.8°，利用公式(6-21)进行计算，计算结果如图 6-14 所示，其中 τ_{ue} 为试验值 τ_{up} 为预测值，试验结果与预测结果一致。

$$\tau_u \tan \alpha = \sigma_c \tag{6-20}$$

$$\tau_u \tan \alpha = f_t \frac{c_0}{d_0} \left(\frac{c_1^2 - c_0^2}{c_1^2 + c_0^2} + \lambda_c \right) + \frac{f_t}{d_0} (c_0 - d_0) \cdot$$

$$\left\{ 1 - \left[\frac{2\pi\varepsilon_{cr}}{n_0 u_0} (c_0 - d_0) \right]^{k\gamma} \frac{1}{k\gamma + 1} \right\} + \gamma k_e \frac{\sigma_{sv} A_{sv}}{c_0 l} \tag{6-21}$$

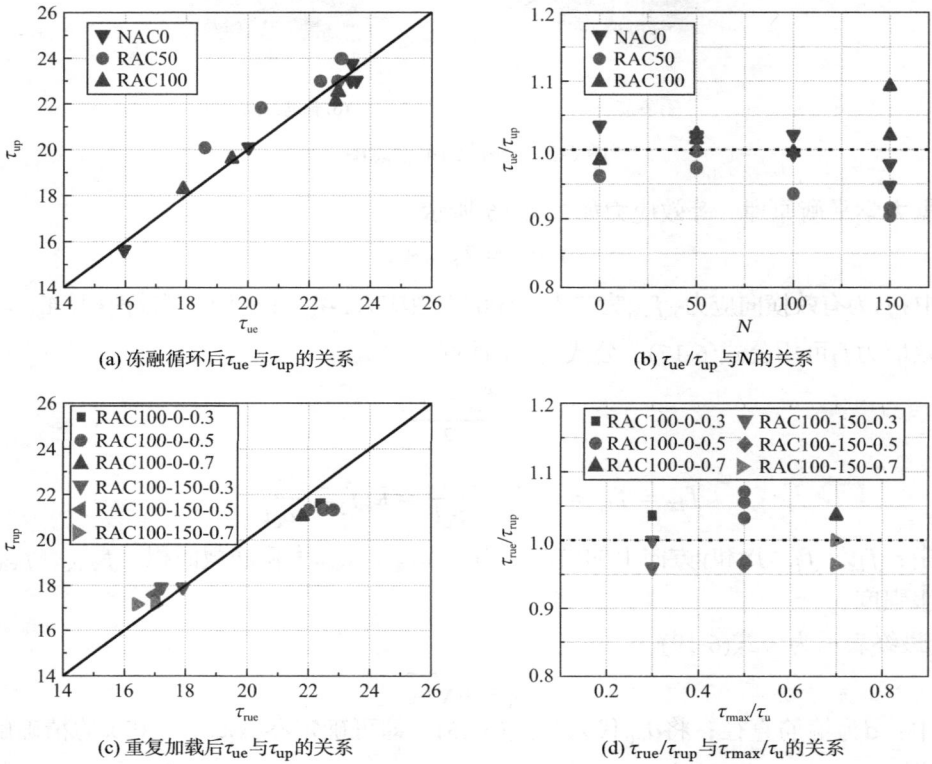

(a) 冻融循环后τ_{ue}与τ_{up}的关系 　　　　(b) τ_{ue}/τ_{up}与N的关系

(c) 重复加载后τ_{ue}与τ_{up}的关系 　　　(d) τ_{rue}/τ_{rup}与τ_{rmax}/τ_u的关系

图 6-14　试验结果与预测结果对比图

6.6.2　粘结-滑移损伤本构关系

冻融试件在加载后的损伤可分为两类（冻融损伤和加载损伤）。在加载阶段，损伤发展可进一步分为两个阶段：单调加载和重复加载。

根据混凝土损伤力学（CDM）和 Lemaitre 假设，引入了初始抗滑动模量E_l来描述再生混凝土和变形钢筋之间的损伤演变。初始抗滑动模量E_l被定义为上升曲线上 0.5 倍粘结强度处的割线斜率。因此，冻融循环后的损伤参数（D_n）与初始抗滑动模量E_l之间的关系可表示为公式(6-22)。

$$D_n = 1 - \frac{E_{lN}}{E_{l0}} \tag{6-22}$$

式中：E_{lN}、E_{l0}为N次和 0 次冻融循环后的初始抗滑动模量。

为了反映τ和s之间的关系，根据损伤力学理论定义了一个损伤构成模型，见式(6-23)。

$$\tau = E_n(1 - D_l)s \tag{6-23}$$

式中：D_l为单调加载阶段的损伤参数。

将公式(6-22)代入公式(6-23)以替换参数E_n，则冻融循环与荷载耦合损伤的构成模型可建立为公式(6-24)。

$$\tau = E_{l0}(1 - D_n - D_l + D_n D_l)s \tag{6-24}$$

为了简化公式(6-24)，引入了耦合损伤参数D_k，$D_k = D_n + D_l - D_n D_l$。由于微观裂缝和宏观裂缝出现在冻融循环阶段和加载阶段，D_k与非线性演化相吻合。Huang 等[15]假设变形肋周围约束混凝土的损伤分布符合 Weibull 分布理论。因此，D_k可表示为式(6-25)。

$$D_k = D_n + D_l - D_n D_l = 1 - \frac{E_{ln}}{E_{l0}}\exp\left[-\frac{s^m}{a}\right] \tag{6-25}$$

式中：m为均质材料参数，$m = -1/\ln(\tau_u/E_{ln}s_u)$；$a$为分布参数，$a = mS_u^m$。

将式(6-25)代入式(6-24)，即可得到经过验证的上升段耦合模型。Xiao 等[16]提出了下降段的非线性模型。根据上述建立的模型，冻融循环后单调加载试件的损伤模型可表示为式(6-26)。

$$\begin{cases} \tau = E_{ln}\exp\left[-\dfrac{s^m}{a}\right]s & 0 \leqslant s \leqslant s_u \\ \tau = \dfrac{\tau_u s_u}{b(s - s_u)^2 + (ss_u)}s & s > s_u \end{cases} \tag{6-26}$$

式中：b为反映降支曲线变化的未定义参数。

将式(6-26)中的E_{ln}与重复加载后的初始抗滑动模量E_k替换，可得到反映重复加载和单调加载条件的损伤模型。对比试验结果和图 6-15（a）～（d）中提出的损伤构成模型发现，后者与前者非常吻合。

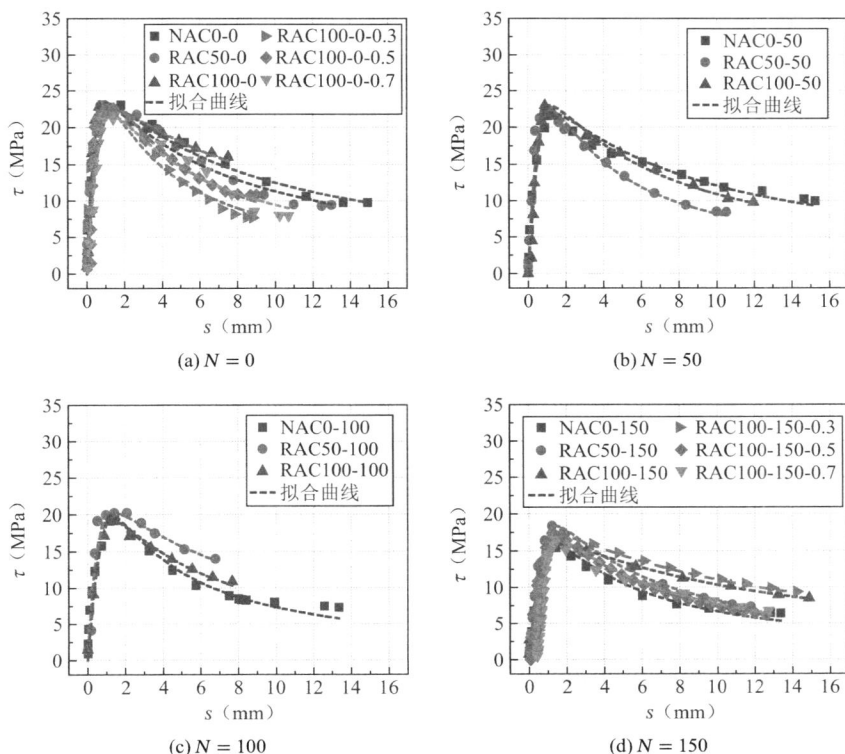

(a) $N = 0$

(b) $N = 50$

(c) $N = 100$

(d) $N = 150$

图 6-15　实测与计算τ-s曲线

通过试验结果可以确定冻融循环后试件的参数m、a、b。这些参数与冻融循环次数N之间的关系如图6-16（a）～（c）所示。

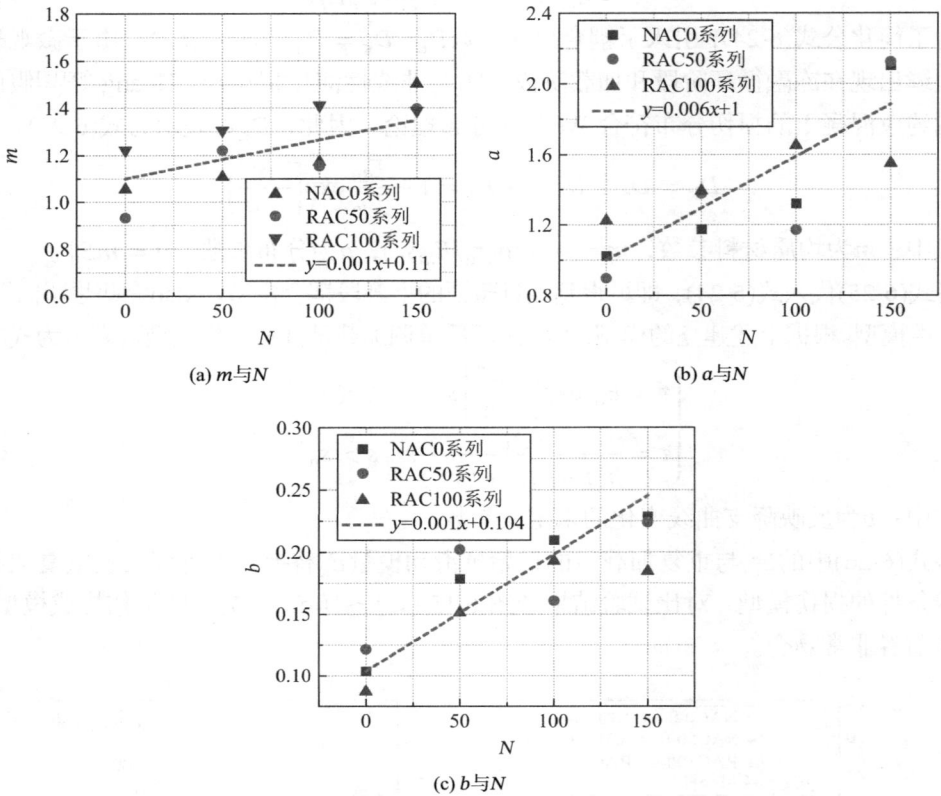

(a) m与N

(b) a与N

(c) b与N

图6-16　不同参数对冻融循环的影响

上述参数随冻融循环次数的增加而增大。m和a的变化表明冻融循环影响了粘结-滑移曲线的形状，而b的变化则表明冻融循环引起的能量耗散的影响。

当总损伤参数$D = D_k$（$0 \leqslant s \leqslant s_u$）时，将公式(6-26)代入公式(6-23)，即可得到峰值粘结应力后的总损伤公式(6-27)。

$$\begin{cases} D = 1 - \dfrac{E_n}{E_0} \exp\left[-\dfrac{s^m}{a} \right] & 0 \leqslant s \leqslant s_u \\[4mm] D = 1 - \dfrac{\tau_u}{E_n \left[b\left(\dfrac{s}{s_u} - 1 \right)^2 + \left(\dfrac{s}{s_u} \right) \right] s_u} s & s > s_u \end{cases} \tag{6-27}$$

图6-17为不同系列试件在冻融循环和重复加载后的损伤发展曲线，损伤发展分为三个阶段：缓慢损伤阶段、急剧损伤阶段和完全损伤阶段。在缓慢损伤阶段，微裂纹开始缓慢出现，损伤增长不明显。在急剧损伤阶段，当滑移接近峰值滑移时，损伤急剧增加，新的裂缝不断出现，微裂缝发展成贯穿性裂缝；由于加载前混凝土内部经受冻融损伤，曲线的急剧损伤阶段缩短。在完全损伤阶段，损伤等于1，试件最终失效。由于不同系列的混凝土抗压强度相似，再生粗骨料取代率对损伤发展曲线形状的影响较小。

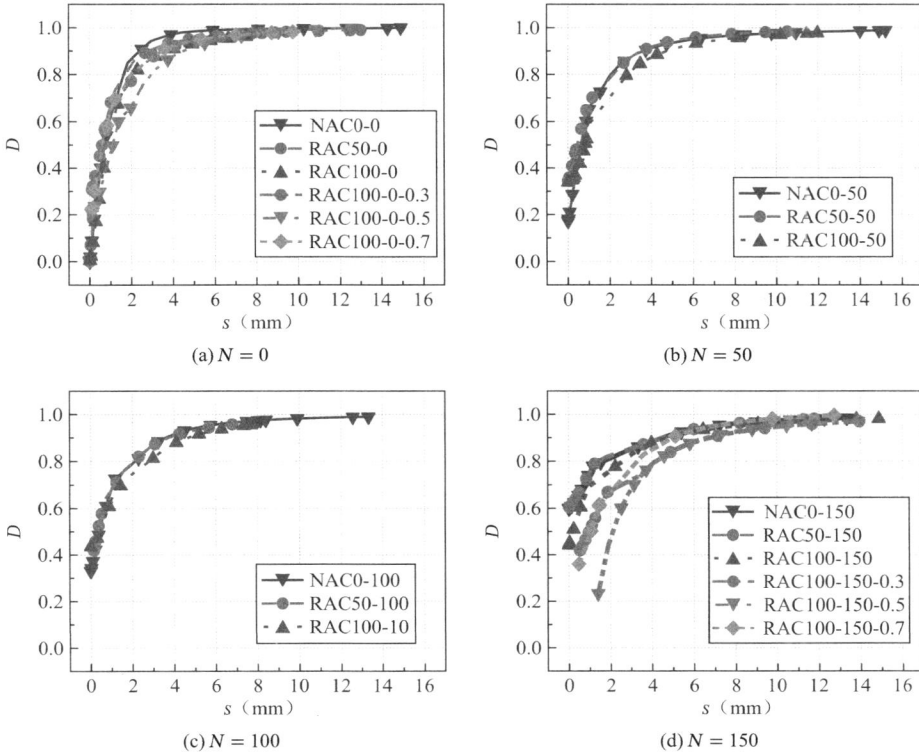

(a) $N=0$

(b) $N=50$

(c) $N=100$

(d) $N=150$

图 6-17 单调加载和重复加载下的 D-s 曲线

为了进一步研究曲线起始点（$s=0$）的初始损伤，图 6-18（a）绘制了初始损伤 D_{n0} 与冻融循环次数 N 的关系。在 $N \leqslant 100$ 次时，NC 系列的初始损伤低于 RC 系列，这是因为 RC 系列中约束混凝土的初始微裂缝是在冻胀力的作用下扩展的。当冻融循环次数从 100 次增加到 150 次时，RC100 系列初始损伤的明显较小，但 NC 系列和 RC50 系列的初始损伤增加。可以认为，$N=100$ 是 RC100 系列损坏的临界冻融循环次数，100 次冻融循环之后，混凝土的破坏变得更加复杂，导致冻融循环次数接近 150 次时的离散程度更高，且由于水灰比较低，RC100 系列的抗冻性优于 NC 和 RC50 系列。如图 6-18（b）所示，由于重复加载导致的裂缝，D_{n0} 几乎随 τ_{rmax}/τ_{u} 线性增加，这表明 τ_{rmax}/τ_{u} 加速了损伤的累积。

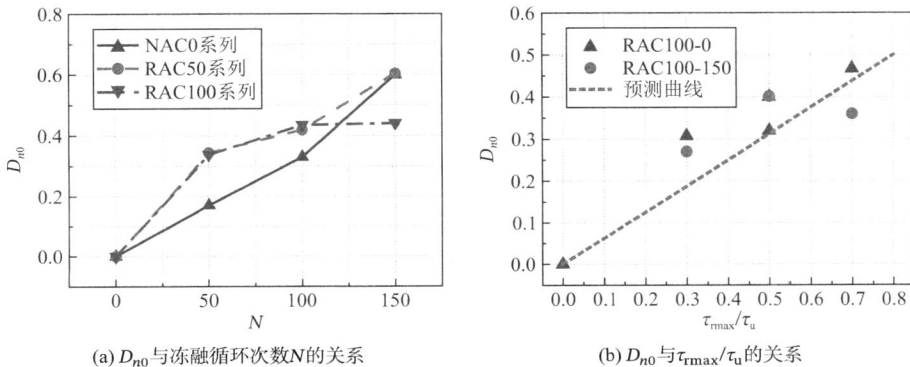

(a) D_{n0} 与冻融循环次数 N 的关系

(b) D_{n0} 与 τ_{rmax}/τ_{u} 的关系

图 6-18 D_{n} 的变化规律

6.7 本章小结

本章介绍了冻融后单调和重复荷载作用下再生混凝土与钢筋的粘结滑移性能试验和理论研究，由于本章试验重复加载次数有限，在次数范围内得到的结论如下：

（1）单调加载试件与重复加载试件的归一化粘结强度无明显差异。重复加载试件的峰值滑移随拉拔力比的增加而线性增加，残余滑移随重复循环次数的增加而增加，残余滑移的增加与拉拔力比成二次关系。

（2）在重复加载后，由于箍筋约束的影响，所有试件最终均因钢筋拔出而破坏。在冻融循环后，肋前混凝土损伤较大，且试验中重复加载次数有限，因此在重复加载阶段裂缝扩展不充分。

（3）粘结滑移的初始破坏随着冻融次数和拉拔力比的增大而增大，考虑冻融循环次数和拉拔力比的影响，建立了冻融循环后单调加载和重复加载试件的粘结滑移损伤模型。

（4）考虑箍筋压力对再生粘结强度模型进行了修正，以准确解释箍筋的约束作用，建立的模型预测结果与试验结果十分吻合。

参考文献

[1] 王传志, 滕智明. 钢筋混凝土结构理论[M]. 北京: 中国建筑工业出版社, 1985.

[2] 中华人民共和国住房和城乡建设部. 混凝土长期性能和耐久性能试验方法标准: GB/T 50082—2024. 北京: 中国建筑工业出版社, 2024.

[3] 张伟平, 张誉. 锈胀开裂后钢筋混凝土粘结滑移本构关系研究[J]. 土木工程学报, 2001(5): 40-44.

[4] Tepfers R. Cracking of concrete cover along anchored deformed reinforcing bars[J]. Magazine of Concrete Research, 1979, 31(106): 3-12.

[5] Van D V C. Cryogenic bond stress-slip relationship[D]. The Netherlands: Technische Universiteit Delft, 1990.

[6] 吕梁胜. 多轴侧压作用下再生混凝土与变形钢筋的粘结性能研究[D]. 南宁: 广西大学, 2023.

[7] Hillerborg A, Modéer M, Petersson P E. Analysis of crack formation and crack growth in concrete by means of fracture mechanics and finite elements[J]. Cement and Concrete Research, 1976, 6(6): 773-781.

[8] Li Z, Deng Z, Yang H, et al. Bond behavior between recycled aggregate concrete and deformed rebar after Freeze-thaw damage[J]. Construction and Building Materials, 2020, 250: 118805.

[9] Mander J B, Priestley M J N, Park R. Theoretical stress-strain model for confined concrete[J]. Journal of Structural Engineering, 1988, 114(8): 1804-1826.

[10] Timoshenko S P, Goodier J N, Abramson H N. Theory of Elasticity[M]. 3rd ed. NewYork: McGraw-Hill Education, 1970.

[11] Coccia S, Di Maggio E, Rinaldi Z. Bond slip model in cylindrical reinforced concrete elements confined with stirrups[J]. International Journal of Advanced Structural Engineering, 2015, 7(4): 365-375.

[12] Morita S, Kaku T. Splitting bond failures of large deformed reinforcing bars[J]. Journal Proceedings, 1979, 76(1): 93-110.

[13] Ka S B, Han S J, Lee D H, et al. Bond strength of reinforcing bars considering failure mechanism[J]. Engineering Failure Analysis, 2018, 94: 327-338.

[14] Den U J A, Bigaj A J. A bond model for ribbed bars based on concrete confinement[J]. Heron, 1996, 41(3): 201-226.

[15] Huang L, Chi Y, Xu L, et al. Local bond performance of rebar embedded in steel-polypropylene hybrid fiber reinforced concrete under monotonic and cyclic loading[J]. Construction and Building Materials, 2016, 103: 77-92.

[16] Xiao J, Falkner H. Bond behaviour between recycled aggregate concrete and steel rebars[J]. Construction and Building Materials, 2007, 21(2): 395-401.

第 7 章

冻融后多向侧压作用下
再生混凝土－钢筋粘结滑移性能

7.1 概述

在前面章节中我们已经探讨了在一般环境中多向侧压力作用下[1-2]，钢筋与再生混凝土粘结性能的试验研究与理论研究，本章重点研究冻融损伤后再生混凝土在多向侧压作用下与钢筋的粘结性能。

7.2 试验设计

7.2.1 原材料和配合比

本次试验所采用的再生粗骨料是将南宁某公路的废弃路面混凝土经过破碎、筛分和清洗后而得到的。根据《混凝土用再生粗骨料》GB/T 25177—2010 将再生粗骨料综合评定为 II 类，级配连续，粒径范围为 5～31.5mm。再生和天然粗骨料的物理性能指标见表 7-1，试验采用的细骨料均为钦州河砂，表观密度为 2890kg/m³，级配分区为 II 区，细度模数为 2.94。采用的胶凝材料为 P·O 42.5 普通硅酸盐水泥，不加掺合料和外加剂，拌合用水为广西南宁的自来水。

再生和天然粗骨料基本物理性能 表 7-1

粗骨料种类	表观密度（kg/m³）	堆积密度（kg/m³）	压碎指标（%）	1h 吸水率（%）	裹浆率（%）
再生粗骨料	2663	1452	16.7	4.1	22
天然粗骨料	2702	1788	11.4	0.06	0

本试验按照不同再生粗骨料取代率同强度等级 C45 进行配制，具体配合比见表 7-2。在表中，f_{cum} 为边长 150mm 混凝土立方体抗压强度平均值，f_{cm} 为 150mm × 150mm × 300mm 标准棱柱体的抗压强度平均值。拉拔钢筋为 PSB575 精轧螺纹钢，其主要参数指标见表 7-3。钢筋混凝土中心拉拔试件的尺寸按照规范设置为 150mm × 150mm × 150mm，试件的侧向压应力加载示意图如图 4-5 所示。

混凝土配合比　　　　　　　　　表 7-2

编号	再生粗骨料取代率（%）	材料用量（kg/m³）					f_{cum}（MPa）	f_{cm}（MPa）
		水泥	砂	天然粗骨料	再生粗骨料	总用水量		
NC	0	433	669	1189	0	195	51.1	47.6
RC50	50	527	583	541	541	217	53.5	48.3
RC100	100	591	530	0	984	235	54.1	48.7

拉拔钢筋主要参数　　　　　　　　　表 7-3

直径 d（mm）	肋高 h_r（mm）	肋距 l_r（mm）	肋面角 θ（°）	弹性模量 E_s（MPa）	屈服强度 f_{sy}（MPa）	极限强度 f_{su}（MPa）
20	1.2	10	43.83	2.0×10^5	466.6	569.8

7.2.2　试验设计

本章单侧压作用部分，以冻融次数、再生粗骨料取代率、单向侧压力为参数分成 A、B、C 三组。在双侧压部分，以冻融次数、再生粗骨料取代率、单向侧压力、双向侧压力为参数分成 D、E 两组。具体试件设计见表 7-4。表 7-4 中，$\xi = q_1/f_c$，$k = P_2/P_1$。试件编号规则：试验分组-冻融次数-再生粗骨料取代率-单向侧压力比-双向侧压相对比。

试件设计及主要参数　　　　　　　　　表 7-4

试验分组	试件编码	冻融次数 F	取代率（%）	单向侧压力比 ξ	双向侧压相对比 k	第二方向侧压力（kN）
A $R = 100$	A-F0-R100-ξ(0,0.1,0.2,0.3,0.4)-k0	0	100	0, 0.1, 0.2, 0.3, 0.4	—	—
	A-F50-R100-ξ(0,0.1,0.2,0.3,0.4)-k0	50	100	0, 0.1, 0.2, 0.3, 0.4	—	—
	A-F100-R100-ξ(0,0.1,0.2,0.3,0.4)-k0	100	100	0, 0.1, 0.2, 0.3, 0.4	—	—
	A-F150-R100-ξ(0,0.1,0.2,0.3,0.4)-k0	150	100	0, 0.1, 0.2, 0.3, 0.4	—	—
	A-F200-R100-ξ(0,0.1,0.2,0.3,0.4)-k0	200	100	0, 0.1, 0.2, 0.3, 0.4	—	—
B $F = 100$	B-F100-R0-ξ(0,0.1,0.2,0.3,0.4)-k0	100	0	0, 0.1, 0.2, 0.3, 0.4	—	—
	B-F100-R50-ξ(0,0.1,0.2,0.3,0.4)-k0	100	50	0, 0.1, 0.2, 0.3, 0.4	—	—
C $P = 200$	C-F0-R0-ξ0.2-k0	0	0	0.2	—	—
	C-F200-R0-ξ0.2-k0	200	0		—	—
	C-F0-R50-ξ0.2-k0	0	50		—	—
	C-F200-R50-ξ0.2-k0	200	50		—	—
D $F = 100$ $R = 100$	D-F100-R100-ξ0-k0	100	100	0	0	0
	D-F100-R100-ξ0.025-k1			0.025	1	25
	D-F100-R100-ξ0.05-k0.5			0.05	0.5	25
	D-F100-R100-ξ0.05-k1			0.05	1	50
	D-F100-R100-ξ0.1-k(0,0.25,0.5,1)			0.1	0, 0.25, 0.5, 1	0/25/50/100
	D-F100-R100-ξ0.2-k(0,0.25,0.5,1)			0.2	0, 0.25, 0.5, 1	0/50/100/200
	D-F100-R100-ξ0.3-k(0,0.25,0.5,1)			0.3	0, 0.25, 0.5, 1	0/75/150/300
	D-F100-R100-ξ0.4-k(0,0.25,0.5,1)			0.4	0, 0.25, 0.5, 1	0/100/200/400
E $P_1 = 200$ $P_2 = 100$	E-F(0,0.1,0.2)-R0-ξ0.2-k0.5	0, 100, 200	0	0.2	0.5	100

续表

试验分组	试件编码	冻融次数F	取代率（%）	单向侧压力比ξ	双向侧压相对比k	第二方向侧压力（kN）
E $P_1 = 200$ $P_2 = 100$	E-F(0,0.1,0.2)-R50-ξ0.2-k0.5	0，100，200	50	0.2	0.5	100
	E-F(0,0.1,0.2)-R100-ξ0.2-k0.5	0，50，150，200	100	0.2	0.5	100

7.2.3 冻融及加载方法

浇筑好的试件，在标准养护室养护 24d 后，取出放入铝筒内进行浸没浸泡 4d，然后将试件从铝筒取出，放入 NELD-FC810 快速冻融试验机（图 7-1）内进行冻融试验，冻融设置满足《混凝土长期性能和耐久性能试验方法标准》GB/T 50082—2024 中快冻法的要求，芯温温度为 −17℃ ± 5℃，每个冻融循环持续时间为 3.2h 左右。每隔 50 次冻融循环，将试件取出并清洗干净试件表面浮渣，然后擦干表面水分，再称量试件的质量。满足冻融循环的要求后，将试件静置于常温下使其表面水分晾干。试件的加载装置及测量方案与第 5 章相同。

图 7-1 快速冻融试验机

7.3 试验结果及分析

7.3.1 试件的破坏形态

冻融后再生混凝土在单向侧压应力作用下拔出试验的破坏形态均为劈裂-拔出破坏，其劈裂裂缝均发生试件中间且近似垂直于侧压加载面，与钢筋接触面混凝土凸肋被犁平，破坏形态见图 7-2。

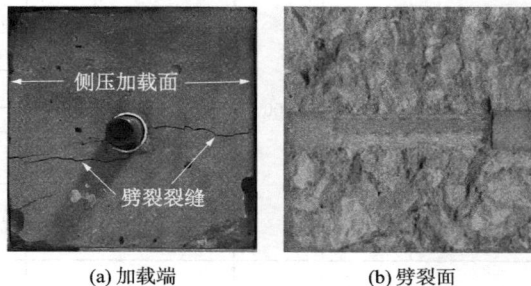

(a) 加载端　　　　　　(b) 劈裂面

图 7-2 单侧压作用下试件的劈裂-拔出破坏形态

当试件处于双向侧压作用时，冻融循环后试件的破坏形态有三种，分别为劈裂破坏、拔出破坏和钢筋屈服破坏，其中与粘结滑移有关的破坏形态具体见图 7-3。当平均侧压应力低于 $0.12f_{cu}$ 时，破坏形态为劈裂-拔出破坏；平均侧压应力大于 $0.21f_{cu}$ 时，破坏形态为钢筋屈服破坏；平均侧压应力介于两者之间时，破坏形态为拔出破坏。当 $k = 3$ 时，裂缝主要沿一个方向发展。当 P_1/P_2 为 2、1 时，裂缝在施加侧压的两个方向均有分布，并且 $k = 1$ 时，P_2 方向的裂缝分布长度大于 $k = 2$ 时 P_2 方向的裂缝分布长度。

(a) 劈裂破坏形态-加载端　(b) 劈裂破坏形态-劈裂面　(c) 拔出破坏形态-加载端　(d) 拔出破坏形态-拔出面

图 7-3　双侧压作用下试件的破坏形态

7.3.2　粘结-滑移曲线

测试得到侧压力 P_1 和 P_2 作用下的 F_i-s_i 曲线，将侧压力 P_i 换算成侧压应力 q_i，拉拔荷载 F_i 换算成粘结应力 τ_i，再将 q_i 换算成单向侧压力比 ξ 和双向侧压相对比 k，换算按式(7-1)～式(7-4)进行，具体如下：

$$q_1 = P_1/(l \times a) \tag{7-1}$$
$$\tau_i = F_i/(2\pi d \times l_a) \tag{7-2}$$
$$\xi = q_1/f_c \tag{7-3}$$
$$k = P_2/P_1 \tag{7-4}$$

式中：l 为试件的纵向长度；a 为试件截面边长，取值为 150mm；d 为钢筋直径；l_a 为锚固长度；P_1 对应的侧压应力为 q_1；P_2 对应的侧压应力为 q_2；峰值拉拔荷载 F_u 对应的峰值粘结应力 τ_u；残余拉拔荷载 F_r 对应的残余粘结应力 τ_r。

通过换算之后，侧压力 P_1 和 P_2 作用下的 F_i-s_i 曲线就变成了单向侧压力比 ξ 和双向侧压相对比 k 作用下的 τ-s 曲线。单向侧压作用下试件的粘结-滑移全曲线如图 7-4～图 7-7 所示，双向侧压作用下试件的粘结-滑移全曲线如图 7-8 所示。

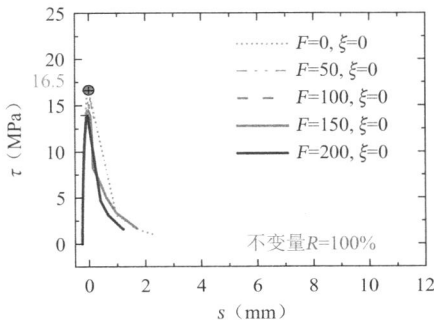

(a) A-F(0,50,100,150,200)-R100-ξ0-k0

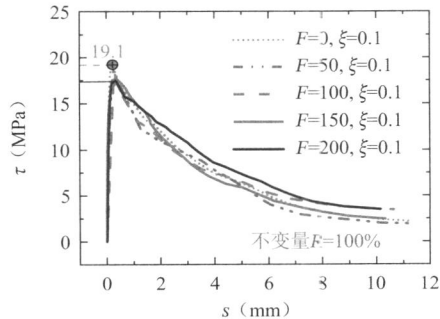

(b) A-F(0,50,100,150,200)-R100-ξ0.1-k0

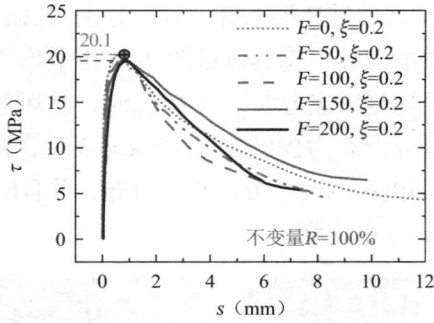

(c) A-F(0,50,100,150,200)-R100-ξ0.2-k0

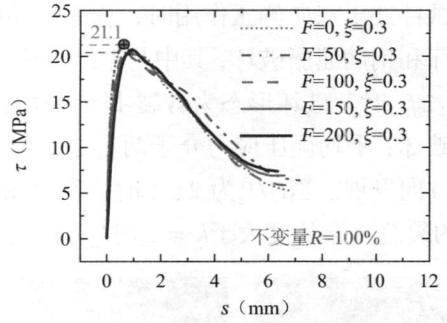

(d) A-F(0,50,100,150,200)-R100-ξ0.3-k0

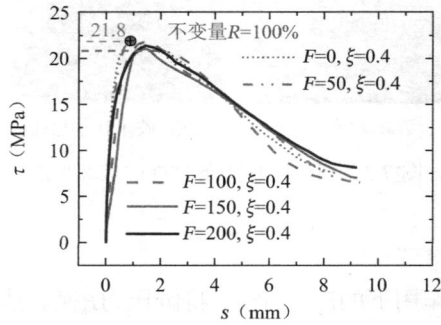

(e) A-F(0,50,100,150,200)-R100-ξ0.4-k0

图 7-4　A 组试件试验粘结-滑移曲线

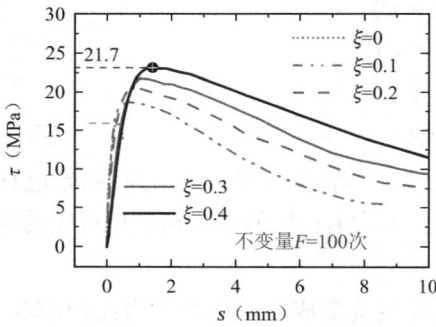

(a) B-F100-R0-ξ(0,0.1,0.2,0.3,0.4)-k0

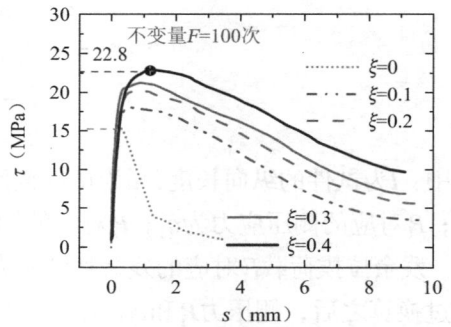

(b) B-F100-R50-ξ(0,0.1,0.2,0.3,0.4)-k0

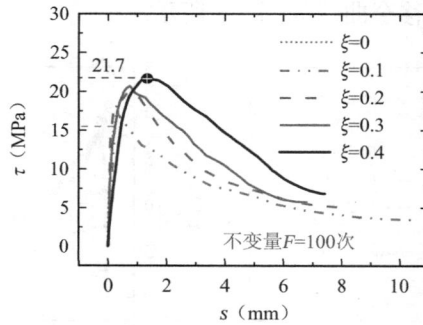

(c) B-F100-R100-ξ(0,0.1,0.2,0.3,0.4)-k0

图 7-5　B 组试件试验粘结-滑移曲线

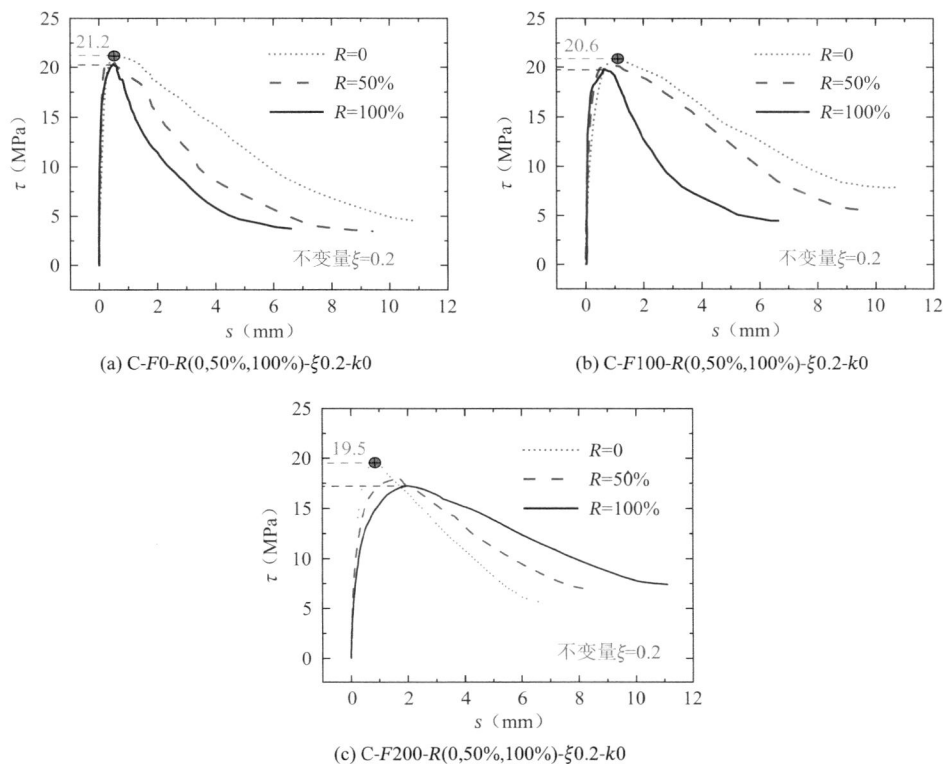

(a) C-F0-R(0,50%,100%)-ξ0.2-k0

(b) C-F100-R(0,50%,100%)-ξ0.2-k0

(c) C-F200-R(0,50%,100%)-ξ0.2-k0

图 7-6 C 组试件试验粘结-滑移曲线

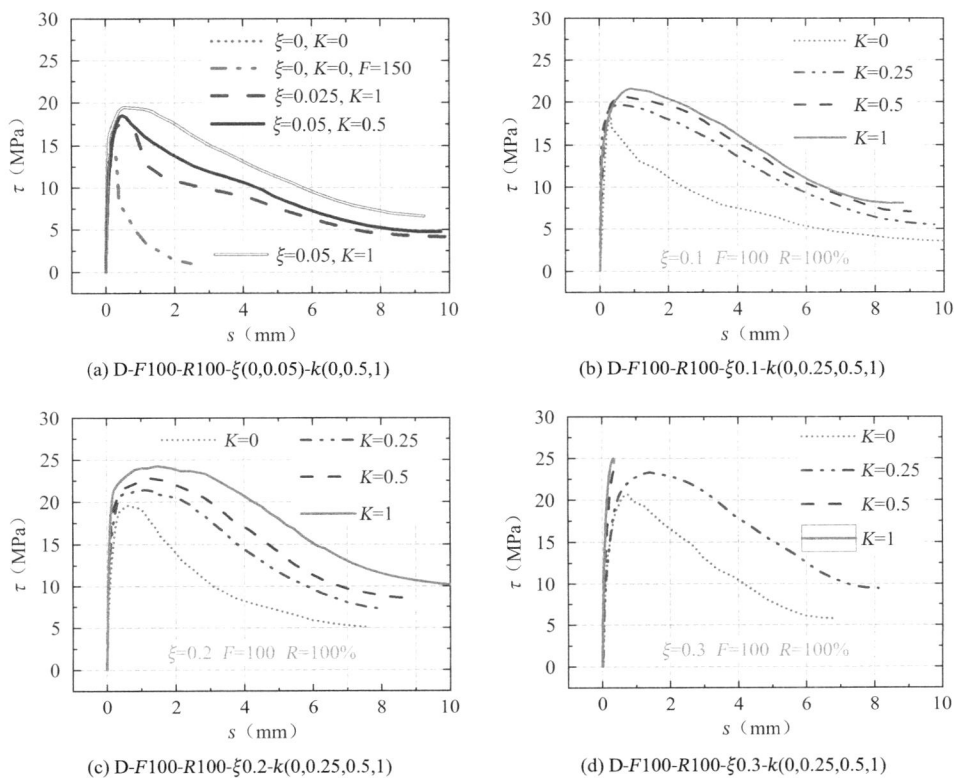

(a) D-F100-R100-ξ(0,0.05)-k(0,0.5,1)

(b) D-F100-R100-ξ0.1-k(0,0.25,0.5,1)

(c) D-F100-R100-ξ0.2-k(0,0.25,0.5,1)

(d) D-F100-R100-ξ0.3-k(0,0.25,0.5,1)

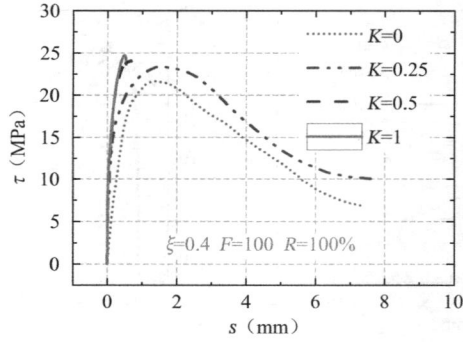

(e) D-F100-R100-ξ0.4-k(0,0.25,0.5,1)

图 7-7　D 组试件试验粘结-滑移曲线

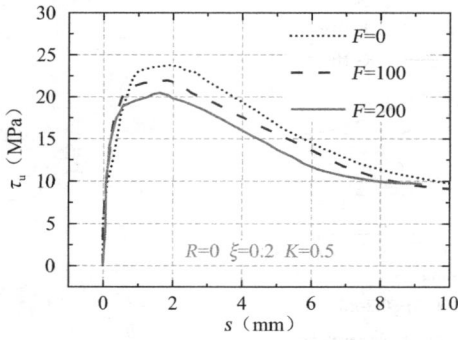

(a) E-F(0,100,200)-R0-ξ0.2-k0.5

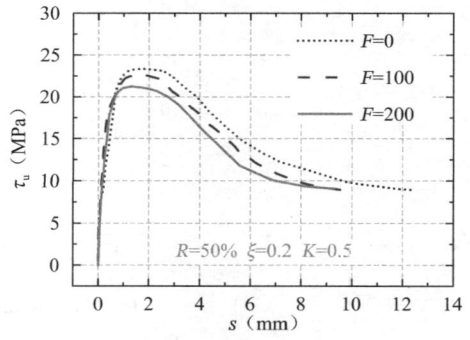

(b) E-F(0,100,200)-R50-ξ0.2-k0.5

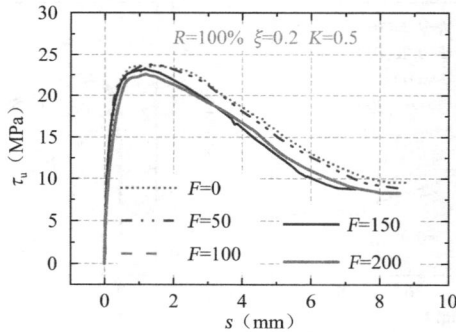

(c) E-F(0,100,200)-R100-ξ0.2-k0.5

图 7-8　E 组试件试验粘结-滑移曲线

7.3.3　粘结强度

1. 单向侧压力与冻融循环次数对粘结强度的耦合影响（A 组试件）

如表 7-4 所示，A 组试件是固定再生粗骨料取代率（RC100），由单向侧压力比 ξ 和冻融次数 F 全面正交。A 类试件的粘结强度见图 7-9，粘结强度随着侧向压力的增加而增大，且增幅随着侧向压力的增加而逐渐降低。对于未冻融试件，当侧压应力由 0 分别增大到 $0.1f_c$、$0.2f_c$、$0.3f_c$、$0.4f_c$ 时，粘结强度分别增加 16%、23%、28%、32%。对于冻融 200 次的试件，当侧压应力同样由 0 分别增加到 $0.1f_c$、$0.2f_c$、$0.3f_c$、$0.4f_c$ 时，粘结强度分别增加了

25%、40%、49%、53%，增大的幅度明显高于未冻融试件相应侧压下的增加幅度。对于其他冻融次数的试件，粘结强度同样随着侧压应力的增加而加大，且增幅随着冻融次数的增加而加大。

对于不同侧压作用下试件，其粘结强度均随着冻融次数的增加降低，但降幅随着侧压应力的增加而减小。当试件表面未施加侧压时，冻融次数为 50、100、150、200 次试件的粘结强度相对未冻融试件的粘结强度分别降低了 3%、6%、12%、16%。而当试件表面施加 $0.4f_c$ 侧压时，冻融次数为 50、100、150、200 次试件的粘结强度相对未冻融试件的粘结强度分别降低了 1%、0%、3%、2%，降低的幅度明显小于无侧压试件。这说明冻融损伤对粘结强度有负面作用，其负面作用受到侧压应力的制约。

冻融损伤对粘结强度有不利影响，冻融损伤引起粘结强度的降幅介于 0%~14% 之间。但侧向压力对粘结强度产生有利影响，侧压应力对粘结强度的增幅介于 16%~53% 之间。当两者共同作用时会相互影响和制约，侧压应力引起粘结强度的最小增幅大于冻融损伤造成粘结强度的最大降幅，说明侧压应力对粘结强度的有利影响超过冻融损伤的不利影响而占据主导地位。

参考 Cox[3]使用的指数函数，以单向侧压力比 ξ 和冻融循环次数 F 为参数，利用 Origin 软件拟合冻融后单向侧压作用下再生混凝土与钢筋间的粘结强度：

$$\tau_u/\sqrt{f_{c,n}} = e^{[(0.829-0.0003n)+(1.488+0.002n)\xi-(2.007+0.002n)\xi^2]} \tag{7-5}$$

由式(7-5)计算得到粘结强度的拟合值，与试验值的对比结果见图 7-10。由图 7-10 可见，拟合值与试验值的相关性系数 $R^2 = 0.977$，说明拟合符合性较好。

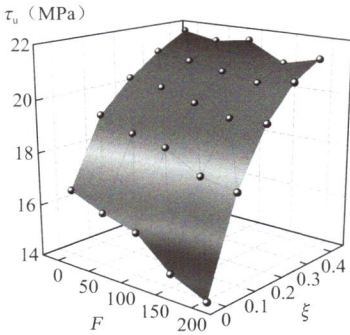

图 7-9　A 组试件的粘结强度　　图 7-10　对比 A 组试件粘结强度的试验值和拟合值

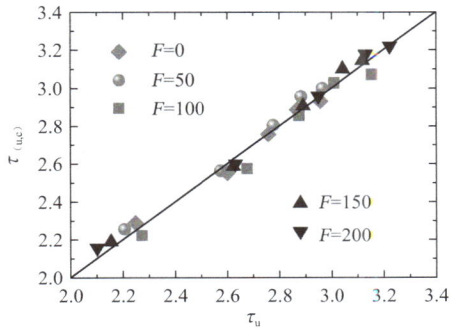

2. 单向侧压力与 RA 取代率对粘结强度的耦合影响（B 组试件）

B 组试件的冻融循环次数 F 固定为 100，以侧压应力（$\xi = 0$、$0.1f_c$、$0.2f_c$、$0.3f_c$、$0.4f_c$）和再生粗骨料取代率（$R = 0\%$、50%、100%）全面正交，B 组试件的粘结强度 τ_u 见图 7-11。

从图 7-11 可以看出，当单向侧压力比较低（$\xi < 0.2$）时，不同再生粗骨料取代率试件的粘结强度变化趋势不明显；但当单向侧压力比较高（$\xi \geqslant 0.2$）时，相同侧压下粘结强度随着再生粗骨料取代率的增加而降低。单侧向压力作用下再生粗骨料取代率对粘结强度的影响不大，不同再生粗骨料取代率粘结强度的最大差值不超过 6%，粘结强度的变异系数 δ

为 2%～6%（$\delta = \tau_{u,sd}/\tau_u$）。因此，当试件处于单向侧压应力比$\xi \leqslant 0.4$ 且冻融次数不超过 100 次时，再生粗骨料取代率对试件粘结强度的影响可忽略不计。

对于冻融 100 次后的普通混凝土（NA）试件，当单向侧压力比ξ由 0 分别增加到 0.1、0.2、0.3、0.4 时，粘结强度相对无侧压试件的粘结强度分别增加了 15%、27%、34%、42%；而对于冻融 100 次后再生粗骨料取代率为 100%（RC100）的试件，在$\xi = 0.1$、0.2、0.3、0.4 单向侧压作用下其粘结强度相对无侧压试件的粘结强度分别增加了 18%、27%、32%、39%。在单向侧压作用下，NC 试件和 RC100 试件的相对粘结强度差值最大不超过 3%。这说明单向侧压作用时，再生粗骨料取代率对粘结强度的影响较小，可以认为处于相同冻融损伤和应力状态下钢筋再生混凝土试件的粘结性能与钢筋普通混凝土试件的粘结性能相同[4]。但是该结论仅适用于$F \leqslant 100$ 的试件，当冻融次数较大时，该结论可能不一定会成立，C 组试件正是为了检验冻融循环与再生粗骨料取代率对粘结强度的影响。

3. 单侧压下冻融循环与 RA 取代率对粘结强度的耦合影响（C 组试件）

无侧压作用时，冻融损伤和再生粗骨料取代率都对粘结强度有较大的影响，C 组试件固定单向侧压作用（$\xi = 0.2$），以冻融次数为 0、100、200 次和再生粗骨料取代率为 0%、50%、100%两个参数进行全面正交。C 组试件得到的粘结强度如图 7-12 所示。从图 7-12 可以看出，未冻融试件在承受固定单向侧压力比$\xi = 0.2$ 时，当再生粗骨料取代率 R 由 0 增加到 50%和 100%时，粘结强度分别降低 3%和 4%。冻融 200 次且承受固定单向侧压力比$\xi = 0.2$ 时，RC50 试件和 RC100 试件的粘结强度相对普通钢筋混凝土试件分别增加了 4%和 13%。

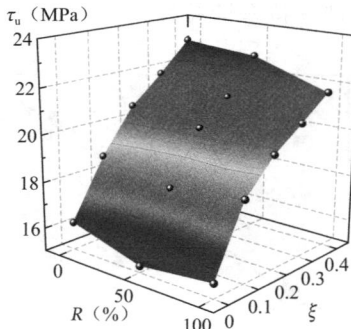

图 7-11　B 组试件的粘结强度　　　　图 7-12　C 组试件的粘结强度

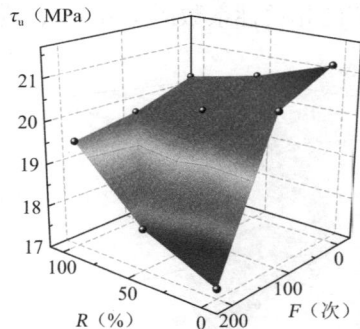

冻融前后，无侧压钢筋混凝土试件粘结强度的变化趋势与有侧压的试件基本相同，即粘结强度都随着冻融次数的增加而降低，无侧压试件的粘结强度降低的幅度要比有侧压作用试件的降低幅度大得多。如无侧压作用时，NC 钢筋混凝土试件在冻融 100 次和 200 次后，粘结强度分别降低了 15%和 54%。RC100 钢筋混凝土试件在经历 100 次和 200 次冻融后，粘结强度分别降低了 4% 和 16%。这些无侧压作用下的降幅是有侧压同等条件下相应降幅的 3～5 倍。说明侧压作用可以有效降低冻融损伤对试件粘结强度的不利影响。

通过图 7-9～图 7-12 的分析，当侧压应力、冻融循环和再生粗骨料取代率三种因素共同作用时，三种因素会产生相互的影响。但是总体来说，在单向侧压力比ξ为 0～0.4、冻融次数F为 0～200 次、再生粗骨料取代率R为 0%～100%的范围内，单向侧压力占主导地位，其对粘结强度的影响最大。单向侧压力作用下粘结强度增加幅度为 16%~53%；冻融损伤会导致侧压作用下试件的粘结强度下降，降低幅度在 3%~19% 之间；再生粗骨料取代率对粘结强度的影响受到冻融损伤程度的影响，当冻融损伤程度较轻时（对于 NC 和 RC50 试件，$F \leqslant 100$；对于 RC100 试件，$F \leqslant 150$），粘结强度随着再生粗骨料取代率的增加而降低；反之，粘结强度随着再生粗骨料取代率的增加而增加。

4. 双向侧压力对粘结强度的影响（D 组试件）

D 组试件主要是研究固定冻融次数（$F = 100$）和钢筋混凝土类别（RC100）的试件在不同双向侧压下的粘结性能，其粘结强度见图 7-13。

从图 7-13 中可以看出，单向侧压力比 ξ 对粘结强度有较大的影响。对于只承受单向侧压作用的试件（即双向侧压相对比 $k = 0$），当单向侧压力比 ξ 由 0 分别增加到 0.1、0.2、0.3、0.4 时，试件粘结强度相对无侧压试件分别增加 18%、27%、32%、39%，粘结强度随着单向侧压力比 ξ 的增加而增大。

但是对于承受双向侧压作用的试件，固定双向侧压相对比 $k = 0.25$，当单向侧压力比 ξ 由 0 增加到 0.1、0.2、0.3、0.4 时，粘结强度相对无侧压试件分别增加 26%、37%、43%、50%，随着单向侧压力比 ξ 的增加而增加，而且其增幅明显大于只承受单侧作用试件相应的增幅。

在双向侧压相对比固定 $k = 1$（0.5）的情况下，当单向侧压力比 ξ 分别为 0.05、0.1、0.2 时，粘结强度相对无侧压试件增加了 25%（19%）、38%（32%）、53%（48%）。其中粘结强度的增幅明显随着双侧压相对比 k 的增加而加大，即双向侧压相对比 k 为 1 试件的粘结强度增幅大于双向侧压相对比 k 为 0.5 试件的粘结强度。

对于单向侧压比 ξ 固定为 0.1（0.2）的试件，当双向侧压相对比 k 由 0 分别增加到 0.25、0.5、1 时，粘结强度增加 7%（8%）、12%（17%）、17%（21%），随着 k 的增加而加大，增幅随着 ξ 的增加而加大。对于单向侧压力比 $\xi = 0.3$ 和 $\xi = 0.4$ 的试件，当双向侧压相对比 k 由 0 变为 0.25 时，其粘结强度均比单侧压试件增加 8%；但对于单向侧压力比 $\xi = 0.6$ 的普通钢筋混凝土试件，当双侧压相对比 k 由 0 增加到 0.5、1 时，粘结强度分别增加了 23% 和 33%，其增加幅度明显大于单向侧压力比 $\xi = 0.3$ 和 $\xi = 0.4$ 的试件。双向侧压应力对粘结强度有较大的影响，单向侧压力比 ξ 和双向侧压相对比 k 的增加都会引起粘结强度的增加，但是单向侧压力比 ξ 引起粘结强度的增幅为 19%~53%，明显大于双向侧压相对比 k 引起的粘结强度增幅为 7%~33%。

与无侧压试件相比，单向侧压作用降低了劈裂角 α，由于劈裂面与加载应力平行，单向侧压应力对破坏面围压作用增加有限；但双向侧压作用不仅降低了劈裂角而且增加了围压作用。因此，虽单向和双向侧压力都会提高试件的粘结强，但是双向侧压作用下试件粘结强度大于单向侧压力比 ξ 的单侧压试件相应的粘结强度。

关于多向侧压应力状态下钢筋混凝土粘结强度的拟合，Zhang[5-6] 提出粘结强度与各向侧压应力的均值 $[q_m = (q_1 + q_2)/2]$ 成指数关系，吕梁胜[7] 和 Xu[8] 认为粘结强度与 $\sqrt{q_m}$ 成正比。本书采用 q_m 和侧压应力离散度 δ_p 作为参数来进行拟合，见式(7-6)。

$$\tau_u(q_m, \delta_p) = e^{[2.81 + (0.079 - 0.015\delta_p)q_m - 0.004q_m^2]} \tag{7-6}$$

将拟合计算值和试验值进行比较，见图 7-14，拟合的线性系数$R^2 = 0.97$，说明拟合值和试验值的符合性较好。

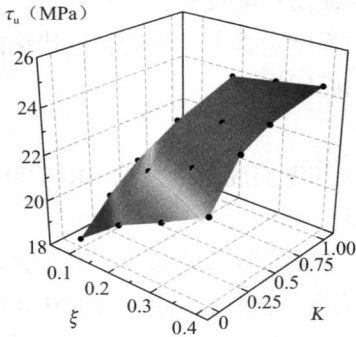

图 7-13　D 组试件的粘结强度　　图 7-14　粘结强度拟合值和试验值的比较

5. 双侧压下 RA 取代率和冻融次数对粘结强度的耦合影响（E 组试件）

E 组试件研究的是固定双向侧压作用下，不同再生粗骨料取代率和冻融循环次数对粘结性能的影响，E 组试件的粘结强度如图 7-15 所示。

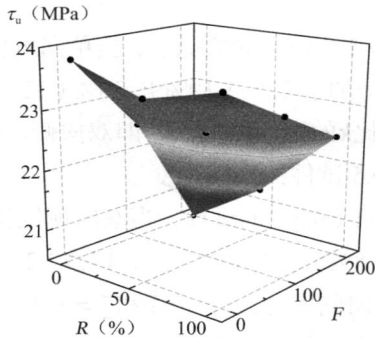

图 7-15　E 组试件的粘结强度

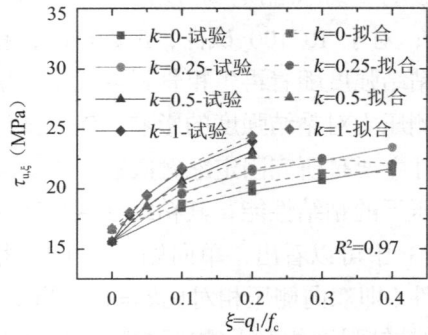

首先分析冻融次数F对粘结强度的影响，从图 7-15 中可以看出，对于处于双向侧压作用（单向侧压力比$\xi = 0.2$，双向侧压相对比$k = 0.5$）下的 NC 试件，当冻融次数F由 0 变为 100、200 次时粘结强度分别降低了 5% 和 14%；而对于同样应力作用下的 RC100 试件，当冻融次数F同样从 0 增加到 100、200 次时，粘结强度分别降低了 2% 和 5%，其降低的幅度低于同等条件下 NC 试件的降幅。RC5 试件在同样应力和冻融次数条件下粘结强度的降低幅度介于两者之间。双向侧压作用下试件的粘结强度随着冻融次数的增加而降低，降低的幅度随着再生粗骨料取代率的增加而降低。

对于无侧压试件、单侧压试件、双侧压试件，粘结强度均随着冻融次数的增加而降低，且降低的幅度随着再生粗骨料取代率的增加而降低。这是由于对于相同强度等级配制的混凝土试件，再生粗骨料取代率越高，试件的水灰比越小，内部孔隙率越低，试件抗冻性能越好，在经历相同冻融次数后，粘结强度损失越小。

同样，冻融损伤降低粘结强度的幅度与试件所受的应力状态有关，不同应力状态下试件粘结强度的降幅由大到小依次为：无侧压试件 > 单侧压试件 > 双侧压试件，这说明侧压作用可以弱化冻融损伤对粘结强度的不利影响，且侧压力越大，对冻融损伤不利影响的弱化越明显。

7.4 粘结强度理论分析

基于试验结果对粘结强度进行理论分析，建立粘结强度的力学分析模型，以揭示冻融后多向侧压作用下再生混凝土粘结强度的退化机理。将徐有邻[9]的空间强度分析理论和 Choi[10]的界限劈裂角理论融入软化套筒理论[11]，建立了修正后的软化套筒理论模，将原软化套筒理论的适用范围从劈裂破坏扩展到劈裂破坏和拔出破坏。具体粘结强度理论分析流程如图 7-16 所示。

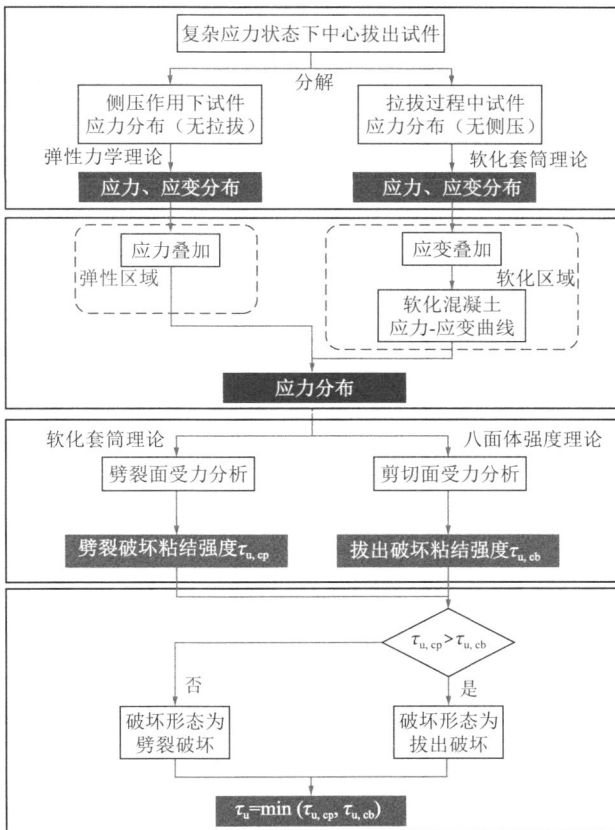

图 7-16 粘结强度的理论分析流程

7.4.1 荷载分解

将试件拉拔过程中的应力状态分解为加侧压后拉拔前状态和无侧压拉拔后状态，并分别用弹性力学理论和软化套筒理论计算出试件的应力应变状态。

1. 侧压作用下试件应力分布（拉拔前状态）

采用平面问题的极坐标(r, φ)表示其径向应力$\sigma_{r,r}$、环向应力$\sigma_{\varphi,r}$、切向应力$\tau_{r,\varphi}$。

1）单向侧压作用试件

单向均匀侧压作用下试件受力形态见图 7-17，计算得到混凝土应力场函数如下：

$$\begin{cases} \sigma_{r,r} = -\dfrac{q}{2} + \dfrac{q}{2} \cdot \dfrac{r_0^2}{r^2} \cdot \dfrac{1 + k_1\nu_c - k_1 - \nu_s}{1 + k_1\nu_c + k_1 - \nu_s} - \dfrac{q}{2} \cdot \\ \qquad \left[1 + \dfrac{r_0^2}{r^2} \cdot \left(4 - \dfrac{3r_0^2}{r^2} \right) \cdot \dfrac{1 - k_1\nu_c - k_1 + \nu_s}{-1 + k_1\nu_c - 3k_1 - \nu_s} \right] \cos 2\varphi \\[4pt] \sigma_{\varphi,r} = -\dfrac{q}{2} - \dfrac{q}{2} \cdot \dfrac{r_0^2}{r^2} \cdot \dfrac{1 + k_1\nu_c - k_1 - \nu_s}{1 + k_1\nu_c + k_1 - \nu_s} + \dfrac{q}{2} \cdot \\ \qquad \left[1 - \dfrac{3r_0^4}{r^4} \cdot \dfrac{1 - k_1\nu_c - k_1 + \nu_s}{-1 + k_1\nu_c - 3k_1 - \nu_s} \right] \cos 2\varphi \\[4pt] \tau_{r,\varphi} = \dfrac{q}{2} \cdot \left[1 - \dfrac{2r_0^2}{r^2} \cdot \dfrac{1 - k_1\nu_c - k_1 + \nu_s}{-1 + k_1\nu_c - 3k_1 - \nu_s} + \right. \\ \qquad \left. \dfrac{3r_0^4}{r^4} \cdot \dfrac{1 - k_1\nu_c - k_1 + \nu_s}{-1 + k_1\nu_c - 3k_1 - \nu_s} \right] \sin 2\varphi \end{cases} \tag{7-7}$$

式中：q 为单向均匀侧压；r_0 为中间变形钢筋半径；$k_1 = E_s/E_c$；E_s 和 E_c 分别为钢筋与混凝土的弹性模量；r 为混凝土到钢筋中心的距离（$r_0 \leqslant r \leqslant r_0 + c$）；$\nu_s$ 和 ν_c 分别为钢筋与混凝土的泊松比。

2）双向侧压作用试件

当试件处于第一侧压应力 q_1 和第二侧压应力 q_2 的双向侧压作用时，其分析模型见图 7-18，其混凝土应力分布函数求解法如下：

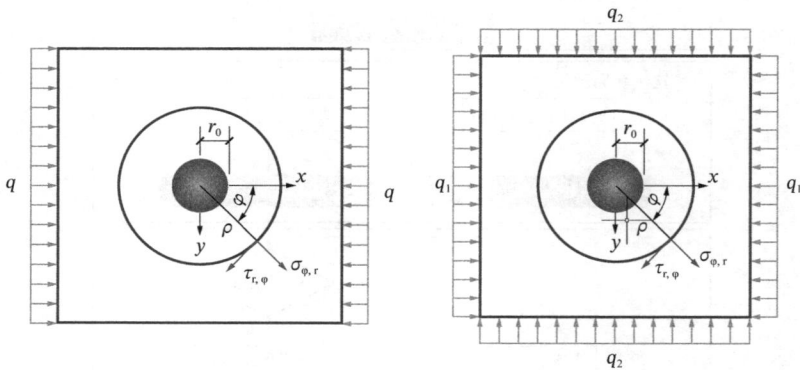

图 7-17　单向侧压试件受力分析　　　图 7-18　双向侧压试件受力分析

第一步：根据式(7-1)求出左右侧压 $q = q_1$ 作用下混凝土的应力分布函数；

第二步：将左右方向的侧压力旋转 90°，重复第一步，求出上下侧压 $q = q_2$ 作用下的应力分布函数，然后用 $\varphi + \pi/2$ 代替式(7-1)中的 φ，得到上下侧压作用下混凝土的应力分布函数；

第三步：将以上第一步和第二步得到的应力函数叠加，即可得到双向侧压作用下混凝土的应力分布函数。

按照以上步骤，利用弹性力学中的计算式，并忽略泊松比的影响，可以得出如下相应的径向应变计算式，得到的双侧压下混凝土的应力分布如下：

$$\begin{cases} \sigma_{r,r} = \dfrac{q_1+q_2}{2}\left(-1+\dfrac{r_0^2}{r^2}\cdot\dfrac{1-k_1}{1+k_1}\right)-\dfrac{q_1-q_2}{2}\cdot \\ \qquad\left[1-\dfrac{r_0^2}{r^2}\cdot\left(4-\dfrac{3r_0^2}{r^2}\right)\cdot\dfrac{1-k_1}{1+3k_1}\right]\cos 2\varphi \\[4pt] \sigma_{\varphi,r} = -\dfrac{q_1+q_2}{2}\left(1+\dfrac{r_0^2}{r^2}\cdot\dfrac{1-k_1}{1+k_1}\right)+\dfrac{q_1-q_2}{2}\cdot\left(1+\dfrac{3r_0^4}{r^4}\cdot\dfrac{1-k_1}{1+3k_1}\right)\cos 2\varphi \\[4pt] \tau_{\varphi,r} = \dfrac{q_1-q_2}{2}\cdot\left(1+\dfrac{2r_0^2}{r^2}\cdot\dfrac{1-k_1}{1+3k_1}-\dfrac{3r_0^4}{r^4}\cdot\dfrac{1-k_1}{1+3k_1}\right)\sin 2\varphi \\[4pt] \varepsilon_{r,r} = \dfrac{\sigma_\rho}{E_c} = \dfrac{q_1+q_2}{2E_c}\left(-1+\dfrac{r_0^2}{r^2}\cdot\dfrac{1-k_1}{1+k_1}\right)-\dfrac{q_1-q_2}{2E_c} \\ \qquad\left[1-\dfrac{r_0^2}{r^2}\cdot\left(4-\dfrac{3r_0^2}{r^2}\right)\cdot\dfrac{1-k_1}{1+3k_1}\right]\cos 2\varphi \\[4pt] \varepsilon_{\varphi,r} = \dfrac{\sigma_\varphi}{E_c} = -\dfrac{q_1+q_2}{2E_c}\left(1+\dfrac{r_0^2}{r^2}\cdot\dfrac{1-k_1}{1+k_1}\right)+\dfrac{q_1-q_2}{2E_c}\cdot \\ \qquad\left(1+\dfrac{3r_0^4}{r^4}\cdot\dfrac{1-k_1}{1+3k_1}\right)\cos 2\varphi \end{cases} \tag{7-8}$$

如果第一侧压应力q_1和第二侧压应力q_2均不为 0，则试件处于双向侧压作用状态；如果第二侧压应力$q_2=0$，则试件处于单向侧压作用状态；如果$q_1=q_2=0$，则试件处于无侧压作用状态。

2. 无侧压应力试件拉拔过程中的应力分布（拉拔后状态）

在计算之前先进行如下假设：

（1）假设开裂区域等周长伸长；

（2）假定开裂区域混凝土应变均为达到极限应变$\varepsilon_{cr,n}$，超过极限应变即开裂；

（3）利用弥散裂缝的理论将混凝土开裂软化区裂缝均匀地分布到混凝土中，记为ε_r；

（4）忽略泊松比对混凝土应变的影响；

（5）混凝土抗拉软化曲线为幂函数型，即：

$$\sigma_t = \begin{cases} E_c\varepsilon_r & \varepsilon_r \leqslant \varepsilon_{cr} \\ f_t\left[1-\left(\dfrac{\delta}{\delta_0}\right)^k\right] & \varepsilon_r > \varepsilon_{cr}\text{且}\delta \leqslant \delta_0 \\ 0 & \varepsilon_r > \varepsilon_{cr}\text{且}\delta > \delta_0 \end{cases} \tag{7-9}$$

式中：ε_{cr}为混凝土抗拉应变；ε_r为距离轴心r处混凝土的弥散应变，由$\varepsilon_{cr,n}=1.1f_{t,n}/E_n$得到；$f_t$和$E_c$分别为劈裂抗拉强度和弹性模量；$\delta_0$为应力不再传递的基本开裂宽度，取值0.2mm；$k$为常数，参考文献取值 0.248；$\delta$为距离轴心$r$处裂缝宽度，其计算式如下：

$$\delta = 2\pi\varepsilon_{cr}(e-r)/n \tag{7-10}$$

式中：e为弹性区域与软化区域界面到轴心的距离，轴心为钢筋的中心O；n为裂缝条数，当破坏形式为劈裂破坏和拔出破坏时取值为 3，对于劈裂-拔出破坏试件，取值为 2，见图 7-19。

在试件的拉拔过程中，当软化界面处于$r=e$时，对于软化区其他距离中心O为r的曲面（$r_0 \leqslant r \leqslant e$）可得：

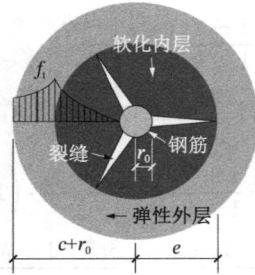

图 7-19　无侧压试件应力分析模型

$$\sigma_{\varphi,r} = f_t \left\{ 1 - \left[\frac{2\pi(e-r)\varepsilon_{cr}}{n\delta_0} \right]^k \right\} \quad (r_0 \leqslant r \leqslant e) \tag{7-11}$$

对于弹性区域（$e < r \leqslant r_0 + c$），由弹性力学理论，可得：

$$\begin{cases} \sigma_{r,r} = -\dfrac{\dfrac{(r_0+c)^2}{r^2}-1}{\dfrac{(r_0+c)^2}{e^2}-1} p_1 - \dfrac{1-\dfrac{e^2}{r^2}}{1-\dfrac{e^2}{(r_0+c)^2}} p_2 \\[4mm] \sigma_{\varphi,r} = \dfrac{\dfrac{(r_0+c)^2}{r^2}+1}{\dfrac{(r_0+c)^2}{e^2}-1} p_1 - \dfrac{1+\dfrac{e^2}{r^2}}{1-\dfrac{e^2}{(r_0+c)^2}} p_2 \end{cases} \tag{7-12}$$

式中：$\sigma_{r,r}$、$\sigma_{\varphi,r}$ 分别表示与轴心 O 距离为 r 界面所受到的径向应力和环向应力。

对于无侧压试件，外侧压 $p_2 = 0$，因为与中心距离为 $r = e$ 的截面为临界界面，内外筒之间的相互压应力为 p_{1e}，混凝土环向应力达到混凝土抗拉强度，即：

$$\sigma_{\varphi,e} = \frac{(r_0+c)^2+e^2}{(r_0+c)^2-e^2} p_{1e} = f_t \tag{7-13}$$

由式(7-13)可以求得弹性外筒的内压应力 p_{1e}：

$$p_{1e} = \frac{(r_0+c)^2-e^2}{(r_0+c)^2+e^2} f_t \tag{7-14}$$

将式(7-14)代入式(7-12)即可得到与 O 距离为 r（$e < r \leqslant c+r_0$）截面的应力：

$$\begin{cases} \sigma_{r,r} = -\dfrac{e^2}{r^2} \cdot \dfrac{(r_0+c)^2-r^2}{(r_0+c)^2+e^2} f_t \\[4mm] \sigma_{\varphi,r} = \dfrac{e^2}{r^2} \cdot \dfrac{(r_0+c)^2+r^2}{(r_0+c)^2+e^2} f_t \end{cases} \tag{7-15}$$

根据弹性力学的理论，忽略泊松比对应变的影响，可以计算出弹性区混凝土的应变：

$$\begin{cases} \varepsilon_{r,r} = \dfrac{1}{E_c}(\sigma_r - \nu\sigma_\varphi) = -\varepsilon_{cr}\dfrac{e^2}{r^2} \cdot \dfrac{(r_0+c)^2-r^2}{(r_0+c)^2+e^2} \\[4mm] \varepsilon_{\varphi,r} = \dfrac{1}{E_c}(\sigma_\varphi - \nu\sigma_r) = \varepsilon_{cr}\dfrac{e^2}{r^2} \cdot \dfrac{(r_0+c)^2+r^2}{(r_0+c)^2+e^2} \end{cases} \tag{7-16}$$

为计算软化区径向应力 $\sigma_{r,r}$，如图 7-20 所示，取试件一半断面来进行受力分析，由水平方向力的平衡可得：

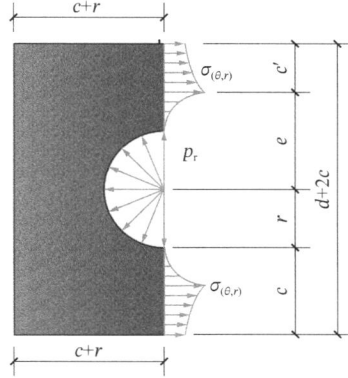

图 7-20　劈裂面受力分析图

$$\int_{-\frac{\pi}{2}}^{\frac{\pi}{2}} \sigma_{r,r} \cos \varphi \, r \, d\varphi = 2 \int_{r}^{e} \sigma_{\varphi,\rho} \, d\rho + 2 \int_{e}^{c+r_0} \sigma_{\varphi,\rho} \, d\rho \tag{7-17}$$

将式(7-17)进行积分可以得到：

$$\sigma_{r,r} = \frac{1}{r} \int_{r}^{e} \sigma_{\varphi,\rho} \, d\rho + \frac{1}{r} \int_{e}^{c+r_0} \sigma_{\varphi,\rho} \, d\rho \tag{7-18}$$

可以得到：

$$\begin{aligned}
\sigma_{r,r} &= \frac{1}{r} \int_{r}^{e} f_t \cdot \left\{ 1 - \left[\frac{2\pi(e-r)\varepsilon_{cr}}{n\delta_0} \right]^k \right\} dr - \frac{1}{r} \int_{e}^{c+r_0} f_t \cdot \frac{e^2}{r^2} \cdot \frac{(r_0+c)^2+r^2}{(r_0+c)^2-e^2} dr \\
&= \frac{e-r}{r} \left\{ 1 - \frac{1}{1+k} \left[\frac{2\pi(e-r)\varepsilon_{cr}}{n\delta_0} \right]^k \right\} f_t - \frac{e}{r} \cdot \frac{(r_0+c)^2-e^2}{(r_0+c)^2+e^2} f_t
\end{aligned} \tag{7-19}$$

综合上式可得到不同位置混凝土的应力和应变：

$$\sigma_{r,r} = \begin{cases} \dfrac{e-r}{r} \cdot \left\{ 1 - \dfrac{1}{1+k} \left[\dfrac{2\pi(e-r)\varepsilon_{cr}}{n\delta_0} \right]^k \right\} \cdot f_t - \dfrac{e}{r} \cdot \dfrac{(r_0+c)^2-e^2}{(r_0+c)^2+e^2} f_t & r_0 \leqslant r \leqslant e \\[4mm] -\dfrac{e^2}{r^2} \cdot \dfrac{(r_0+c)^2-r^2}{(r_0+c)^2+e^2} f_t & e < r \leqslant (r_0+c) \end{cases}$$

$$\sigma_{\varphi,r} = \begin{cases} f_t \left\{ 1 - \left[\dfrac{2\pi(e-r)\varepsilon_{cr}}{n\delta_0} \right]^k \right\} & r_0 \leqslant r \leqslant e \\[4mm] \dfrac{e^2}{r^2} \cdot \dfrac{(r_0+c)^2+r^2}{(r_0+c)^2+e^2} f_t & e < r \leqslant (r_0+c) \end{cases} \tag{7-20}$$

$$\varepsilon_{r,r} = \begin{cases} \dfrac{e-r}{r} \cdot \left\{ 1 - \dfrac{1}{1+k} \left[\dfrac{2\pi(e-r)\varepsilon_{cr}}{n\delta_0} \right]^k \right\} \cdot \varepsilon_{cr} - \dfrac{e}{r} \cdot \dfrac{(r_0+c)^2-e^2}{(r_0+c)^2+e^2} \varepsilon_{cr} & r_0 \leqslant r \leqslant e \\[4mm] -\dfrac{e^2}{r^2} \cdot \dfrac{(r_0+c)^2-r^2}{(r_0+c)^2+e^2} \varepsilon_{cr} & e < r \leqslant (r_0+c) \end{cases}$$

$$\varepsilon_{\varphi,r} = \begin{cases} \varepsilon_{cr} \left\{ 1 - \left[\dfrac{2\pi(e-r)\varepsilon_{cr}}{n\delta_0} \right]^k \right\} & r_0 \leqslant r \leqslant e \\[4mm] \dfrac{e^2}{r^2} \cdot \dfrac{(r_0+c)^2+r^2}{(r_0+c)^2+e^2} \varepsilon_{cr} & e < r \leqslant (r_0+c) \end{cases}$$

7.4.2 应力合成

将第一步分解得到的应力应变进行合成,得到多向侧压应力下拉拔过程中的应力状态,弹性区域的应力状态直接采用第一步相应区域应力叠加得到,软化区域的应力状态需先将软化区域应变叠加,然后由混凝土软化应力-应变曲线得到其应力分布。

如前所述,将试件侧压施加后拉拔前的受力和变形、无侧压试件拉拔时试件的受力和变形进行叠加,即将式(7-8)和式(7-20)进行叠加,得到多向侧压作用下试件在拔出过程中的受力和变形〔式(7-21)〕。

如果第一侧压应力q_1和第二侧压应力q_2均不为 0,则试件处于双向侧压作用状态;如果第二侧压应力$q_2 = 0$,则试件受到单向侧压作用,如果第一侧压应力q_1和第二侧压应力q_2均为 0,则试件处于无侧压状态。

$$\sigma_{r,r} = \begin{cases} \dfrac{e-r}{r}\left\{1-\dfrac{1}{1+k}\left[\dfrac{2\pi(e-r)\varepsilon_{cr}}{n\delta_0}\right]^k\right\}\cdot f_t - \dfrac{e}{r}\cdot\dfrac{(r_0+c)^2-e^2}{(r_0+c)^2+e^2}f_t + \\ \dfrac{q_1+q_2}{2}\left(-1+\dfrac{r_0^2}{r^2}\cdot\dfrac{1-k_1}{1+k_1}\right)-\dfrac{q_1-q_2}{2}\cdot \\ \left[1-\dfrac{r_0^2}{r^2}\cdot\left(4-\dfrac{3r_0^2}{r^2}\right)\cdot\dfrac{1-k_1}{1+3k_1}\right]\cos 2\varphi \qquad r_0\leqslant r\leqslant e \\ -\dfrac{e^2}{r^2}\cdot\dfrac{(r_0+c)^2-r^2}{(r_0+c)^2+e^2}f_t + \dfrac{q_1+q_2}{2}\left(-1+\dfrac{r_0^2}{r^2}\cdot\dfrac{1-k_1}{1+k_1}\right)- \\ \dfrac{q_1-q_2}{2}\cdot\left[1-\dfrac{r_0^2}{r^2}\cdot\left(4-\dfrac{3r_0^2}{r^2}\right)\cdot\dfrac{1-k_1}{1+3k_1}\right]\cos 2\varphi \qquad e<r\leqslant(r_0+c) \end{cases}$$

$$\sigma_{\varphi,r} = \begin{cases} f_t\left\{1-\left[\dfrac{2\pi(e-r)\varepsilon_{cr}}{n\delta_0}\right]^k\right\}-\dfrac{q_1+q_2}{2}\left(1+\dfrac{r_0^2}{r^2}\cdot\dfrac{1-k_1}{1+k_1}\right)+ \\ \dfrac{q_1-q_2}{2}\cdot\left(1+\dfrac{3r_0^4}{r^4}\cdot\dfrac{1-k_1}{1+3k_1}\right)\cos 2\varphi \qquad r_0\leqslant r\leqslant e \\ \dfrac{e^2}{r^2}\cdot\dfrac{(r_0+c)^2+r^2}{(r_0+c)^2+e^2}f_t - \dfrac{q_1+q_2}{2}\left(1+\dfrac{r_0^2}{r^2}\cdot\dfrac{1-k_1}{1+k_1}\right)+ \\ \dfrac{q_1-q_2}{2}\cdot\left(1+\dfrac{3r_0^4}{r^4}\cdot\dfrac{1-k_1}{1+3k_1}\right)\cos 2\varphi \qquad e<r\leqslant(r_0+c) \end{cases} \qquad (7\text{-}21)$$

$$\varepsilon_{r,r} = \begin{cases} \dfrac{e-r}{r}\cdot\left\{1-\dfrac{1}{1+k}\left[\dfrac{2\pi(e-r)\varepsilon_{cr}}{n\delta_0}\right]^k\right\}\cdot\varepsilon_{cr}-\dfrac{e}{r}\cdot \\ \dfrac{(r_0+c)^2-e^2}{(r_0+c)^2+e^2}\varepsilon_{cr}+\dfrac{q_1+q_2}{2E_c}\left(-1+\dfrac{r_0^2}{r^2}\cdot\dfrac{1-k_1}{1+k_1}\right)-\dfrac{q_1-q_2}{2E_c} \\ \left[1-\dfrac{r_0^2}{r^2}\cdot\left(4-\dfrac{3r_0^2}{r^2}\right)\cdot\dfrac{1-k_1}{1+3k_1}\right]\cos 2\varphi \qquad r_0\leqslant r\leqslant e \\ -\dfrac{e^2}{r^2}\cdot\dfrac{(r_0+c)^2-r^2}{(r_0+c)^2+e^2}\varepsilon_{cr}+\dfrac{q_1+q_2}{2E_c}\left(-1+\dfrac{r_0^2}{r^2}\cdot\dfrac{1-k_1}{1+k_1}\right)- \\ \dfrac{q_1-q_2}{2E_c}\left[1-\dfrac{r_0^2}{r^2}\cdot\left(4-\dfrac{3r_0^2}{r^2}\right)\cdot\dfrac{1-k_1}{1+3k_1}\right]\cos 2\varphi \qquad e<r\leqslant(r_0+c) \end{cases}$$

$$
\varepsilon_{\varphi,r} =
\begin{cases}
\varepsilon_{cr}\left\{1-\left[\dfrac{2\pi(e-r)\varepsilon_{cr}}{n\delta_0}\right]^k\right\}-\dfrac{q_1+q_2}{2E_c}\left(1+\dfrac{r_0^2}{r^2}\cdot\dfrac{1-k_1}{1+k_1}\right)+ \\
\dfrac{q_1-q_2}{2E_c}\cdot\left(1+\dfrac{3r_0^4}{r^4}\cdot\dfrac{1-k_1}{1+3k_1}\right)\cos2\varphi \qquad\qquad r_0\leqslant r\leqslant e \\[2mm]
\dfrac{e^2}{r^2}\cdot\dfrac{(r_0+c)^2+r^2}{(r_0+c)^2+e^2}\varepsilon_{cr}-\dfrac{q_1+q_2}{2E_c}\left(1+\dfrac{r_0^2}{r^2}\cdot\dfrac{1-k_1}{1+k_1}\right)+ \\
\dfrac{q_1-q_2}{2E_c}\cdot\left(1+\dfrac{3r_0^4}{r^4}\cdot\dfrac{1-k_1}{1+3k_1}\right)\cos2\varphi \qquad\qquad e<r\leqslant(r_0+c)
\end{cases}
$$

7.4.3　求解两种破坏形态粘结强度

利用第二步得到的应力状态分布求解两种破坏形态粘结强度。

在施加拉拔荷载的过程中，试件经历了三个阶段：弹性阶段、部分开裂阶段、开裂阶段。由于峰值粘结荷载均发生在部分软化阶段，因此本书仅分析部分软化阶段的受力状况。

对于劈裂破坏或劈裂-拔出破坏试件，破坏是由劈裂面抗拉强度控制的，最可能出现劈裂的截面是劈裂面积最小的面，即垂直劈裂面和水平劈裂面，见图 7-21（a）和图 7-22（a）。

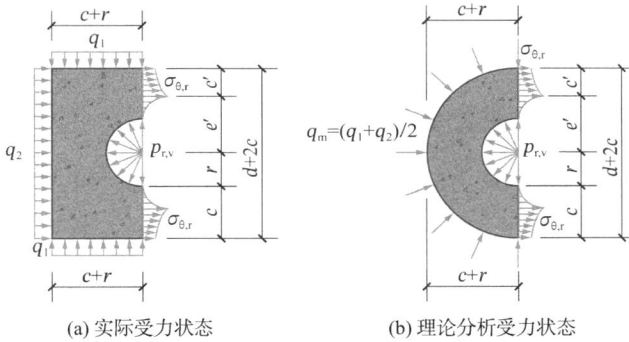

(a) 实际受力状态　　　　　　　　(b) 理论分析受力状态

图 7-21　双向侧压试件垂直断面受力分析示意

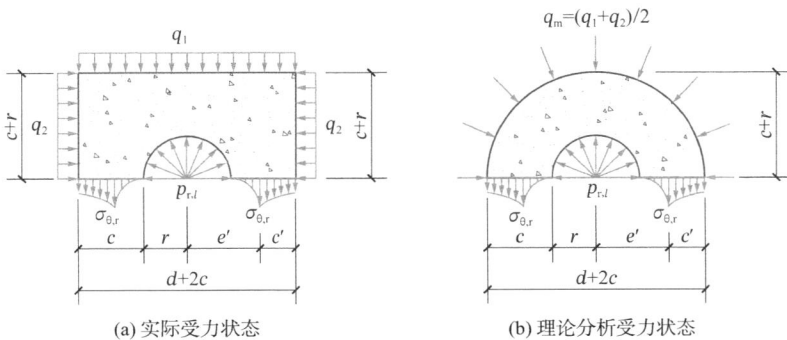

(a) 实际受力状态　　　　　　　　(b) 理论分析受力状态

图 7-22　双向侧压试件水平断面受力分析示意

对处于部分软化阶段的试件，取试件垂直断面的一半作受力分析，如图 7-21（a）所示。通过受力分析计算得到的径向应力 $\sigma_{r,r}=p_{r,v}$、环向应力 $\sigma_{\varphi,r}$ 和侧压应力 q_2 存在如下力的平衡方程：

$$\int_{-\frac{\pi}{2}}^{\frac{\pi}{2}} p_{\mathrm{r}} \cos \varphi\, r\, \mathrm{d}\varphi = 2 \int_{r}^{e} \sigma_{\varphi,\rho}\, \mathrm{d}\rho + 2 \int_{e}^{c+r_0} \sigma_{\varphi,\mathrm{r}}\, \mathrm{d}r + 2(c+r_0)q_2 + 2(c+r_0) \cdot f_2 \tag{7-22}$$

$$p_{\mathrm{r,v}} = \frac{1}{r} \int_{r}^{e} \sigma_{\varphi,\rho}\, \mathrm{d}\rho + \frac{1}{r} \int_{e}^{c+r_0} \sigma_{\varphi,\mathrm{r}}\, \mathrm{d}r + \frac{c+r_0}{r} \cdot q_2 + \frac{c+r_0}{r} \cdot f_2 \tag{7-23}$$

如果取试件水平断面的一半来进行分析，如图 7-22（a）所示，同样根据竖向力的平衡关系，可以得到：

$$p_{\mathrm{r},l} = \frac{1}{r} \int_{r}^{e} \sigma_{\varphi,\rho}\, \mathrm{d}\rho + \frac{1}{r} \int_{e}^{c+r_0} \sigma_{\varphi,\mathrm{r}}\, \mathrm{d}r + \frac{c+r_0}{r} \cdot q_1 + \frac{c+r_0}{r} \cdot f_1 \tag{7-24}$$

式中：f_1 和 f_2 分别加载钢板与混凝土试件间粘结应力，但在峰值拉拔荷载时，劈裂裂缝尚未发展到试件表面，所以两个半片混凝土之间的相对位移较小，此时摩擦力 f_1 和 f_2 较小，可以忽略不计，后续计算式中不再列出。

比较式(7-23)和式(7-24)可以看出，$p_{\mathrm{r,v}}$ 小于 $p_{\mathrm{r},l}$，故劈裂破坏发生在劈裂应力较小的截面即垂直截面，与试验的结果相符。

劈裂破坏或劈裂-拔出破坏试件的计算模型见图 7-21（b）和图 7-22（b），可以看出水平断面和垂直断面的计算结果相同，说明采用平均应力不能反映试件的实际破坏断面。对于劈裂破坏而言，其拉拔荷载的承载力由应力最小值而非应力平均值决定，两者之间存在一定的差异。因此分别采用平均应力和应力最小值来计算粘结强度，并比较两种计算方法差异的大小。

7.4.4　采用平均应力进行粘结强度计算

在进行理论分析之前，先求出双向侧压作用下试件在拔出过程中的平均应力和平均应变，见式(7-25)。

$$\bar{\sigma}_{\mathrm{r,r}} = \begin{cases} \dfrac{e-r}{r} \cdot \left\{ 1 - \dfrac{1}{1+k} \left[\dfrac{2\pi(e-r)\varepsilon_{\mathrm{cr}}}{n\delta_0} \right]^k \right\} \cdot f_{\mathrm{t}} - \dfrac{e}{r} \cdot \dfrac{(r_0+c)^2 - e^2}{(r_0+c)^2 + e^2} f_{\mathrm{t}} + \\[3mm] \dfrac{q_1 + q_2}{2} \left(-1 + \dfrac{r_0^2}{r^2} \cdot \dfrac{1-k_1}{1+k_1} \right) & r_0 \leqslant r \leqslant e \\[3mm] -\dfrac{e^2}{r^2} \cdot \dfrac{(r_0+c)^2 - r^2}{(r_0+c)^2 + e^2} f_{\mathrm{t}} + \dfrac{q_1 + q_2}{2} \left(-1 + \dfrac{r_0^2}{r^2} \cdot \dfrac{1-k_1}{1+k_1} \right) & e < r \leqslant (r_0+c) \end{cases}$$

$$\bar{\sigma}_{\varphi,\mathrm{r}} = \begin{cases} f_{\mathrm{t}} \left\{ 1 - \left[\dfrac{2\pi(e-r)\varepsilon_{\mathrm{cr}}}{n\delta_0} \right]^k \right\} - \dfrac{q_1 + q_2}{2} \left(1 + \dfrac{r_0^2}{r^2} \cdot \dfrac{1-k_1}{1+k_1} \right) & r_0 \leqslant r \leqslant e \\[3mm] \dfrac{e^2}{r^2} \cdot \dfrac{r^2 + (r_0+c)^2}{e^2 + (r_0+c)^2} f_{\mathrm{t}} - \dfrac{q_1 + q_2}{2} \left(1 + \dfrac{r_0^2}{r^2} \cdot \dfrac{1-k_1}{1+k_1} \right) & e < r \leqslant (r_0+c) \end{cases}$$

$$\bar{\varepsilon}_{\mathrm{r,r}} = \begin{cases} \dfrac{e-r}{r} \cdot \left\{ 1 - \dfrac{1}{1+k} \left[\dfrac{2\pi(e-r)\varepsilon_{\mathrm{cr}}}{n\delta_0} \right]^k \right\} \cdot \varepsilon_{\mathrm{cr}} - \dfrac{e}{r} \cdot \dfrac{(r_0+c)^2 - e^2}{(r_0+c)^2 + e^2} \varepsilon_{\mathrm{cr}} + \\[3mm] \dfrac{q_1 + q_2}{2E_{\mathrm{c}}} \left(-1 + \dfrac{r_0^2}{r^2} \cdot \dfrac{1-k_1}{1+k_1} \right) & r_0 \leqslant r \leqslant e \\[3mm] -\dfrac{e^2}{r^2} \cdot \dfrac{(r_0+c)^2 - r^2}{(r_0+c)^2 + e^2} \varepsilon_{\mathrm{cr}} + \dfrac{q_1 + q_2}{2E_{\mathrm{c}}} \left(-1 + \dfrac{r_0^2}{r^2} \cdot \dfrac{1-k_1}{1+k_1} \right) & e < r \leqslant (r_0+c) \end{cases}$$

$$\overline{\varepsilon}_{\varphi,r} = \begin{cases} \varepsilon_{cr}\left\{1 - \left[\dfrac{2\pi(e-r)\varepsilon_{cr}}{n\delta_0}\right]^k\right\} - \dfrac{q_1+q_2}{2E_c}\left(1 + \dfrac{r_0^2}{r^2}\cdot\dfrac{1-k_1}{1+k_1}\right) & r_0 \leqslant r \leqslant e \\[3mm] \dfrac{e^2}{r^2}\cdot\dfrac{(r_0+c)^2+r^2}{(r_0+c)^2+e^2}\varepsilon_{cr} - \dfrac{q_1+q_2}{2E_c}\left(1 + \dfrac{r_0^2}{r^2}\cdot\dfrac{1-k_1}{1+k_1}\right) & e < r \leqslant (r_0+c) \end{cases} \tag{7-25}$$

需要指出的是式(7-21)和式(7-25)中的e为无侧压应力时弹性界面和软化界面到钢筋轴心的距离，但对于有侧压试件，当$r = e$即无侧压试件的弹性层和软化层界面时：

$$\overline{\sigma}_{\varphi,e} = f_t - \frac{q_1+q_2}{2}\left(1 + \frac{r_0^2}{e^2}\cdot\frac{1-k_1}{1+k_1}\right) < f_t \tag{7-26}$$

式(7-26)反映出当$r = e$时有侧压试件的混凝土并没有达到抗拉极限强度，即对于有侧压试件其弹性层和软化层的界限层e'，存在$e' \neq e$的关系。

在利用软化套筒理论求粘结强度时，首先求出任意给定弹性边界$r = e'$时弹性套筒对粘结强度的贡献值p_{ela}；其次，求出弹性边界$r = e'$时软化套筒对粘结强度的贡献值p_{pla}；接着，求出侧压作用对粘结强度的贡献值p_q，最后求$p_r = p_{ela} + p_{pla} + p_q$的最大值$p_{r,max}$及对应的$e'$值。

对处于部分软化阶段的试件，同样取试件断面的一半来作受力分析，如图7-21（b）、图7-22（b）所示，由对称性可知，对于劈裂破坏或劈裂-拔出破坏，其钢筋-混凝土界面的径向应力p_r为：

$$p_r = p_{r,v} = p_{r,l} = \frac{1}{r}\int_r^{e'}\overline{\sigma}_{\varphi,r}\,dr + \frac{1}{r}\int_{e'}^{c+r_0}\overline{\sigma}_{\varphi,r}\,dr + \frac{c+r_0}{r}\cdot q_m \tag{7-27}$$

对于拔出破坏试件，其破坏是由钢筋与混凝土界面混凝土破坏造成的，钢筋-混凝土界面的径向应力同样可以用式(7-27)计算。

式(7-27)中，右侧第一项为软化套筒对p_r的贡献，记为p_{pla}。第二项为弹性套筒对p_r的贡献，记为p_{ela}。第三项为侧压应力q_m对p_r的直接贡献p_q。

于是，式(7-27)可以表示为：

$$p_r = p_{pla} + p_{ela} + p_q \tag{7-28}$$

依次求出各部分贡献值：

首先，求弹性筒部分对轴压强度的贡献值p_{ela}。

弹性套筒外筒外侧$r = r_0 + c$界面的平均应力为$\overline{\sigma}_{r,(c+r_0)} = p_2$，利用式(7-24)并用$e'$代替$e$可以得到：

$$\overline{\sigma}_{r,(c+r_0)} = p_2 = q_m\left[-1 + \frac{r_0^2}{(r_0+c)^2}\cdot\frac{1-k_1}{1+k_1}\right] \tag{7-29}$$

设$r = e'$受到的压应力为$\overline{\sigma}_{r,e'} = -p_{re'}$，将$p_{re'}$和$p_2$分别作为内外筒压应力代入内外双压筒计算式，可以得到应力分布：

$$\begin{cases} \overline{\sigma}_{r,r} = -\dfrac{\dfrac{(r_0+c)^2}{r^2}-1}{\dfrac{(r_0+c)^2}{e'^2}-1}p_{re'} - \dfrac{1-\dfrac{e'^2}{r^2}}{1-\dfrac{e'^2}{(r_0+c)^2}}p_2 \\[6mm] \overline{\sigma}_{\varphi,r} = \dfrac{\dfrac{(r_0+c)^2}{r^2}+1}{\dfrac{(r_0+c)^2}{e'^2}-1}p_{re'} - \dfrac{1+\dfrac{e'^2}{r^2}}{1-\dfrac{e'^2}{(r_0+c)^2}}p_2 \end{cases} \tag{7-30}$$

当 $r = e'$ 时 $\overline{\sigma}_{\varphi,e'} = f_t$，结合式(7-29)，代入式(7-30)，即可求出 $p_{re'}$：

$$p_{re'} = \frac{(r_0+c)^2 - e'^2}{(r_0+c)^2 + e'^2} \cdot f_t + \frac{2(r_0+c)^2}{(r_0+c)^2 + e'^2}\left[-1 + \frac{r_0^2}{(r_0+c)^2}\cdot\frac{1-k_1}{1+k_1}\right]q_m \tag{7-31}$$

将式(7-32)和式(7-30)代入式(7-31)即可得到弹性套筒的应力分布：

$$\overline{\sigma}_{\varphi,r} = \frac{(r_0+c)^2 + r^2}{(r_0+c)^2 + e'^2}\cdot\frac{e'^2}{r^2}\cdot f_t + \frac{(r_0+c)^2(e'^2 - r^2)}{r^2[(r_0+c)^2 + e'^2]}\cdot\left[-1 + \frac{r_0^2}{(r_0+c)^2}\cdot\frac{1-k_1}{1+k_1}\right]q_m \tag{7-32}$$

经过积分可得到：

$$p_{ela} = \frac{1}{r}\int_{e'}^{c+r_0}\overline{\sigma}_{\varphi,r}\,\mathrm{d}r = \frac{e'}{r}\cdot\frac{(r_0+c)^2 - e'^2}{(r_0+c)^2 + e'^2}f_t + \frac{e'}{r}\cdot\frac{2(r_0+c)^2}{(r_0+c)^2 + e'^2}$$
$$\left[-1 + \frac{r_0^2}{(r_0+c)^2}\cdot\frac{1-k_1}{1+k_1}\right]q_m - \frac{r_0+c}{r}\left[-1 + \frac{r_0^2}{(r_0+c)^2}\cdot\frac{1-k_1}{1+k_1}\right]q_m \tag{7-33}$$

其次，求软化部分对轴压强度的贡献值 p_{pla}。

无侧压应力时，且软化界面处于 $r = e'$ 时，软化区径向应力为：

$$\overline{\sigma}_{\varphi,r} = f_t\left\{1 - \left[\frac{2\pi(e'-r)\varepsilon_{cr}}{n\delta_0}\right]^k\right\} \quad (r_0 \leqslant r \leqslant e') \tag{7-34}$$

经积分可得，

$$p_{pla} = \frac{1}{r}\int_r^{e'}\overline{\sigma}_{\varphi,\rho}\,\mathrm{d}\rho = f_t\frac{e'-r}{r}\left\{1 - \left[\left(\frac{2\pi(e'-r)\varepsilon_{cr}}{n\delta_0}\right)^k\cdot\frac{1}{1+k}\right]\right\} \tag{7-35}$$

最后，将式(7-35)和式(7-33)代入式(7-28)可以得到 p_r：

$$p_r = \frac{(e'-r)}{r}\left\{1 - \left[\left(\frac{2\pi\varepsilon_{cr}}{n\delta_0}(e'-r)\right)^k\frac{1}{1+k}\right]\right\}\cdot f_t + \frac{e'}{r}\cdot\frac{(r_0+c)^2 - e'^2}{(r_0+c)^2 + e'^2}\cdot f_t + \frac{e'}{r}\cdot$$
$$\frac{2(r_0+c)^2}{(r_0+c)^2 + e'^2}\left[-1 + \frac{r_0^2}{(r_0+c)^2}\cdot\frac{1-k_1}{1+k_1}\right]\cdot q_m + \frac{r_0+c}{r}\left[2 - \frac{r_0^2}{(r_0+c)^2}\cdot\frac{1-k_1}{1+k_1}\right]\cdot q_m \tag{7-36}$$

从式(7-36)可以看出，侧压应力的存在有两方面的作用：一方面侧压应力直接增加了弹性套筒对 p_r 的贡献值；另一方面，侧压应力的存在减小了软化套筒对 p_r 的贡献值。

7.4.5　按最小应力进行计算

对于劈裂破坏试件，通常破坏发生在拉拔荷载承载力最小的界面。而劈裂破坏通常发生在单向侧压作用下或无侧压作用下，因此下面主要分析单向侧压作用下拉拔试件的应力应变状态，即 $q_2 = 0$，$\varphi = 0$ 时的应力状态。代入式(7-21)，积分可得：

$$p_r = \frac{1}{r}\int_r^{e'}\sigma_{\varphi,r}\,\mathrm{d}r + \frac{1}{r}\int_{e'}^{c+r_0}\sigma_{\varphi,r}\,\mathrm{d}r + \frac{c+r_0}{r}\cdot\frac{q_1}{2}$$
$$= \frac{e'-r}{r}\left\{1 - \left[\left(\frac{2\pi(e'-r)\varepsilon_{cr}}{n\delta_0}\right)^k\cdot\frac{1}{1+k}\right]\right\}f_t + \frac{e'}{r}\cdot\frac{(r_0+c)^2}{(r_0+c)^2 + e'^2}$$
$$\left[-1 + \frac{r_0^2}{(r_0+c)^2}\cdot\frac{1-k_1}{1+k_1}\right]q_1 + \frac{e'}{r}\cdot\frac{(r_0+c)^2 - e'^2}{(r_0+c)^2 + e'^2}\cdot f_t - \frac{r_0+c}{2r}$$
$$\left\{-1 + \frac{r_0^2}{(r_0+c)^2}\cdot\frac{1-k_1}{1+k_1} + \frac{r_0^2}{(r_0+c)^2}\left[4 - \frac{3r_0^2}{(r_0+c)^2}\right]\cdot\frac{1-k_1}{1+k_1}\right\}\cdot q_1 \tag{7-37}$$

7.5　确定试件粘结强度和破坏形态

分别对劈裂面和剪切面进行受力分析,得到劈裂破坏时粘结强度$\tau_{u,cp}$和剪切破坏(拔出破坏)时的粘结强度$\tau_{u,cb}$。比较$\tau_{u,cp}$和$\tau_{u,cb}$的大小,较小者为试件最终的粘结强度$\tau_{u,c}$,其对应的破坏形态为最终试件的破坏形态。以下采用平均应力进行计算,最小应力计算过程与平均应力计算过程相同。

7.5.1　劈裂破坏试件

下面建立界面压应力P和总粘结应力τ之间的关系,利用关系式:

$$\tau = P/\tan\alpha \tag{7-38}$$

式(7-38)忽略了界面摩擦力f,同时也没有考虑到钢筋的表面形状沿纵向的差异,本书建立总粘结应力τ和界面压应力P的关系,具体如下。

如图 7-23 所示,从$r = d' + h_r$处截断,取该界面以下混凝土肋齿为隔离体进行受力分析。首先,建立隔离体垂直方向上力的平衡等式:

$$\sigma_{r,d'+h_r} \cdot 2\pi(d' + h_r) \cdot (l - b_r) \cdot m = P\sin\alpha - \mu P\cos\alpha \tag{7-39}$$

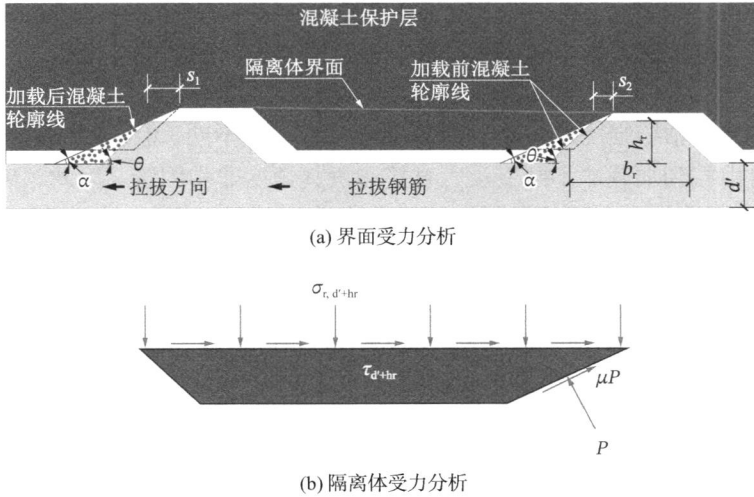

(a) 界面受力分析

(b) 隔离体受力分析

图 7-23　钢筋与混凝土界面受力分析

接着,建立隔离体水平方向上力的平衡方程:

$$F_p = \tau_{d'+h_r} \cdot 2\pi(d' + h_r) \cdot (l - b_r) = P\cos\alpha + \mu P\sin\alpha \tag{7-40}$$

结合式(7-39)和式(7-40)可以得到:

$$\tau_{d'+h_r} = \sigma_{r,d'+h_r} \cdot \frac{\cos\alpha + \mu\sin\alpha}{\sin\alpha - \mu\cos\alpha} \tag{7-41}$$

规范规定的粘结强度计算式,采用的是平均粘结强度τ:

$$F_p = \tau \cdot 2\pi r_0 \cdot l = \tau_{d'+h_r} \cdot 2\pi(d' + h_r) \cdot (l - b_r) \tag{7-42}$$

由式(7-42)可以得到:

$$\tau = \tau_{d'+h_r} \cdot \frac{(d' + h_r) \cdot (l - b_r)}{r_0 l} \tag{7-43}$$

将式(7-42)代入式(7-43)可以得到：

$$\tau = \sigma_{r,d'+h_r} \cdot \frac{(d' + h_r) \cdot (l - b_r)}{r_0 \cdot l} \cdot \frac{\cos\alpha + \mu\sin\alpha}{\sin\alpha - \mu\cos\alpha} \tag{7-44}$$

令 $k_2 = \frac{(d'+h_r)\cdot(l-b_r)}{r_0 \cdot l} \cdot \frac{\cos\alpha+\mu\sin\alpha}{\sin\alpha-\mu\cos\alpha}$，并将式(7-36)代入式(7-44)，即可得到粘结强度计算式：

$$\tau = k_2 \frac{e' - d' - h_r}{d' + h_r} \left\{ 1 - \left[\left(\frac{2\pi(e' - d' - h_r)\varepsilon_{cr}}{n\delta_0} \right)^k \frac{1}{1+k} \right] \right\} \cdot f_t +$$

$$\frac{e'}{d' + h_r} \cdot \frac{(r_0 + c)^2 - e'^2}{(r_0 + c)^2 + e'^2} \cdot f_t + \frac{e'}{d' + h_r} \cdot \frac{2(r_0 + c)^2}{(r_0 + c)^2 + e'^2}$$

$$\left[-1 + \frac{r_0^2}{(r_0 + c)^2} \cdot \frac{1 - k_1}{1 + k_1} \right] \cdot q_m + \frac{r_0 + c}{d' + h_r}$$

$$\left[2 - \frac{r_0^2}{(r_0 + c)^2} \cdot \frac{1 - k_1}{1 + k_1} \right] \cdot q_m \tag{7-45}$$

对于给定的拉拔试件类型、钢筋、混凝土材料及侧压条件，式(7-45)中只有两个未知数，即楔形劈裂角 α 和 e'。

基于式(7-45)，利用 $\frac{\partial \tau}{\partial e'} = 0$，求出劈裂破坏试件粘结应力 τ 的最大值 $\tau_{max,p}$ 及对应 e'_p 值，$\tau_{max,p}$ 即为劈裂破坏（劈裂拔出破坏）试件钢筋与混凝土间的粘结强度 $\tau_{u,cp}$。

$$\tau_{u,cp} = \tau_{max,p} \tag{7-46}$$

利用式(7-45)求粘结强度 $\tau_{u,cp}$ 时，不同的 α 求出的 $\tau_{u,cp}$ 不同，但 α 在加载的过程中不断地变小，且 α 从自由端到加载端不断变小，直接测量其角度非常困难。因此，确定 α 的取值范围成为软化套筒理论最为关键的问题。

本书采用实测法求得 α，在试件加载时每组 3 个试件中取一个试件，在峰值荷载过后，当荷载下降到峰值荷载的 0.90 倍时，停止加载，并以此时试件的破坏界面来测量 α，具体测试方法如图 7-24 所示。首先测量出图中混凝土凸肋最高处（高度为 h_{r1}）沿钢筋轴向方向上的损伤区域的长度 l_{d1}；再测出另外 4 处混凝土凸肋的高度 h_{ri} 和损伤区域长度 l_{di}，那么楔形劈裂角 α 就可以用下式得到：

$$\tan\alpha = \frac{1}{5} \left(\frac{h_{r1}}{l_{d1}} + \sum_{i=2}^{5} \frac{h_{ri}}{l_{di}} \right) \tag{7-47}$$

图 7-24　楔形劈裂角的测试

但该测量方法仅适合于劈裂破坏试件,对于劈裂-拔出破坏试件和拔出试件,不能直接采用最终的劈裂-拔出破坏界面来进行测量,因为在拔出阶段混凝土凸肋已经被犁平,无法测试。因此,对于单侧压试件和双侧压试件,在试件加载时每组 3 个试件中取一个试件,在峰值荷载过后,当荷载下降到峰值荷载的 0.90 倍时,停止加载,并以此时试件的破坏界面来测量 α,这种方法测试得到的 α 可能略小于实际倾角,但两者相差不大,本书忽略它们之间的差异。

测试结果表明,对于单侧压试件,其劈裂角 α_p 随着侧压应力 P_l 和冻融次数 F 的增加而降低,基于测试结果给出了试件的经验计算式:

NC 混凝土($R^2 = 0.94$):

$$\alpha_p = (-0.06n + 38.15) + (0.066n + 2.1) \cdot e^{-0.2P_1} \tag{7-48}$$

RC50 混凝土($R^2 = 0.99$):

$$\alpha_p = (-0.03n + 40.1) + (0.04n + 2.65) \cdot e^{-0.2P_1} \tag{7-49}$$

RC100 混凝土($R^2 = 0.93$):

$$\alpha_p = (-0.033n + 37.485) + (0.0326n + 6.31) \cdot e^{-0.00736P_1} \tag{7-50}$$

将式(7-48)~式(7-50)代入式(7-46)即可到劈裂破坏或劈裂-拔出破坏试件粘结强度的理论计算值。

7.5.2　拔出破坏试件

钢筋接触面附近的混凝土在拉拔荷载施加的过程中被劈裂荷载分隔成 2 到 3 片,该处混凝土又被锥型裂缝沿纵向分割成一个个孤立凸出的斜向肋齿,这些孤立的肋齿受到斜向挤压应力 P 和摩擦应力 μP 的共同作用。当 P 发展到一定程度时,试件发生压剪破坏。破坏界面受径向应力 $\sigma_{r,d'+h_r}$、环向应力 $\sigma_{\varphi,d'+h_r}$ 和剪切应力 $\tau_{d'+h_r}$ 三个应力的共同作用同样,对于给定的拉拔试件尺寸、钢筋性能、混凝土材料性能及侧压条件,$\sigma_{r,d'+h_r}$、$\sigma_{\varphi,d'+h_r}$、$\tau_{d'+h_r}$ 仅与楔形劈裂角 α 和 e' 相关。拔出破坏为钢筋-混凝土界面混凝土的压剪破坏,粘结强度的计算需要用到冻融损伤后再生混凝土的破坏准则。采用八面体应力的抛物线关系式,即:

$$\frac{\tau_{oct}}{f_c} = a + b\frac{\sigma_{oct}}{f_c} + c\left(\frac{\sigma_{oct}}{f_c}\right)^2 \tag{7-51}$$

$$\sigma_{oct} = \frac{-\sigma_r + \sigma_\theta}{3} \tag{7-52}$$

$$\tau_{oct} = \frac{\sqrt{2\sigma_r^2 + 2\sigma_\theta^2 + 6\tau^2 + 2\sigma_r\sigma_\theta}}{3} \tag{7-53}$$

将式(7-52)、式(7-53)代入式(7-51),可得:

$$\frac{\sqrt{2\sigma_r^2 + 2\sigma_\theta^2 + 6\tau^2 + 2\sigma_r\sigma_\theta}}{3f_c} - a - b \cdot \frac{-\sigma_r + \sigma_\theta}{3f_c} - c\frac{(-\sigma_r + \sigma_\theta)^2}{9f_c^2} = 0 \tag{7-54}$$

式中:σ_{oct}、τ_{oct} 为八面体正应力和剪应力;σ_r、σ_θ、τ 为极坐标应力。

式(7-54)中有三个未知参数 a、b、c,利用抗压强度 f_c、抗拉强度 f_{sp} 和剪切强度 τ_0 建立冻融后再生混凝土的本构模型,拟合得到:

$$\tau_0 = 2.86 f_{sp} - 3.79 \tag{7-55}$$

单轴抗压强度、单轴抗拉强度和直接剪切强度见表7-5。

单轴抗压强度、单轴抗拉强度和直接剪切强度   表 7-5

冻融循环次数	取代率（%）	单轴抗压强度 f_{cu}（MPa）	单轴抗拉强度 f_{sp}（MPa）	直接剪切强度 τ_0（MPa）
0	0	51.1	3.34	5.66
100	0	41.7	2.69	3.80
200	0	35.3	1.79	1.23
0	50	53.5	3.56	6.29
100	50	46.6	3.17	5.18
200	50	43.0	2.52	3.32
0	100	54.1	3.27	5.46
100	100	47.3	3.01	4.72
200	100	43.8	2.57	3.46

将$(\sigma_r, \sigma_\theta, \tau)$分别按$(-f_{cu}, 0, 0)$、$(f_{sp}, 0, 0)$、$(0, 0, \tau)$依照表7-6的数据代入式(7-55)解方程可得到$a$、$b$、$c$的数值，见表7-6。将表7-6中的$a$、$b$、$c$代入式(7-55)，即可得到不同再生粗骨料取代率和冻融循环次数再生混凝土的破坏准则。

破坏强度参数值   表 7-6

冻融循环次数	取代率（%）	a	b	c
0	0	0.090	2.508	12.453
0	50	0.096	2.702	12.984
0	100	0.082	2.623	12.270
50	100	0.077	2.649	11.795
100	0	0.074	2.269	10.381
100	50	0.091	2.861	12.008
100	100	0.081	2.671	11.523
150	100	0.072	2.255	10.660
200	0	0.048	2.354	5.050
200	50	0.063	2.002	9.681
200	100	0.064	2.077	9.893

将$\sigma_{r,d'+h_r}$、$\sigma_{\varphi,d'+h_r}$、$\tau_{d'+h_r}$代入式(7-55)，a、b、c取值见表7-6，可以计算出e'的代表值，e'是一个关于α的函数，即：

$$e' = g(a) \tag{7-56}$$

将式(7-56)代入式(7-45)，即可得到τ的计算式，该计算式是一个关于α的函数：

$$\tau = \tau(\alpha) \tag{7-57}$$

基于式(7-57)，利用$\frac{\partial \tau}{\partial \alpha} = 0$，求出拔出破坏试件粘结应力$\tau$的最大值$\tau_{max,b}$及对应劈裂角为$\alpha_b$值。

7.5.3　临界楔形劈裂角

利用式(7-46)和式(7-55)分别求出劈裂破坏粘结强度$\tau_{u,cp}$和拔出破坏的粘结强度$\tau_{u,cb}$，其破坏形态及粘结强度满足下式：

$$\tau_u = \begin{cases} \tau_{u,cp} & \tau_{u,cp} < \tau_{u,cb} \quad \text{劈裂破坏} \\ \tau_{u,cp} & \tau_{u,cp} = \tau_{u,cb} \quad \text{临界状态} \\ \tau_{u,cb} & \tau_{u,cp} > \tau_{u,cb} \quad \text{拔出破坏} \end{cases} \tag{7-58}$$

当围压应力较大或保护层厚度较大时，试件峰值荷载时的楔形劈裂角α_b相对较小，试件发生拔出破坏；当围压应力较小或保护层厚度较小时，试件峰值荷载时的楔形劈裂角α_p相对较大，试件发生劈裂破坏；当侧压应力达到临界值时，试件沿两个界面同时破坏，这时的楔形劈裂角为临界劈裂角α_c，满足如下关系式：

$$\alpha_p \leqslant \alpha_c \leqslant \alpha_b < \theta \tag{7-59}$$

式中：θ为钢筋肋面角，本书钢筋值为 43.83°。

假定试件受到均匀围压荷载，则将围压q作为一个变量，根据$\tau_{max,p} = \tau_{max,b}$可以解出围压临界围压$q_c$，当围压应力$q > q_c$时，试件为拔出破坏，当$q < q_c$时为劈裂拔出破坏。

可以按如下的流程求出临界楔形劈裂角和临界侧压q_c：

第一步：利用式(7-45)、式(7-46)可以求出劈裂破坏时对应的$e' = e'_p$；

第二步：假设弹性区域和塑性区域的临界界面到钢筋形心距离$e'_c = e'_p$，$e'_b = e'_c = e'_p$，将e'_b代入式(7-35)、式(7-37)、式(7-45)后再将得到的$\sigma_{r,d'+h_r}$、$\sigma_{\varphi,d'+h_r}$、$\tau_{c'+h_r}$代入式(7-55)，求解方程，即可求出相应的临界楔形劈裂角$\alpha_c = \alpha_p = \alpha_b$；

第三步：将得到的α_c、e'_c代入式(7-46)即可得到相应的临界粘结强度$\tau_{u,c}$。

7.6　理论值与试验结果的比较

7.6.1　无侧压作用下粘结试件理论值与试验值比较

当没有侧压作用时，试件以冻融次数和再生粗骨料取代率为自变量全面正交，其理论计算值与试验结果对比如表 7-7 所示。表中e_b和e_p分别表示按照拔出破不和劈裂破坏进行理论计算时的弹性套筒与软化套筒分界面到钢筋轴线中心的距离；α_b和α_p分别表示拔出破坏和劈裂破坏时劈裂角的取值；$\tau_{u,cb}$和$\tau_{u,cp}$分别表示按照拔出破坏和劈裂破坏计算式计算出的粘结强度；$\tau_{u,c}$表示粘结强度的计算值；$\tau_{u,t}$表示粘结强度的试验值。

无侧压作用时试件粘结强度理论计算值$\tau_{u,c}$与试验值$\tau_{u,t}$比较　　　　表 7-7

试件编码	e_b（mm）	e_p（mm）	α_b（°）	α_p（°）	$\tau_{u,cb}$（MPa）	$\tau_{u,cp}$（MPa）	$\tau_{u,c}$（MPa）	$\tau_{u,t}$（MPa）	$\tau_{u,c}/\tau_{u,t}$
G-F0-R100-ξ0-k0-d22	43	51	35	43	17.7	14.2	14.2	13.1	1.08
G-F0-R100-ξ0-k0-d20	30	51	35	42	18.9	18.2	18.2	16.5	1.10
G-F0-R100-ξ0-k0-d16	23	51	35	41	19.7	23.5	19.7	17.6	1.12
G-F0-R100-ξ0-k0-d12	18	51	35	40	20.6	32.3	20.6	18.2	1.13
G-F100-R100-ξ0-k0-d22	30	51	33	43.5	15.6	12.8	12.8	11.4	1.12

续表

试件编码	e_b（mm）	e_p（mm）	α_b（°）	α_p（°）	$\tau_{u,cb}$（MPa）	$\tau_{u,cp}$（MPa）	$\tau_{u,c}$（MPa）	$\tau_{u,t}$（MPa）	$\tau_{u,c}/\tau_{u,t}$
G-F100-R100-ξ0-k0-d20	23	51	32	42.5	16.4	16.5	16.4	15.9	1.04
G-F100-R100-ξ0-k0-d16	19	51	32	41.5	17.6	21.2	17.6	17	1.03
G-F100-R100-ξ0-k0-d12	15	51	32	40.5	19.2	29.2	19.2	17.9	1.07
G-F200-R100-ξ0-k0-d22	41	51	32	43.8	15.6	10.8	10.8	10.6	1.02
G-F200-R100-ξ0-k0-d20	31	51	32	43	16.9	13.8	13.8	13.9	0.99
G-F200-R100-ξ0-k0-d16	23	51	32	42	17.4	17.8	17.4	15.7	1.11
G-F200-R100-ξ0-k0-d12	18	51	32	41	19.0	24.5	19	16.8	1.13
平均值	—	—	—	—	—	—	—	—	1.08

从表 7-7 可以看出，利用软化套筒理论进行计算时，可以从理论计算区分出试件的破坏形态，当保护层厚度c较大时，按劈裂破坏理论即式(7-45)计算得到数值大于按拔出破坏理论即式(7-57)计算得到的试验值，试件的破坏形态为拔出破坏；反之，当保护层厚度较小时，试件破坏形态为劈裂破坏，两者的界限即为界限保护层厚度c_{max}。将不同保护层厚度试件粘结强度理论计算值和试验值之间的比较及其破坏形态绘制于图 7-25。

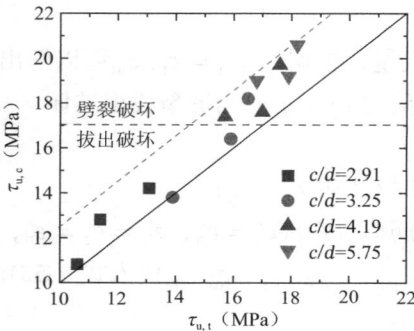

图 7-25　无侧压试件粘结强度理论计算值$\tau_{u,c}$与试验值$\tau_{u,t}$比较

从图 7-25 可以看出，冻融损伤改变了界限保护层厚度c_{max}的大小，冻融前试件的c_{max}为 $3.25d$；冻融后，c_{max}增加到 $4.19d$。劈裂破坏试件的计算值和计算值之间的吻合程度较好，两者间的平均偏差为 5%；但是对于拔出破坏试件，两者间的平均偏差为 11%，明显大于劈裂破坏试件的相应偏差。总体来说，粘结强度理论值和试验值之间的偏差在 -1%～13% 之间，平均偏差为 8%，吻合性较好。

7.6.2　单侧压作用下粘结试件理论值与试验值比较

对于单侧压作用下试件（A、B、C 组试件），其破坏形态均为劈裂破坏或劈裂-拔出破坏，采用最小拉应力计算得出粘结强度$\tau_{u,min}$的结果及试验结果$\tau_{u,t}$见表 7-8，劈裂角α_p的取值见式(7-48)～式(7-50)。采用平均拉应力计算得到粘结强度平均值$\tau_{u,ave}$的结果见表 7-9，劈裂角α_p均取值为钢筋肋面角$\alpha_p = \theta = 43.83°$。

单向侧压力下试件粘结强度的理论值和试验值比较　　　　　表 7-8

试件编号	e'（mm）	α（°）	$\tau_{u,min}$ MPa	$\tau_{u,t}$（MPa）	$\tau_{u,min}/\tau_{u,t}$	平均值
A-F0-R100-ξ0-k0	52	43.8	17.5	16.5	1.06	
A-F50-R100-ξ0-k0	52	43.8	16.6	16	1.04	
A-F100-R100-ξ0-k0	52	43.8	16.2	15.6	1.04	1.03
A-F150-R100-ξ0-k0	52	43.7	14.9	14.5	1.03	
A-F200-R100-ξ0-k0	52	43.7	13.9	13.9	1.00	

试件编号	e'（mm）	α（°）	$\tau_{u,min}$（MPa）	$\tau_{u,t}$（MPa）	$\tau_{u,min}/\tau_{u,t}$	平均值
A-F0-R100-ξ0.1-k0	50	40.5	18.9	19.1	0.99	
A-F50-R100-ξ0.1-k0	50	39.6	18.5	18.7	0.99	
A-F100-R100-ξ0.1-k0	50	38.8	18.6	18.4	1.01	0.99
A-F150-R100-ξ0.1-k0	50	37.9	17.7	17.7	1.00	
A-F200-R100-ξ0.1-k0	51	37	17	17.4	0.98	
A-F0-R100-ξ0.2-k0	50	38.9	20	20.3	0.99	
A-F50-R100-ξ0.2-k0	50	37.7	19.9	20.1	0.99	
A-F100-R100-ξ0.2-k0	50	36.4	20.3	19.5	1.04	1.00
A-F150-R100-ξ0.2-k0	50	35.1	19.6	19.5	1.01	
A-F200-R100-ξ0.2-k0	50	33.8	19.2	19.5	0.98	
A-F0-R100-ξ0.3-k0	50	38.2	20.6	21.1	0.98	
A-F50-R100-ξ0.3-k0	50	36.7	20.7	20.9	0.99	
A-F100-R100-ξ0.3-k0	50	35.2	21.2	20.7	1.02	1.00
A-F150-R100-ξ0.3-k0	50	33.8	20.7	20.5	1.01	
A-F200-R100-ξ0.3-k0	50	32.3	20.4	20.7	0.99	
A-F0-R100-ξ0.4-k0	50	37.8	20.9	21.8	0.96	
A-F50-R100-ξ0.4-k0	50	36.3	21.1	21.5	0.98	
A-F100-R100-ξ0.4-k0	50	34.7	21.7	21.7	1.00	0.99
A-F150-R100-ξ0.4-k0	50	33.1	21.2	21	1.01	
A-F200-R100-ξ0.4-k0	50	31.6	21.1	21.3	0.99	
B-F100-R0-ξ0-k0	50	39	16.1	16.2	0.99	
B-F100-R0-ξ0.1-k0	49	35.5	18.8	18.7	1.01	
B-F100-R0-ξ0.2-k0	49	33.5	20.6	20.6	1.00	1.00
B-F100-R0-ξ0.3-k0	49	33	21.6	21.8	0.99	
B-F100-R0-ξ0.4-k0	48	32	22.9	23.0	1.00	
B-F100-R50-ξ0-k0	49	43	16.1	15.3	1.05	
B-F100-R50-ξ0.1-k0	49	39.5	18.6	18.1	1.03	
B-F100-R50-ξ0.2-k0	48	38	20.0	20.2	0.99	1.00
B-F100-R50-ξ0.3-k0	48	37.5	21.0	21.2	0.99	
B-F100-R50-ξ0.4-k0	48	37	21.6	22.8	0.95	
C-F0-R0-ξ0.2-k0	50	42	15.8	15.6	1.01	1.00
C-F200-R0-ξ0.2-k0	49	38.5	18.3	18.4	0.99	
C-F0-R50-ξ0.2-k0	49	37.5	19.3	19.8	0.97	0.99
C-F200-R50-ξ0.2-k0	49	36	20.9	20.7	1.01	
平均值	—	—	—	—	1.01	—

从表 7-8 可以看出，利用最小应力界面进行理论计算得到的计算值$\tau_{u,min}$和试验值$\tau_{u,t}$的符合性较好，两者之间的差异不超过 7%，这说明采用最小应力界面进行理论分析是可行的。

平均应力进行理论计算参数及计算结果与试验值比较　　　　表 7-9

试件编号	e'（mm）	α（°）	$\tau_{u,ave}$（MPa）	$\tau_{u,t}$（MPa）	$\tau_{u,ave}/\tau_{u,t}$	平均值
A-F0-R100-ξ0-k0	52	43.83	20.0	19.1	1.05	
A-F50-R100-ξ0-k0	53	43.83	19.2	18.7	1.03	
A-F100-R100-ξ0-k0	53	43.83	18.8	18.4	1.02	1.02
A-F150-R100-ξ0-k0	53	43.83	17.6	17.7	0.99	
A-F200-R100-ξ0-k0	54	43.83	17.2	17.4	0.99	
A-F0-R100-ξ0.1-k0	54	43.83	23.3	20.3	1.15	
A-F50-R100-ξ0.1-k0	54	43.83	22.5	20.1	1.12	
A-F100-R100-ξ0.1-k0	54	43.83	22.1	19.5	1.13	1.1
A-F150-R100-ξ0.1-k0	55	43.83	20.8	19.5	1.07	
A-F200-R100-ξ0.1-k0	55	43.83	19.9	19.5	1.02	
A-F0-R100-ξ0.2-k0	55	43.83	26.6	21.1	1.26	
A-F50-R100-ξ0.2-k0	56	43.83	25.8	20.9	1.23	
A-F100-R100-ξ0.2-k0	56	43.83	25.4	20.7	1.23	1.21
A-F150-R100-ξ0.2-k0	56	43.83	24.2	20.5	1.18	
A-F200-R100-ξ0.2-k0	57	43.83	23.3	20.7	1.13	
A-F0-R100-ξ0.3-k0	57	43.83	29.9	21.8	1.37	
A-F50-R100-ξ0.3-k0	57	43.83	28	21.5	1.30	
A-F100-R100-ξ0.3-k0	57	43.83	28.71	21.7	1.32	1.32
A-F150-R100-ξ0.3-k0	58	43.83	27.5	21.0	1.31	
A-F200-R100-ξ0.3-k0	59	43.83	27.3	21.3	1.28	
平均值	—	—	—	—	1.16	—

从表 7-9 可以看出，$\tau_{u,ave}$ 普遍高于试验值 $\tau_{u,t}$，高出的幅度随着单向侧压力比 ξ 的增加而加大，当单向侧压力比 $\xi = 0.1f_c$、$0.2f_c$、$0.3f_c$、$0.4f_c$ 时，$\tau_{u,ave}$ 高出 $\tau_{u,t}$ 分别为 2%、10%、21%、32%，劈裂角均取值其理论上的最大值 $\alpha = \theta$，实际上劈裂角 α 一般来说均小于 θ，这意味着实际上理论计算值和试验值的差值更大。

将表 7-9 中理论值和试验值之间的比较绘制成图 7-26，从图中可以直观地看出，当侧压应力较小时，两种理论计算值与试验值均较为接近，这也是很多文献采用平均应力来计算粘结强度的原因；当侧压应力较大时，平均应力理论计算值与试验值的差距逐渐拉大，而最小应力计算值与试验值仍较为接近。这主要是因为劈裂破坏是由最小劈裂力 $F_{\theta=0}$ 决定的，其在数值上远小于平均劈裂力 $\overline{F}_\theta$。

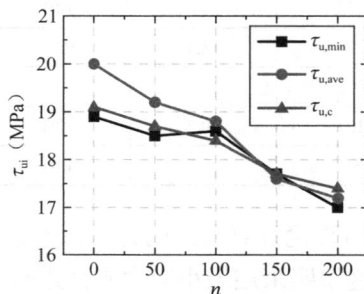

(a) $\xi = 0.1$

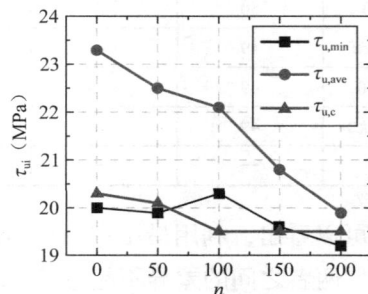

(b) $\xi = 0.2$

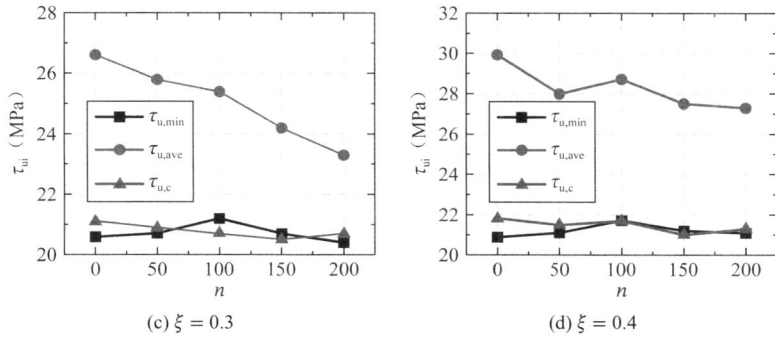

(c) $\xi = 0.3$　　　　　　　　(d) $\xi = 0.4$

图 7-26　两种不同计算值与试验值比较

7.6.3　双侧压作用下粘结试件理论值与试验值比较

双侧压作用试件粘结强度的理论值$\tau_{u,c}$和试验值$\tau_{u,t}$之间比较见表 7-10。

双向侧压力下粘结强度的理论值$\tau_{u,c}$与试验值$\tau_{u,t}$比较　　　　表 7-10

试件编号	e'_b（mm）	e'_p（mm）	α_b（°）	α_p（°）	$\tau_{u,cb}$（MPa）	$\tau_{u,cp}$（MPa）	$\tau_{u,c}$（MPa）	$\tau_{u,t}$（MPa）	$\tau_{u,c}/\tau_{u,t}$
D-F100-R100-ξ0-k0	51	51	26.7	43.6	24.9	15.9	15.9	16.5	0.96
D-F100-R100-ξ0.025-k1	51	52	26.6	42.0	26.7	17.9	17.9	17.8	1.01
D-F100-R100-ξ0.5-k0.5	46	52	26.5	42.0	27.4	18.5	18.5	18.5	1.00
D-F100-R100-ξ0.5-k1	34	52	26.4	42.0	25.5	19.1	19.1	19.5	0.98
D-F100-R100-ξ0.1-k0	34	51	26.4	43.0	25.5	17.8	17.8	18.4	0.97
D-F100-R100-ξ0.1-k0.25	29	53	26.3	42.0	24.0	19.7	19.7	19.7	1.00
D-F100-R100-ξ0.1-k0.5	26	53	26.2	41.0	23.1	21.0	21	20.7	1.01
D-F100-R100-ξ0.1-k1	25	54	26.2	40.0	23.6	23.0	23	21.6	1.06
D-F100-R100-ξ0.2-k0	25	52	26.2	41.0	23.6	21.5	21.5	19.8	1.09
D-F100-R100-ξ0.2-k0.25	24	54	26.3	40.0	24.7	24.3	24.3	21.5	1.13
D-F100-R100-ξ0.2-k0.5	22	55	26.1	38.5	23.7	27.0	23.7	23.1	1.03
D-F100-R100-ξ0.2-k1	20	56	26.0	38.3	24.0	29.9	24	24.0	1.00
D-F100-R100-ξ0.3-k0	22	53	26.1	38.5	23.7	22.1	22.1	20.7	1.07
D-F100-R100-ξ0.3-k0.25	22	56	26.1	38.3	25.1	24.7	24.7	22.3	1.11
D-F100-R100-ξ0.3-k0.5	20	56	26.0	38.1	24.9	26.5	24.9	24.6	1.01
D-F100-R100-ξ0.3-k1	18	58	25.9	38.0	25.6	35.7	25.6	24.3	1.05
D-F100-R100-ξ0.4-k0	20	56	26.0	40.0	24.0	28.1	24	21.7	1.11
D-F100-R100-ξ0.4-k0.25	20	57	26.0	39.5	25.9	31.2	25.9	23.5	1.10
D-F100-R100-ξ0.4-k0.5	18	58	25.9	39.0	25.6	34.5	25.6	24.1	1.06
D-F100-R100-ξ0.4-k1	16	59	25.8	38.5	26.4	40.6	26.4	24.6	1.07
E-F0-R0-ξ0.2-k0.5	15	55	24.6	38.5	24.2	29.0	24.2	23.8	1.02
E-F100-R0-ξ0.2-k0.5	22	54	29.2	38.4	22.7	24.3	22.7	22.5	1.01
E-F200-R0-ξ0.2-k0.5	56	55	36.5	38.0	20.2	19.1	19.1	20.5	0.93
E-F0-R50-ξ0.2-k0.5	14	53	22.5	38.0	26.2	30.0	26.2	23.4	1.12
E-F100-R50-ξ0.2-k0.5	16	53	23.0	38.0	26.5	27.6	26.5	22.6	1.17
E-F200-R50-ξ0.2-k0.5	22	54	32.9	38.0	18.7	23.6	18.7	21.3	0.88

续表

试件编号	e'_b （mm）	e'_p （mm）	α_b （°）	α_p （°）	$\tau_{u,cb}$ （MPa）	$\tau_{u,cp}$ （MPa）	$\tau_{u,c}$ （MPa）	$\tau_{u,t}$ （MPa）	$\tau_{u,c}/\tau_{u,t}$
E-F0-R100-ξ0.2-k0.5	14	59	24.1	38.9	24.4	28.2	24.4	23.7	1.03
E-F50-R100-ξ0.2-k0.5	16	55	24.9	38.7	23.7	27.3	23.7	23.7	1.00
E-F150-R100-ξ0.2-k0.5	22	55	26.1	38.5	23.7	27.0	23.7	23.1	1.03
E-F200-R100-ξ0.2-k0.5	22	55	29.2	38.3	23.4	25.6	23.4	23.2	1.01
平均值	—	—	—	—	—	—	—	—	1.03

利用表 7-10 绘制出图 7-27，从图 7-27 可以看出，理论计算值 $\tau_{u,c}$ 和试验值 $\tau_{u,t}$ 总体来说较为吻合，两者偏差范围为 −12%～17%，平均偏差幅度为 3%，但劈裂-拔出破坏试件粘结强度理论值和计算值吻合性相对更好，平均偏差为 2%，拔出破坏试件粘结强度计算值明显高于计算值，两者偏差幅度为 4%，这主要是劈裂-拔出破坏采用的是最小应力界面来进行计算的，试件实际受力状况和理论计算采用的受力较为吻合，拔出破坏试件实际上不同方向的受力并不相同，峰值荷载时钢筋与混凝土界面不同方向混凝土破坏也并非同步，理论计算时则假定它们为同时破坏，这就导致理论计算值大于试验值。

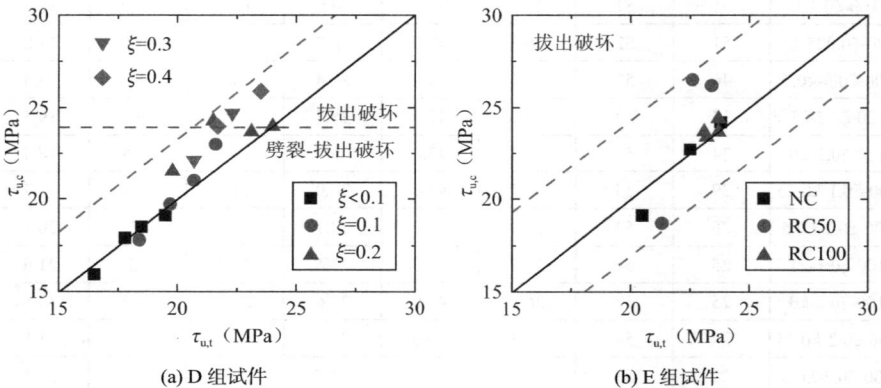

图 7-27　双侧压试件粘结强度的理论计算值与试验值比较

7.7　本章小结

（1）冻融后多向侧压作用下的拉拔试件有三种破坏模式，即劈裂-拔出破坏、拔出破坏和钢筋屈服破坏。不同破坏模式对应着不同的临界粘结强度，其中关键在于平均侧向压应力（q_m）的大小。当 q_m 低于 $0.12f_{cu}$ 时，试件破坏模式为劈裂-拔出破坏。相反，如果 q_m 超过 $0.21f_{cu}$，则试件破坏模式会转变为钢筋屈服破坏。q_m 在两个应力阈值范围内时，试件的破坏模式为拔出破坏。当 $k = 3$ 时，裂缝主要沿一个方向发展。当 P_1/P_2 为 2、1 时，裂缝在施加侧压的两个方向均有分布，并且 $k = 1$ 时，P_2 方向的裂缝分布长度大于 $k = 2$ 时 P_2 方向的裂缝分布长度。

（2）再生粗骨料取代率、侧向压力和冻融循环对粘结性能存在交叉耦合影响。然而，侧向压力的有利影响削弱了其他两个因素的不利影响。粘结强随着侧向压力的增加而增加。在双侧压作用下，第一侧压力引起钢筋再生混凝土的粘结强度增幅为 19%～53%，明显大于第二侧压力引起的粘结强度增幅 7%～33%。

（3）再生粗骨料取代率的提高导致试件粘结强度降低的幅度不超过 6%。当冻融循环次数少于 100 次时，由于再生骨料的交界面处较为脆弱，粘结强度会随着再生粗骨料取代率的提高而有所降低。然而，当冻融循环次数超过 100 次时，由于试件按照同强度等级配制，再生混凝土试件比普通混凝土试件的水灰比更低，内部孔隙率会更小，粘结强度反而会随着再生粗骨料取代率的增加而增强。

（4）在试件应力条件相同的情况下，粘结强度会随着冻融循环次数的增加而降低。在没有侧向压力的试件中，粘结强度下降幅度最大。此外，冻融损伤对试件粘结强度的不利影响超过了再生粗骨料取代率的不利影响。

（5）本研究采用应力场叠加的方法，提出冻融循环后多向侧压状态下试件的应力分析模型。将空间强度理论模型和临界劈裂角理论融合到软化套筒理论中，建立了修正后的软化套筒理论。因此，原软化套筒理论的适用范围从劈裂破坏扩展到劈裂破坏和拔出破坏。

（6）修改后的软化套筒理论不仅能计算钢筋再生混凝土试件的粘结强度，还能精确预测拉拔试件破坏时的临界侧向压应力与破坏模式。通过对比，发现不同侧向压力作用下粘结强度理论的计算值与试验结果总体上非常吻合。

参考文献

[1]　过镇海, 时旭东. 钢筋混凝土原理和分析[M]. 北京: 清华大学出版社, 2003.

[2]　王传志, 滕志明. 钢筋混凝土结构理论[M]. 北京: 中国建筑工业出版社, 1985.

[3]　Cox J V, Bergeron C K. Bond between carbon fiber reinforced polymer bars and concrete. Ⅱ: computational modeling[J]. Journal of Composites for Construction, 2003, 7(2): 164-171.

[4]　Lv L S, Yang H F, Zhang T, et al. Bond behavior between recycled aggregate concrete and deformed bars under uniaxial lateral pressure[J]. Construction and Building Materials, 2018, 185: 12-19.

[5]　Zhang X, Dong W, Zheng J J, et al. Bond behavior of plain round bars embedded in concrete subjected to lateral tension[J]. Construction and Building Materials, 2014, 54(3): 17-26.

[6]　Zhang X, Wu Z, Zheng J, et al. Experimental study on bond behavior of deformed bars embedded in concrete subjected to biaxial lateral tensile compressive stresses[J]. Journal of Materials in Civil Engineering, 2014, 26(4): 761-772.

[7]　吕梁胜. 复杂多轴应力状态下再生混凝土与钢筋粘结性能研究[D]. 南宁: 广西大学, 2018.

[8]　Xu F, Wu Z, Zhang J, et al. Experimental study on the bond behavior of reinforcing bars embedded in concrete subjected to lateral pressure[J]. Journal of Materials in Civil Engineering, 2012, 24(1): 125-133.

[9]　徐有邻. 变形钢筋-混凝土粘结锚固性能的试验研究[D]. 北京: 清华大学, 1990.

[10]　Choi O C, Choi H. Bearing angle model for bond of reinforcing bars in concrete[J]. ACI Structural Journal, 2017(5): 245-253.

[11]　Tepfers R. Cracking of concrete cover along anchored deformed reinforcing bars[J]. Magazine of concrete research, 1979, 31(106): 3-12.

第 8 章

高温后再生混凝土 – 钢筋粘结滑移性能

8.1 概述

火灾是结构服役期间发生频率最高的灾害之一，高温作用不仅会导致混凝土材料的强度发生退化，还会使钢筋和基体混凝土出现脱粘，极大限度地降低结构的承载性能，导致火灾中的建筑安全受到严重威胁，因此有必要对高温后再生混凝土结构的粘结滑移性能进行研究[1-2]。本章通过试验研究，介绍了高温后钢筋与再生混凝土间的粘结滑移性能，以期为火灾后再生混凝土结构的安全评估和结构加固提供参考。

8.2 试验设计

8.2.1 原材料及配合比

本试验中混凝土采用海螺牌 P·O 42.5 普通硅酸盐水泥，粗骨料、细骨料与水来源于第 2.2.2 节。天然粗骨料与再生粗骨料粒径一致，均为 5～30mm，天然粗骨料和再生粗骨料基本性能如表 8-1 所示。依据规范《再生骨料应用技术规程》JGJ/T 240—2011 中关于可用于结构性混凝土的再生粗骨料分级要求，本批次再生骨料表观密度可达"Ⅰ"标准，压碎指标达"Ⅱ"标准，吸水率指标达"Ⅱ"标准，因此属于二类骨料。

本试验设计了同强度等级不同取代率的试验配合比，共分为 5 个再生粗骨料取代率（0%、30%、50%、70% 和 100%），考虑到再生粗骨料自身的吸水性，试验增加了附加水的用量，通过试配测定试件的 28d 强度，最终确定的再生混凝土试件配合比如表 8-2 所示。

试验钢筋为直径 20mm 的 HRB400 螺纹钢，材料性能见表 8-3，箍筋采用直径为 6mm 和 8mm 的 HPB300 钢筋。

粗骨料的基本性能 表 8-1

粗骨料	粒径（mm）	表观密度（kg/m³）	堆积密度（kg/m³）	吸水率（%）	压碎指标（%）
天然粗骨料	5～30	3105	1524	2.1	12.60
再生粗骨料		2606	1323	4.6	12.63

试验配合比 表 8-2

编号	水灰比	取代率	材料用量（kg/m³）					
			水泥	砂	再生骨料	天然骨料	水	附加水
NC-0	0.46	0	402	544	0	1269	185	0
RC-30	0.39	30%	475	522	365	853	185	18
RC-50	0.38	50%	487	518	605	605	185	30
RC-70	0.37	70%	500	515	840	360	185	42
RC-100	0.35	100%	529	506	1180	0	185	59

钢筋材性 表 8-3

钢筋直径（mm）	屈服力（kN）	弹性模量（MPa）	螺纹承载力（kN）
20	213	2.17×10^5	178
16	145	2.11×10^5	129

8.2.2　试件设计

依据表 8-2 中的混凝土配合比制作中心拉拔试件，试件共分为 4 组，分别对应受到常温（20℃）、300℃、400℃和500℃的试件，试件尺寸均为 150mm × 150mm × 150mm。钢筋与再生混凝土间的粘结长度取为 5 倍的钢筋直径（即 $l = 5d$），粘结段设置在混凝土试件的中间位置，试件的箍筋尺寸取为 100mm × 100mm，间距为 100mm。同时，为研究不同横向箍筋约束试件在高温后的粘结滑移性能，设计了 $\phi6$ 和 $\phi8$ 两种直径箍筋，每种箍筋各设计 12 个试件，带箍筋试件的再生粗骨料取代率设为 100%。本试验所有混凝土的强度等级一致，钢筋混凝土试件按照取代率分批进行浇筑，试件浇筑数量见表 8-4，试验一共浇筑了 96 个试件。

钢筋混凝土试件浇筑数量 表 8-4

钢筋	取代率						
	0	30%	50%	70%	100%		
					无箍筋	箍筋$\phi6$	箍筋$\phi8$
$D20$	12	12	12	12	12	12	12
$D16$	—	—	12	—	—	—	—

8.3　高温试验

8.3.1　升温设备与升温制度

再生混凝土试件高温试验采用 DX3-45-9 工业电阻炉作为高温作用设备，该设备通过集成温控加热系统，可实现较为精确的温度控制，满足特定升温制度的试验需求，设备的内部布置情况如图 8-1 所示。

本次试验的高温条件为 300℃、400℃、500℃，试件养护完成并在试验室环境放置 3～5d 后，将试件分批次放入高温电阻炉内进行高温作用，为保证高温后再生混凝土试件的内外温度均匀，当温度达到设计温度后恒温 6h[3]，再自然冷却至常温，高温试验时电阻炉的升温曲线如图 8-2 所示。

图 8-1 试件和升温设备

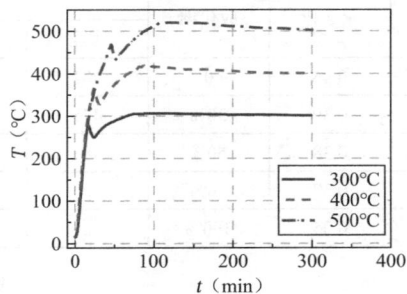

图 8-2 300℃、400℃、500℃试验
温度的升温曲线图

8.3.2 试验现象

不同高温后的混凝土试件形态如图 8-3、图 8-4 所示，从图中可知，当试件处于常温状态时，试件外观呈青色，天然混凝土和再生混凝土外观无明显差别；当试件所处试验温度达到 300℃时，外观与常温下的混凝土试件相比，颜色偏暗，呈灰偏黄色，再生混凝土试件外观颜色较天然混凝土深；当试件所处试验温度达到 400℃时，天然混凝土和再生混凝土试件的表面均覆盖着一层薄薄的粉状物质，两种试件表面呈黄偏灰色，且均出现少量裂纹，这是由于在高温作用下，混凝土中的部分水分蒸发和膨胀，导致混凝土试件受到内压力而开裂；当试件所处试验温度达到 500℃时，再生混凝土试件与天然混凝土试件表面均呈浅灰褐色，其中天然混凝土试件表面的裂纹数量较再生混凝土多，表面层粉状物质明显，部分试件出现边角裂纹。

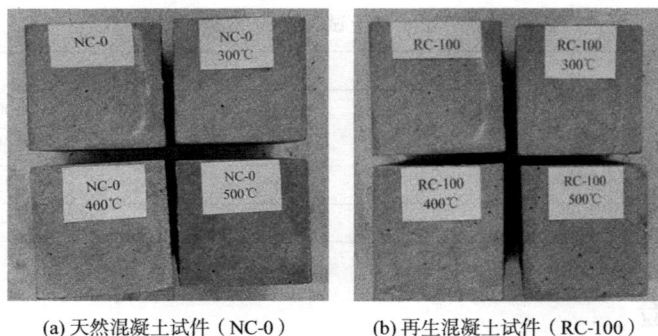

(a) 天然混凝土试件（NC-0）   (b) 再生混凝土试件（RC-100）

图 8-3 不同高温后的混凝土试件

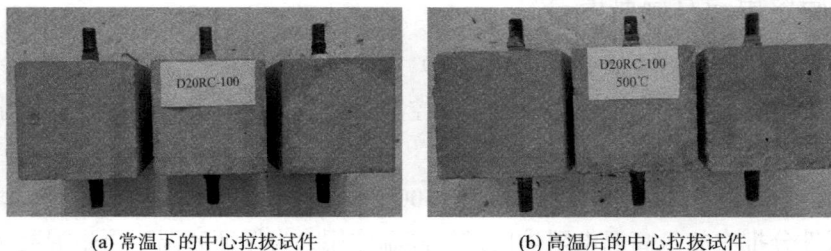

(a) 常温下的中心拉拔试件   (b) 高温后的中心拉拔试件

图 8-4 高温作用前后的中心拉拔试件（RC100）

8.4　高温后钢筋与再生混凝土粘结滑移性能试验研究

8.4.1　试验装置和加载制度

本试验中试验装置和加载制度与第 2.2.2 节相同。

8.4.2　高温后钢筋与再生混凝土间的粘结-滑移试验曲线

通过中心拉拔试验得到不同高温作用后再生混凝土试件的粘结-滑移曲线,如图 8-5 所示,图中纵坐标τ表示平均粘结应力,横坐标s表示滑移值,r表示再生骨料的取代率。通过图 8-5 中的钢筋再生混凝土粘结滑移曲线可以看出,高温试件的峰值滑移值明显大于常温试件,而且高温试件的粘结强度明显要小于常温试件。通过对比粘结-滑移曲线下降段发现,常温试件曲线下降段的下降速度要远大于高温试件,这是因为再生混凝土在进行高温试验后,冷却过程吸水膨胀,加大了对钢筋的挤压力,同时,高温后再生混凝土试件的脆性降低,在钢筋拉拔过程中裂缝能够充分发展,一定程度上减缓了粘结应力的下降速度,从而使得下降段曲线较常温试件更为平缓。

本次试验中天然混凝土和再生混凝土试件的试验结果特征值如表 8-5 所示,括号内数据为相对常温试件特征值的损失率。

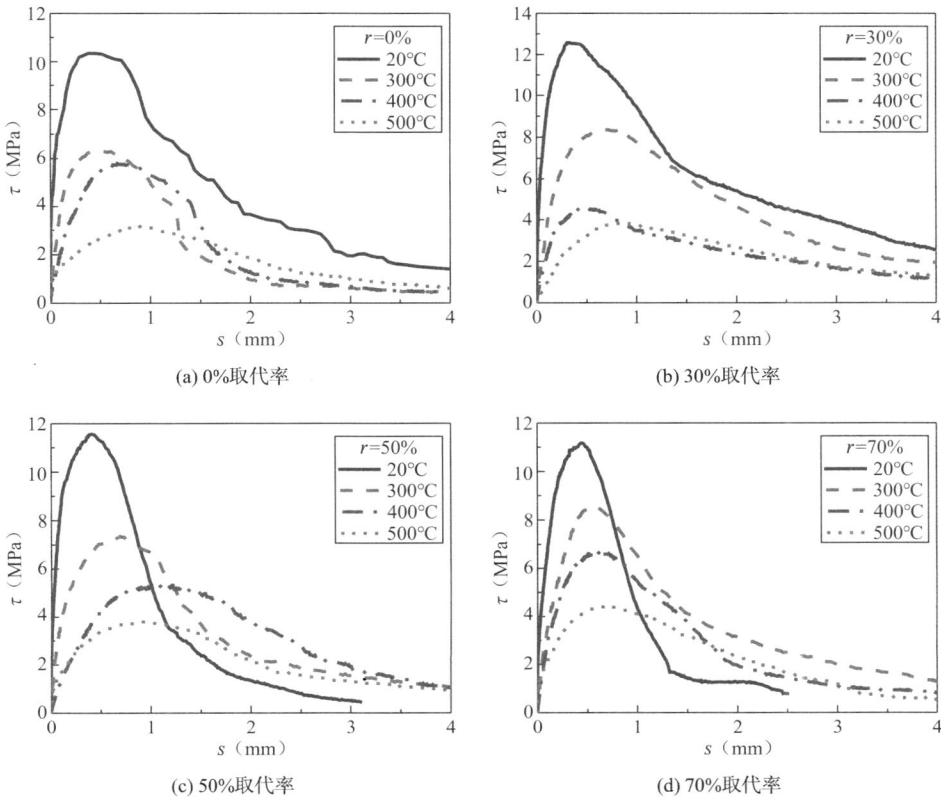

(a) 0%取代率

(b) 30%取代率

(c) 50%取代率

(d) 70%取代率

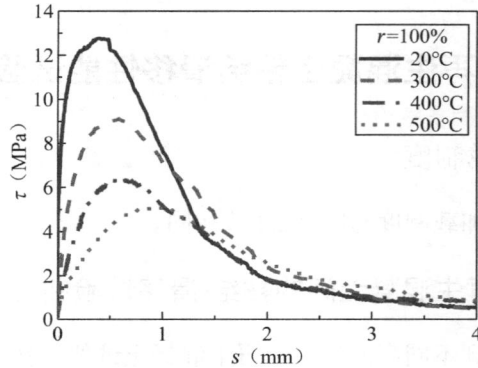

(e) 100%取代率

图 8-5　钢筋再生混凝土粘结-滑移曲线

试验结果特征值　　　　　　　　　　　　　　　　表 8-5

温度（℃）	编号	f_c（MPa）	s（mm）	τ（MPa）
20	NC-0	45.41	0.421	10.375
	RC-30	44.41	0.405	11.681
	RC-50	44.93	0.465	11.883
	RC-70	44.79	0.438	12.416
	RC-100	45.92	0.360	11.359
300	NC-0	40.58	0.482	5.765（−44.4%）
	RC-30	36.19	0.633	9.556（−18.2%）
	RC-50	37.88	0.712	7.724（−35.0%）
	RC-70	35.99	0.659	7.907（−36.3%）
	RC-100	39.71	0.520	8.481（−25.3%）
400	NC-0	34.99	0.752	4.987（−51.9%）
	RC-30	31.94	0.694	4.639（−60.3%）
	RC-50	31.79	0.804	7.035（−40.8%）
	RC-70	30.73	0.597	5.055（−52.3%）
	RC-100	34.47	0.572	5.717（−49.7%）
500	NC-0	23.58	0.904	3.70（−64.3%）
	RC-30	20.52	0.788	3.95（−66.2%）
	RC-50	23.63	0.805	4.67（−60.7%）
	RC-70	24.57	0.656	5.35（−56.9%）
	RC-100	28.62	0.815	5.61（−50.6%）

　　在设计的高温作用下，不同箍筋约束作用再生混凝土试件的粘结-滑移曲线如图 8-6 所示，从图中可知，横向箍筋约束试件的粘结-滑移曲线上升段与无箍筋约束试件基本一致，但下降段的下降速率较无箍筋约束试件明显减缓，并且当滑移值达到 8～9mm 时，横向箍筋约束试件的粘结应力基本不变，部分试件的粘结应力甚至出现了小幅度上升的趋势，这是由于随着裂缝逐渐开展延伸至试件表面，导致试件劈裂破坏，试件劈裂后，仍有横向箍筋能提供约束力，裂缝不能继续开展，此时粘结力主要为摩擦力，因此曲线呈现为近水平

的形态，最后由于钢筋的滑移值太大，导致箍筋的约束作用减小，曲线将会再次出现明显的下降趋势，直至钢筋被拉拔出来。

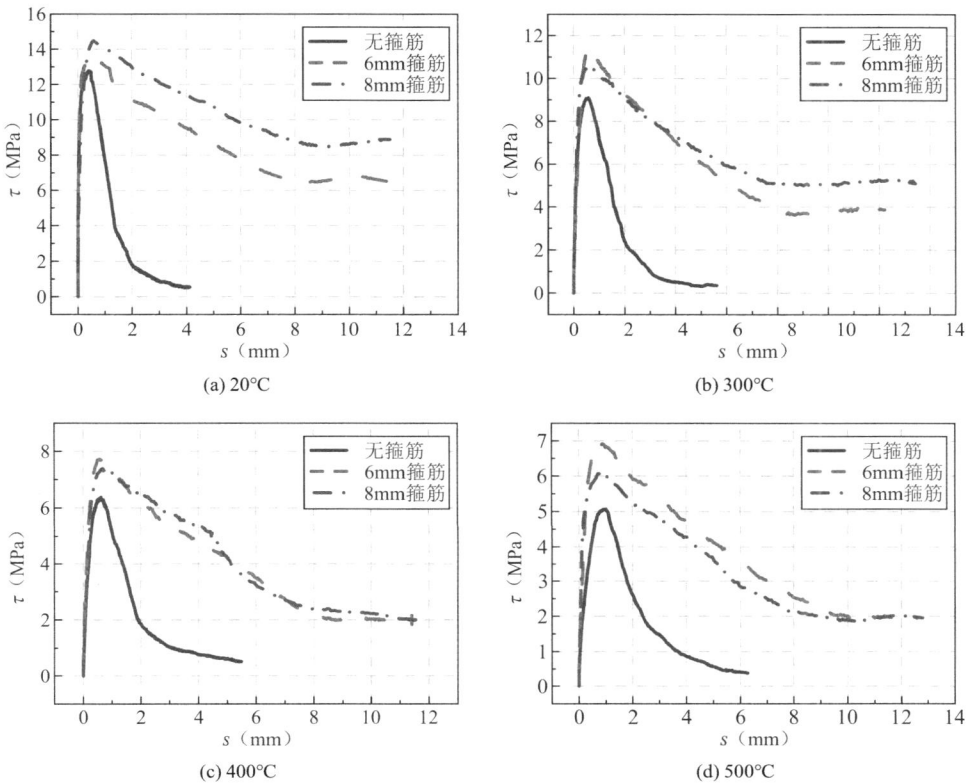

图 8-6 不同箍筋约束试件的粘结-滑移曲线

由图 8-5 和图 8-6 可知，高温后再生混凝土试件的粘结-滑移曲线与常温试件的曲线变化规律基本一致，同时，随着温度的升高，再生混凝土和变形钢筋粘结-滑移曲线的下降段逐渐趋于平坦。

8.4.3 破坏形态

1. 无箍筋约束试件破坏形态

无箍筋约束试件在常温和高温后的加载破坏形态如图 8-7、图 8-8 所示，从图中可知，无箍筋约束试件的破坏模式均为劈裂破坏，试件破坏时均沿径向产生多道裂缝，呈现以钢筋为中心向四周发散的形态，这是因为在拉拔试验过程中，拉应力的增大逐渐加剧试件的裂缝开展程度，使得裂缝贯穿至试件表面，同时裂缝也将沿钢筋纵向开展并贯穿直至试件出现劈裂破坏。从图 8-7（c）中试件的劈裂面可以看出，常温状态的再生混凝土试件破碎时，裂缝开展方向的粗骨料以及水泥浆均出现破裂，少数裂缝沿着骨料表面开展。从图 8-8 可知，高温再生混凝土试件劈裂破坏面的裂缝大多沿着骨料与水泥浆体间的界面破坏，少数裂缝由骨料破裂引起，因此相对于常温试件，高温再生混凝土试件的脆性变形能力较强，延性更好。

(a) 常温下试件　　　　　　　　　(b) 常温试件组合　　　　　　　(c) 常温试件压碎滑移区

图 8-7　常温试件破坏形态（RC-100）

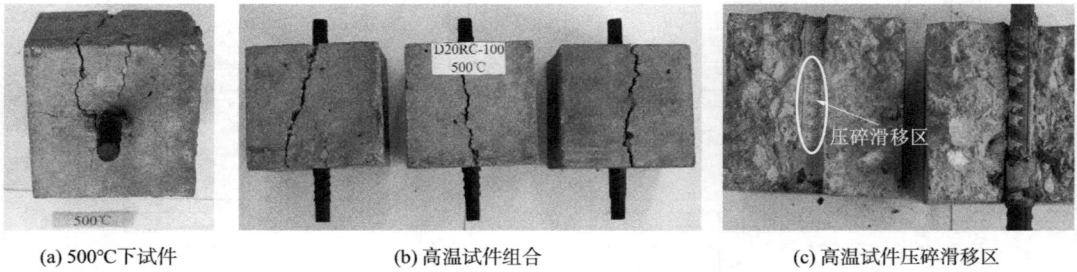

(a) 500℃下试件　　　　　　　　　(b) 高温试件组合　　　　　　　(c) 高温试件压碎滑移区

图 8-8　高温后试件破坏形态（RC-100）

2. 横向箍筋约束试件的破坏形态

横向箍筋约束试件的破坏形态如图 8-9 所示，从图 8-9（a）可以看出，试件破坏时沿钢筋径向产生的裂缝较少，且裂缝未能够延伸至试件表面，从图 8-9（b）可知，试件沿钢筋纵向的贯穿裂缝较少，与径向一致。对比图 8-8 发现，横向箍筋约束试件的破坏模式与无箍筋约束试件相差较大，这是因为当设置有箍筋时，箍筋给混凝土提供了横向约束，较大程度地抑制了裂缝的开展，试件能保持一定的完整性，此时粘结界面中钢筋与再生混凝土之间的破坏模式主要为剪切破坏，随着滑移值的增大，粘结应力呈现出线性减小的变化规律。

横向箍筋约束试件的破坏模式主要为劈裂-拔出破坏，尤其当试件受到高温作用时，内部混凝土因高温损伤产生了部分细小裂缝，随着钢筋对肋前混凝土的挤压应力逐渐增大，相对滑移量增加，造成钢筋与再生混凝土粘结界面局部受压区增多，此时混凝土内部受剪切作用最明显，最终导致钢筋与混凝土机械咬合部位发生剪切破坏而使钢筋拔出。

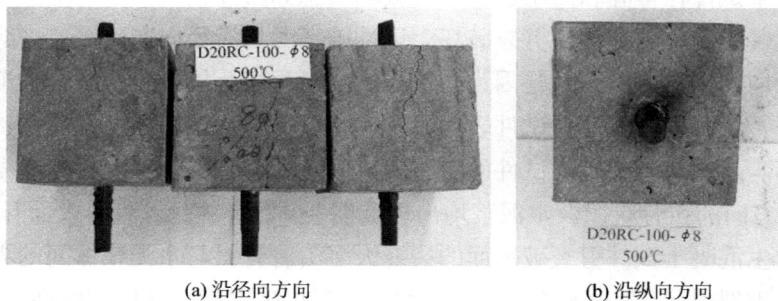

(a) 沿径向方向　　　　　　　　　　　　　(b) 沿纵向方向

图 8-9　高温后箍筋约束试件的破坏状态

8.4.4　粘结滑移性能

1. 高温对粘结滑移性能的影响

钢筋与再生混凝土间的粘结强度和峰值滑移随温度的变化规律如图 8-10 所示，可以看出：钢筋再生混凝土试件随着所受试验温度的升高，粘结强度呈明显减小趋势，且粘结强度减小的速率随着温度的增大而显著减小，而峰值滑移值逐渐上升。对比表 8-5 的试验特征值数据，分析各个温度状态下所有试件的峰值应力和滑移值的平均值，可以发现：相比常温试件的粘结强度，300℃时试件的粘结强度平均损失 31.7%，其中天然混凝土损失最多，达 44.4%；400℃时各试件的粘结强度平均损失 52.5%，取代率为 30% 的再生混凝土损失最多，达 60.3%；500℃时各试件的粘结强度平均损失了 59.7%，取代率为 30% 的混凝土损失最多，达 66.2%。同时，300℃、400℃、500℃时各试件的峰值滑移值平均增加了 40.2%、63.7%、89.9%。从表 8-5 还可以看出，当温度达到 400℃以后，试件的粘结强度较常温试件急剧减小，因此高温作用对钢筋再生混凝土试件的粘结强度影响显著。

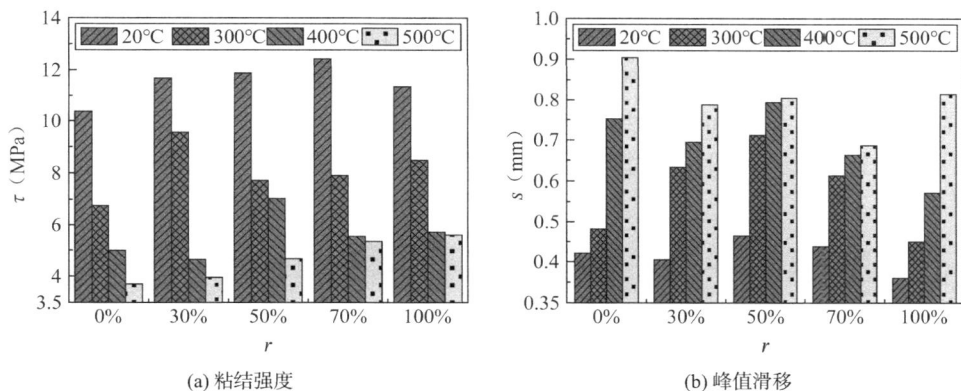

(a) 粘结强度　　　　　　　　　　　(b) 峰值滑移

图 8-10　粘结强度和峰值滑移值

2. 再生骨料取代率对粘结滑移性能的影响

各高温环境不同取代率试件的粘结强度和峰值滑移值如图 8-11 所示。从图 8-11（a）中可以看出，高温钢筋再生混凝土试件的粘结强度随再生骨料取代率的增加整体呈现上升的趋势。结合图 8-10 可以更直观地看出：虽然不同高温试件的粘结强度下降程度各不相同，但随着温度逐渐升高，取代率越大的再生混凝土试件，其粘结强度的下降程度越小。不同取代率试件的峰值滑移值如图 8-11（b）所示。从图中可以看出，随着试验温度的升高，钢筋再生混凝土试件的峰值滑移值逐渐增大。当试验温度达到 300℃时，天然混凝土试件平均峰值滑移值的上升幅度最小，为常温状态时的 12.9%，取代率为 30% 和 50% 的混凝土上升幅度最多，分别为常温试件的 56.2% 和 53.0%。当试验温度达到 400℃时，再生粗骨料取代率为 70% 的试件平均峰值滑移值上升幅度最小，为常温状态时的 49.7%，天然混凝土的峰值滑移值上升幅度最大，为常温试件的 78.9%。500℃时，再生粗骨料取代率为 70% 的试件平均峰值滑移值上升幅度最小，仅为常温状态时的 60.5%，取代率为 100% 的混凝土上升幅度最大，达到了常温试件的 126.4%。

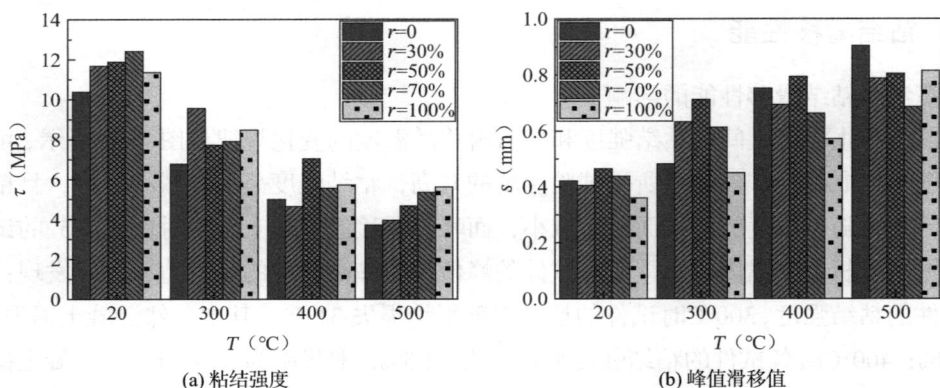

(a) 粘结强度

(b) 峰值滑移值

图 8-11　粘结强度和峰值滑移值

3. 箍筋约束对粘结滑移性能的影响

不同箍筋约束试件的粘结滑移试验结果特征值见图 8-12。从图中可以看出：存在箍筋约束时，试件的平均粘结强度和平均峰值滑移值更大，即箍筋约束对钢筋再生混凝土试件的粘结性能有利；粘结强度和峰值滑移值随着温度的增大，降低的速度逐渐减小；常温状态下 8mm 箍筋约束试件的平均粘结强度比 6mm 箍筋约束试件高 15.03%，而高温后 8mm 箍筋约束试件的平均粘结强度小于 6mm 箍筋约束试件，最大差值达到 15.31%。峰值滑移值的变化规律与粘结强度正好相反，说明高温对不同箍筋直径再生混凝土试件的粘结滑移性能影响显著。

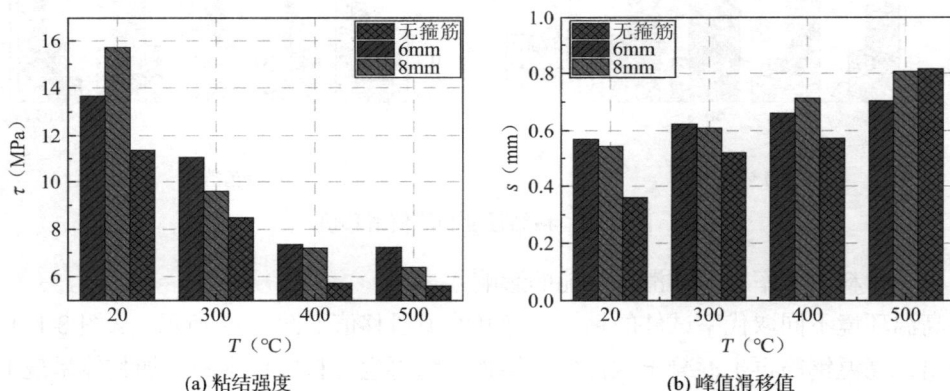

(a) 粘结强度

(b) 峰值滑移值

图 8-12　粘结强度和峰值滑移值

8.4.5　高温后粘结强度的计算公式

粘结强度是表征钢筋与再生混凝土粘结滑移性能的最直观指标，通过提出合理的高温后粘结强度计算公式，不仅可以为再生混凝土构件在高温环境下的受力承载性能提供参考，也为再生混凝土结构的抗火设计提供理论依据。

为研究各组取代率试件在不同温度作用后粘结强度的变化趋势，结合相关学者的研究数据[4-7]，将高温后不同取代率试件的无量纲化粘结强度与温度的关系曲线绘制如图 8-13 所示，其中λ代表粘结强度高温损伤系数，即各高温作用试件与常温试件粘结强度的比值，可通过下式得出：

$$\lambda = \frac{\tau_u(T, r_i)}{\tau_u(20, r_i)} \times 100\% \tag{8-1}$$

式中：$\tau_u(T, r_i)$为再生混凝土试件在温度T作用后的粘结强度（MPa）；$\tau_u(20, r_i)$为再生混凝土试件在常温下的粘结强度（MPa）。

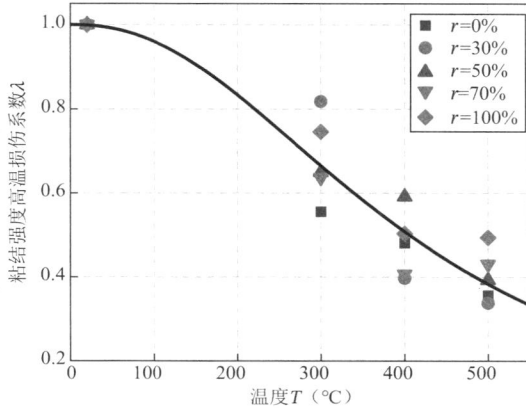

图 8-13　无量纲化粘结强度与温度的关系

由图 8-13 可知，不同取代率再生混凝土试件的粘结强度随温度的变化规律基本相似，依据文献[8]的建议，采用有理分式$y = \dfrac{1}{\left[1 + a \times (T/1000)^b\right]}$对高温后的粘结强度进行拟合，从而建立各取代率下再生混凝土试件粘结强度与温度的关系式如下所示：

$$\lambda = \frac{1}{\left[1 + 7.802 \times (T/1000)^{2.278}\right]} \tag{8-2}$$

8.5　高温后钢筋与再生混凝土的粘结-滑移本构关系

针对高温后不同再生混凝土（取代率分别为 0%、30%、50%、70%、100%）与钢筋中心拉拔试验的实测数据，建立再生混凝土和变形钢筋之间的粘结滑移本构关系，为高温后钢筋再生混凝土的性能退化分析和结构加固提供参考。

8.5.1　粘结滑移模型的选取

粘结-滑移本构关系是反映钢筋与再生混凝土间粘结性能的一种重要形式，选取简单实用的本构关系模型是保证后期分析结果准确的重要因素[9]。由于钢筋与混凝土的界面受力复杂、影响因素诸多，国内外学者针对钢筋混凝土粘结-滑移本构模型开展了大量研究，其中大部分模型是基于常规环境下的试验结果建立的。由 Cosenza[10]提出的上升段公式，已被其他研究人员广泛使用，如式(8-3)所示。

$$\frac{\tau}{\tau_0} = \left(\frac{s}{s_0}\right)^a \tag{8-3}$$

式中：τ为粘结应力；s为混凝土与钢筋之间的相对滑移量。

为了建立再生混凝土和钢筋之间的完全粘结滑移关系，Xiao 和 Falkner[11]通过拟合试验数据，提出了一个组合表达式，如公式(8-4)所示，该式是由 Cosenza[10]提出的上升段函数和过镇海[12]提出的压应力-应变曲线下降段组成，其中常数a和b通过回归分析确定。

$$\begin{cases} \dfrac{\tau}{\tau_0} = \left(\dfrac{s}{s_0}\right)^a & 0 \leqslant s \leqslant s_0 \\[2mm] \dfrac{\tau}{\tau_0} = \dfrac{s/s_0}{b(s/s_0 - 1)^2 + s/s_0} & s > s_0 \end{cases} \tag{8-4}$$

式中：τ、τ_0分别表示粘结应力、粘结强度（MPa）；s、s_0为滑移值、峰值滑移（mm）；b为曲线的下降段系数。

本试验中所有工况下的粘结滑移实测曲线表现出统一的趋势，即再生混凝土在高温后的粘结-滑移曲线形状与常温时的曲线相似，主要由上升段和下降段组成，因此采用单一方程难以准确描述钢筋与再生混凝土粘结-滑移曲线的变化特征。考虑到与以前公式的相似性，通过修改式(8-4)中的相关参数值，将其推广到高温后再生混凝土与钢筋的粘结-滑移本构关系，为此基于试验数据，对粘结-滑移关系式进行了相应优化，将试验所得粘结-滑移曲线分为上升段函数和下降段函数进行分段拟合。

8.5.2　模型参数拟合

本节所建立的粘结-滑移本构模型以两段式模型式(8-4)为基准，为了得出钢筋与再生混凝土之间的a、b值受高温和再生骨料取代率耦合影响后的变化规律，根据粘结-滑移试验实测数据对基准模型中的参数进行拟合分析，最终得到上升段参数a、下降段参数b如表8-6、表8-7所示。

回归参数 a 的取值　　　　　　　　　　　　　　　表 8-6

编号	不同温度下的a			
	20℃	300℃	400℃	500℃
NC	0.27	0.32	0.33	0.31
R30	0.34	0.29	0.36	0.37
R50	0.27	0.35	0.34	0.31
R70	0.34	0.35	0.33	0.33
R100	0.29	0.32	0.33	0.35

回归参数 b 的取值　　　　　　　　　　　　　　　表 8-7

编号	不同温度下的b			
	20℃	300℃	400℃	500℃
NC	1.66	1.19	1.98	1.28
R30	0.75	1.01	0.95	0.84
R50	2.01	1.75	1.45	1.5
R70	2.32	1.63	1.02	0.83
R100	1.37	1.12	1.26	1

从表8-6可知，通过回归分析，发现常量a在不同温度下的波动范围都很小，可以统一取为 0.3。同时，由表8-7可知，参数值b随着再生骨料取代率和高温的变化而变化，其数值随再生骨料取代率的变化趋势不明显，但随着温度的升高，b值总体上呈现逐渐减小的趋

势，这一趋势表明，随着温度的升高，粘结-滑移曲线的下降阶段变得更加平缓。

8.5.3　本构模型拟合曲线对比

为直观比较不同温度对粘结-滑移曲线的影响程度，图 8-14 绘制了不同取代率试件在各高温条件下的粘结-滑移实测曲线与拟合曲线，图 8-15 比较了取代率为 50% 和 70% 的试件在不同温度下的归一化粘结-滑移拟合曲线。

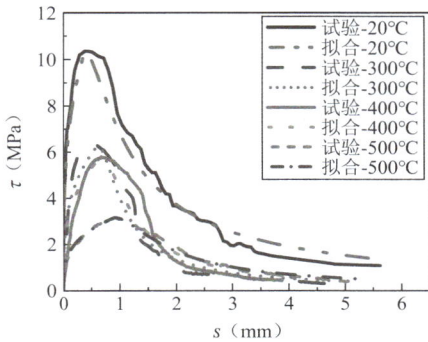

(a) 0%取代率下各温度粘结-滑移曲线　　　(b) 30%取代率下各温度粘结-滑移曲线

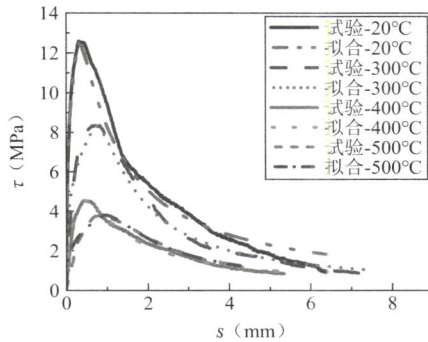

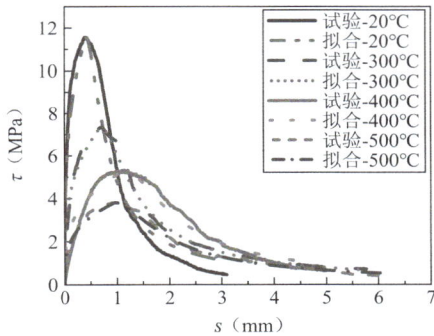

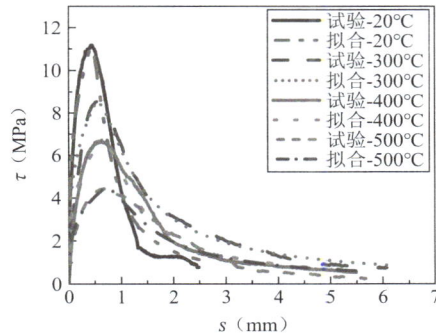

(c) 50%取代率下各温度粘结-滑移曲线　　　(d) 70%取代率下各温度粘结-滑移曲线

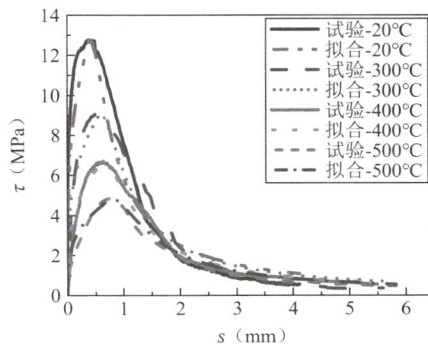

(e) 100%取代率下各温度粘结-滑移曲线

图 8-14　各温度条件下的粘结-滑移曲线

经过对比分析，可见依据粘结-滑移本构模型拟合的曲线与试验数据拟合效果良好，这表明该模型可以很好地预测 500℃以内再生混凝土与变形钢筋的粘结滑移行为，可为实际工程提供参考。

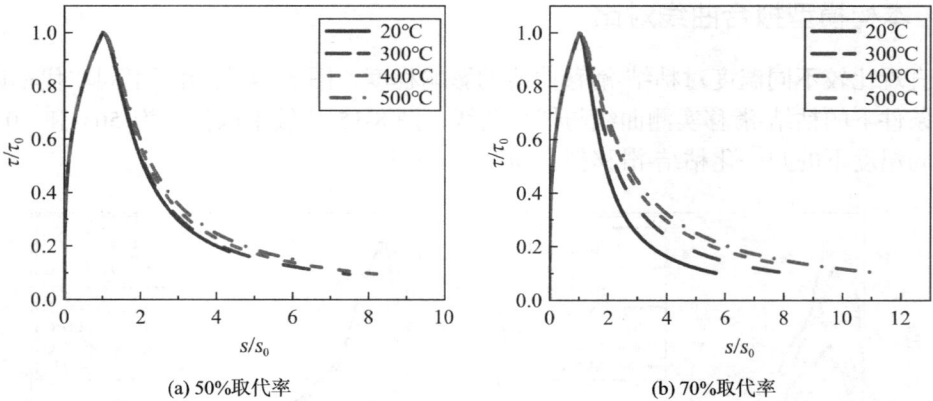

(a) 50%取代率   (b) 70%取代率

图 8-15 不同温度下的归一化粘结-滑移拟合曲线

对比取代率为 50%和 70%试件在不同温度下的归一化粘结-滑移拟合曲线,发现随着温度的升高,各试件的上升曲线基本一致,而下降曲线逐渐变得平缓。

8.6 本章小结

本章通过高温后钢筋再生混凝土试件的中心拉拔试验,研究高温作用、再生骨料取代率和箍筋约束条件对其粘结滑移性能的影响,并建立高温后钢筋再生混凝土的粘结-滑移本构模型,主要得到以下结论:

(1)无箍筋约束试件的破坏模式均为劈裂破坏,试件破坏时均沿径向产生多道裂缝,呈现以钢筋为中心向四周发散的形态,相对于常温试件,高温再生混凝土试件的延性更好。横向箍筋约束试件的破坏模式与无箍筋约束试件相差较大,主要为劈裂-拔出破坏,破坏时沿钢筋径向产生的裂缝较少,且裂缝未能够延伸至试件表面。

(2)高温钢筋再生混凝土试件的粘结强度随再生骨料取代率的增加整体呈现上升的趋势,随着温度的升高呈现逐渐减小的趋势,其中取代率越大的再生混凝土试件,其粘结强度的下降程度越小。存在箍筋约束时,试件的平均粘结强度和平均峰值滑移值更大,且粘结强度和峰值滑移值随着温度的增大,速度的降低逐渐减小,箍筋约束对钢筋再生混凝土试件的粘结性能有利。

(3)基于试验结果,分析钢筋与再生混凝土间粘结强度随高温的变化规律,建立高温后钢筋再生混凝土粘结强度的计算公式和粘结-滑移本构模型,并将不同温度条件下的粘结-滑移试验曲线与理论计算结果进行对比,吻合良好。

参考文献

[1] 何倍, 张红恩, 朱新平, 等. 高温环境下超高性能混凝土力学性能及劣化机制研究进展[J]. 硅酸盐学

报, 2024, 52(11): 3470-3481.

[2] 刘才玮, 杨蒙, 高旭阳, 等. 高温后锈蚀钢筋混凝土梁受弯承载力计算方法[J/OL]. 工程力学, 1-12[2025-04-03]. http://kns.cnki.net/kcms/detail/11.2595.O3.20240711.1442.007.html.

[3] 朱伯龙, 陆洲导, 胡克旭. 高温下混凝土与钢筋的本构关系[J]. 四川建筑科学研究, 1991, 17(1): 37-43.

[4] 魏晓. 高温环境 500MPa 级钢筋与混凝土粘结性能试验研究[D]. 青岛: 青岛理工大学, 2018.

[5] Zhao X, Wu J, Zhang L, et al. Bonding properties between corroded steel bars and recycled aggregate concrete after high-temperature exposure[J]. Journal of Building Engineering, 2024: 109835.

[6] Tariq F, Ahmad S. Mechanical and bond properties of completely recycled aggregate in concrete exposed to elevated temperatures[C]//Structures. Elsevier, 2023, 56: 104979.

[7] Li X, Lu C, Sun H, et al. Evaluation of residual bond behaviour between rebar and recycled aggregate concrete after high-temperature exposure followed by water spray cooling[J]. Engineering Structures, 2024, 306: 117837.

[8] 杨海峰. 再生混凝土受压本构关系及其与钢筋间粘结滑移性能研究[D]. 南宁: 广西大学, 2012.

[9] 陈宇, 商怀帅, 冯海暴, 等. 新型钢筋与混凝土粘结本构关系的试验研究[J]. 建筑结构, 2023, 53(24): 62-67+117.

[10] Cosenza E, Manfredi G, Realfonzo R. Behavior and modeling of bond of FRP rebars to concrete[J]. Journal of composites for construction, 1997, 1(2): 40-51.

[11] Xiao J, Falkner H. Bond behaviour between recycled aggregate concrete and steel rebars[J]. Construction and building materials, 2007, 21(2): 395-401.

[12] 过镇海. 混凝土的强度和变形——试验基础和本构关系[M]. 北京: 清华大学, 1997.

第 9 章

再生混凝土-锈蚀钢筋粘结滑移性能

9.1 概述

由于自然环境中的氯盐侵蚀和碳化等因素作用，钢筋再生混凝土结构易受到不同程度的病害侵蚀，钢筋锈蚀是结构耐久性的严峻挑战之一[1-2]。再生混凝土中的钢筋锈蚀会导致钢筋体积膨胀，从而造成混凝土开裂和剥落，严重影响钢筋和再生混凝土间的粘结性能。本章通过中心拉拔试验和全梁式试验介绍了再生骨料取代率、钢筋锈蚀率对钢筋再生混凝土结构粘结滑移性能的影响，并建立锈蚀钢筋和再生混凝土的粘结-滑移本构关系，对正确评估锈蚀钢筋再生混凝土结构安全性、耐久性及侵蚀环境中钢筋混凝土结构设计具有重要意义。

9.2 试验设计

9.2.1 原材料及配合比

本试验原材料同第 2 章。钢筋性能及混凝土配合比如表 9-1、表 9-2 所示。本次试验普通强度混凝土和高强混凝土对应的水胶比分别为 0.5 和 0.28，试验参照普通混凝土的配合比设计原则，不考虑再生粗骨料的自身额外吸水率，直接按照天然骨料混凝土的配合比浇筑，再生粗骨料采用等比重法取代天然骨料，取代率分别为 0%、50%、100%。

钢筋材料性能表　　　　　　　　　　　　　　表 9-1

强度等级	钢筋种类	直径（mm）	抗拉强度（MPa）	屈服强度（MPa）	弹性模量（MPa）
HRB335	螺纹钢	20	539.8	358.3	2.02×10^5

混凝土配合比　　　　　　　　　　　　　　表 9-2

编号	W/B	含量（%）			材料用量（kg/m³）						
		RA/A	FA/B	KF/B	RA	NA	C	FA	KF	S	W
HRC-1	0.28	0	15	15	0	1050	420	90	90	670	168
HRC-2	0.28	50	15	15	525	525	420	90	90	670	168
HRC-3	0.28	100	15	15	1050	0	420	90	90	670	168

续表

编号	W/B	含量（%）			材料用量（kg/m³）						
		RA/A	FA/B	KF/B	RA	NA	C	FA	KF	S	W
RC-1	0.5	0	0	0	0	1150	420	0	0	750	210
RC-2	0.5	50	0	0	575	575	420	0	0	750	210
RC-3	0.5	100	0	0	1150	0	420	0	0	750	210

注：表中 RA 为再生粗骨料，NA 为天然粗骨料，FA 为粉煤灰，B 为胶凝材料，KF 为矿粉，C 为水泥，A 为粗骨料，S 为砂，W 为水。

9.2.2　试件设计

1. 中心拉拔试验

为研究钢筋锈蚀后与再生混凝土间粘结-滑移性能，采用钢筋开槽内贴片方法制作 24 个尺寸为 150mm×150mm×150mm 钢筋混凝土中心拉拔试件（其中锈蚀率 0%试件在第 2 章完成），试件制作方法及详细尺寸同第 2 章螺纹钢短锚构件。钢筋中心拉拔试验采用 RMT-201 岩石压力机完成，详细试验设备见第 2 章，试件参数见表 9-3。

试件参数表 表 9-3

试件编号	水胶比	再生骨料取代率（%）	目标锈蚀率（%）	试件编号	水胶比	再生骨料取代率（%）	目标锈蚀率（%）
HRC1-0	0.28	0	0	RC1-0	0.5	0	0
HRC1-1	0.28	0	0.50	RC1-1	0.5	0	0.50
HRC1-2	0.28	0	1.50	RC1-2	0.5	0	1.50
HRC1-3	0.28	0	2.50	RC1-3	0.5	0	2.50
HRC2-0	0.28	50	0	RC2-0	0.5	50	0
HRC2-1	0.28	50	0.50	RC2-1	0.5	50	0.50
HRC2-2	0.28	50	1.50	RC2-2	0.5	50	1.50
HRC2-3	0.28	50	2.50	RC2-3	0.5	50	2.50
HRC3-0	0.28	100	0	RC3-0	0.5	100	0
HRC3-1	0.28	100	0.50	RC3-1	0.5	100	0.50
HRC3-2	0.28	100	1.50	RC3-2	0.5	100	1.50
HRC3-3	0.28	100	2.50	RC3-3	0.5	100	2.50

2. 全梁式试验

为考虑混凝土的横向约束及钢筋在梁中弯剪区域的锚固状态，本章开展全梁式试验以进一步研究钢筋在实际混凝土结构中的粘结滑移性能。混凝土原材料及配合比同中心拉拔试验，架立钢筋采用直径 12mm 的 HRB335 钢筋，受力钢筋采用直径 20mm 的 HRB400 钢筋，箍筋采用直径为 8mm 的 HRB335 钢筋。

全梁式试验设计制作了 4 组共 12 根尺寸为 150mm×250mm×820mm 的配箍再生混凝土梁（每组 3 根，再生粗骨料取代率分别为 0%、50%、100%），由于锈蚀钢筋较长，钢筋质量超过电子秤量程，因此全梁式试验以再生混凝土梁的理论锈蚀率和裂缝宽度为控制参数，通过室内通电加速锈蚀，4 组构件底面裂缝宽度分别以达到 0mm、0.05mm、0.3mm、

0.6mm 作为目标控制裂缝。根据目标裂缝宽度不同，每组梁的锈蚀时间为 5～21d 不等，前后锈蚀时间总共历时 48d，试件具体参数如表 9-4 所示。

试件参数表 表 9-4

试件编号	水胶比	再生骨料取代率（%）	理论锈蚀率（%）	控制裂缝宽度（mm）
RCB1-0	0.5	0	0	0
RCB1-1	0.5	0	4.2	0.05
RCB1-2	0.5	0	6.0	0.3
RCB1-3	0.5	0	17.3	0.6
RCB2-0	0.5	50	0	0
RCB2-1	0.5	50	4.2	0.05
RCB2-2	0.5	50	6.0	0.3
RCB2-3	0.5	50	17.3	0.6
RCB3-0	0.5	100	0	0
RCB3-1	0.5	100	4.2	0.05
RCB3-2	0.5	100	6.0	0.3
RCB3-3	0.5	100	17.3	0.6

构件由左、右两肢再生混凝土组成，底部受拉钢筋在每肢再生混凝土中的锚固长度为 10d（d 为钢筋直径），纵向受力钢筋与箍筋保持 10mm 的间距，同时试验仅考虑纵筋锈蚀的情况，为防止箍筋锈蚀，箍筋全部涂抹环氧树脂，构件的详细尺寸和实物如图 9-1、图 9-2 所示。

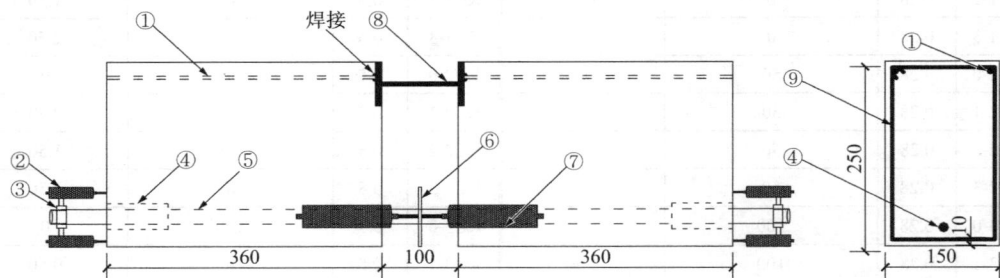

①—架力钢筋；②、⑦—位移传感器；③—传感器固定装置；
④—PVC 管；⑤—钢筋；⑥—中隔板；⑧—钢制试验铰；⑨—箍筋

图 9-1　构件制作及相关尺寸

图 9-2　纵向受力钢筋

9.3　锈蚀试验

9.3.1　锈蚀方法

钢筋加速锈蚀试验方法主要分为自然电化学腐蚀法和室内加速锈蚀法，其中本试验采用湿通电电化学法进行钢筋锈蚀，为保证锈蚀过程中再生混凝土有足够的自由氯离子，以浓度为 5%的 NaCl 溶液代替自来水搅拌混凝土。为避免通电过程构件端部外露钢筋发生锈蚀，试验前采用环氧树脂包裹外露钢筋，并将构件完全浸泡于浓度为 5%的 NaCl 溶液中 3d，钢筋通电锈蚀时将构件半浸泡于溶液中。中心拉拔试件采用并联的方式将钢筋接于稳压器正极，将铜片置于溶液中并接于稳压器负极，锈蚀过程保持恒定电流，详见图 9-3、图 9-4。全梁式构件采用串联方式将钢筋接于稳压器正极，将铜片置于溶液中并接于稳压器负极，为防止外部钢筋锈蚀，NaCl 溶液面低于受拉钢筋位置线，每隔 3h 查看一次电流，以保证电流稳定，详见图 9-5、图 9-6。

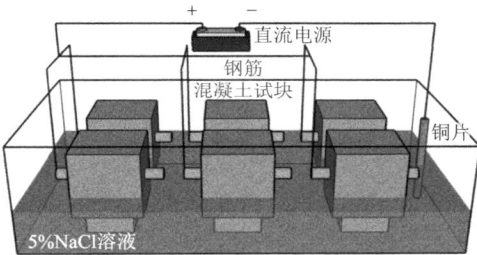

图 9-3　采用 NaCl 溶液浸泡混凝土试件　　　图 9-4　中心拉拔试件钢筋并联加速锈蚀

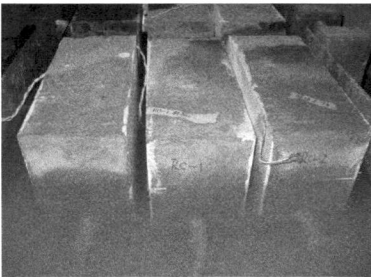

图 9-5　采用 NaCl 溶液浸泡混凝土梁　　　图 9-6　梁构件钢筋串联加速锈蚀

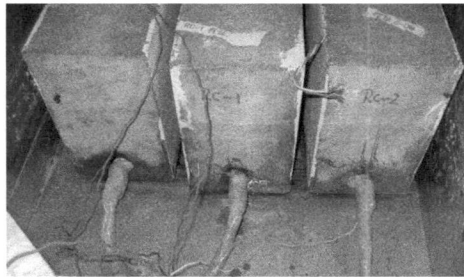

试验通过法拉第定律估算湿通电法下的钢筋锈蚀量，如式(9-1)所示：

$$\Delta w = \frac{MIt}{2Ne} \tag{9-1}$$

式中：Δw 为钢筋锈蚀质量；M 为钢筋摩尔质量，取 56g/mol；I 为通电电流；t 为通电时间；N 为阿伏伽德罗常数，取 6.02×10^{23}/mol；e 为电子电量，取 1.6×10^{-19}C。

采用失重法描述钢筋锈蚀率，具体计算公式如下：

$$\eta = \frac{\Delta w}{m} = \frac{MIt}{2mNe} \tag{9-2}$$

式中：η 为钢筋质量损失率；m 为钢筋质量，根据试验设计，理论锈蚀量分别为 0%、

0.5%、1.5%、2.5%，将各数据代入公式即可反算通电锈蚀时间。钢筋锈蚀量的测定按照《水运工程混凝土试验检测技术规范》JTS/T 236—2019[3]方法进行。试验前首先采用浓度为 5%的稀盐酸溶液浸泡钢筋以清除钢筋表面原有的微量锈蚀产物，再以溶液中和、钢刷刷洗、清水清洗，然后用干毛巾擦干，置于烘箱内以 100℃恒温烘干，最后采用精度为 0.001g 的电子天平称量钢筋质量并记录。待加载试验完成后，将构件破型取出钢筋，重复以上步骤称取钢筋锈蚀后钢筋质量，前后两次钢筋质量差即为钢筋锈蚀质量，代入公式即可计算钢筋质量损失率，钢筋锈蚀量测量过程如图 9-7 所示。

(a) 钢筋清洗　　　　　　　(b) 烘干　　　　　　　(c) 称量

图 9-7　实测钢筋锈蚀量

9.3.2　锈蚀现象

1. 简单中心拉拔试件锈蚀结果

通过钢筋-再生混凝土试件的锈蚀试验，得到钢筋锈蚀后的试件形态如图 9-8 所示，经过不同程度通电锈蚀后，不同锈蚀程度的钢筋再生混凝土试件大部分均已出现 1～2 条胀裂裂缝，裂缝宽度总体随通电时间增长而变宽，且随着锈蚀率增加，裂缝的发展速度逐渐加快，规律如图 9-9 所示，其中裂缝宽度采用连云港市亚欧仪器仪表销售有限公司生产的 25×读数显微镜（量程 7mm，分辨率 0.05mm）观测，所得数据具有较高的精度。钢筋锈蚀及再生混凝土胀裂宽度详细结果如表 9-5 所示。

钢筋锈蚀结果　　　　　　　　　　　　　　　　　　表 9-5

编号	电流（A）	通电时间（h）	裂缝宽度（mm）	锈蚀前质量（g）	锈蚀后质量（g）	实际失质量（g）	实际失重率（%）	理论锈蚀质量（g）	理论锈蚀率（%）
HRC1-0	—	—	0	—	—	0	0	0	0
HRC1-1	0.03	35.0	0	745.49	744.24	1.25	0.57	1.10	0.50
HRC1-2	0.02	123.0	0.2	749.21	744.88	4.33	1.96	3.30	1.50
HRC1-3	0.02	256.6	0.65	752.25	745.71	6.54	2.90	5.50	2.50
HRC2-0	—	—	0	—	—	0	0	0	0
HRC2-1	0.04	26.0	0.1	748.45	746.79	1.66	0.75	1.10	0.50
HRC2-2	0.06	52.4	0.2	743.03	739.29	3.74	1.71	3.30	1.50
HRC2-3	0.02	256.6	0.6	748.33	742.75	5.58	2.54	5.50	2.50
HRC3-0	—	—	0	—	—	0	0	0	0
HRC3-1	0.04	26.0	0.1	749.38	747.90	1.48	0.67	1.10	0.50
HRC3-2	0.05	62.9	0.2	749.43	746.42	3.01	1.37	3.30	1.50
HRC3-3	0.05	102.6	0.7	745.60	739.67	5.93	2.7	5.50	2.50
RC1-0	—	—	0	—	—	0	0	0	0

续表

编号	电流（A）	通电时间（h）	裂缝宽度（mm）	锈蚀前质量（g）	锈蚀后质量（g）	实际失质量（g）	实际失重率（%）	理论锈蚀质量（g）	理论锈蚀率（%）
RC1-1	0.09	12.0	0.25	746.12	745.35	0.77	0.44	0.88	0.50
RC1-2	0.10	24.4	0.60	745.75	743.26	2.49	1.42	2.63	1.50
RC1-3	0.13	38.0	1.35	747.95	743.32	4.63	2.63	4.40	2.50
RC2-0	—	—	0	—	—	0	0	0	0
RC2-2	0.12	20.3	0.50	744.43	741.41	3.02	1.70	2.63	1.50
RC2-3	0.12	41.0	1.30	748.58	744.13	4.45	2.54	4.4	2.50
RC3-0	—	—	0	—	—	0	0	0	0
RC3-1	0.10	11.0	0.15	754.35	753.05	1.30	0.73	0.88	0.50
RC3-2	0.12	20.3	0.60	744.79	741.13	3.66	2.10	2.63	1.50
RC3-3	0.17	29.0	1.40	749.33	744.21	5.12	2.90	4.40	2.50

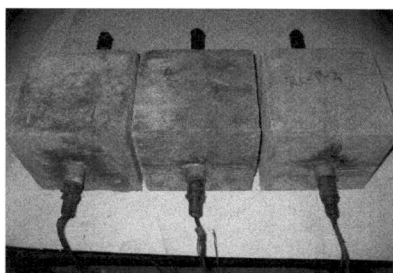

图 9-8　钢筋锈蚀后试件形态

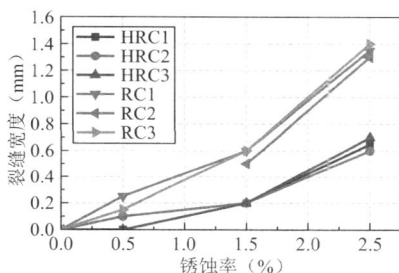

图 9-9　裂缝宽度随锈蚀率的变化规律

2. 再生混凝土梁锈蚀结果

锈蚀后再生混凝土梁的裂缝开展形态如图 9-10 所示，从裂缝开展形态可知，裂缝沿着纵向受拉钢筋发展，纵筋锈蚀并未导致箍筋发生锈蚀，避免了箍筋锈蚀对纵筋粘结应力产生的影响。试验完成后进行破型试验，取出纵筋及箍筋，发现箍筋和架立钢筋并未出现锈蚀迹象，与预期吻合，再次验证试验过程中裂缝的开展完全由纵筋锈蚀产生。

试验锈蚀率与最大锈胀裂缝宽度关系如图 9-11 所示，为了方便对比，图中横坐标的锈蚀率代表的是目标锈蚀率。由图可知，锈胀裂缝宽度总体随着锈蚀率增加而增大，但并非是线性关系，其中锈蚀率小于 6% 时裂缝发展较快，随着锈蚀率增加，裂缝宽度发展变慢，这与无箍筋试件的中心拉拔试验结果一致。

图 9-10　试验梁锈蚀后形态图

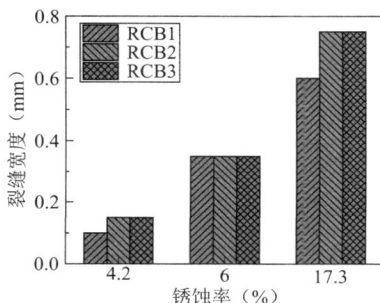

图 9-11　锈蚀率与裂缝宽度关系

9.4　锈蚀后再生混凝土中心拉拔试验研究

9.4.1　试验装置及加载制度

试验仪器和加载程序与第 2.2.2 节相同。

9.4.2　锈蚀后钢筋与再生混凝土间的粘结-滑移试验曲线

各试件在不同锈蚀率下的平均粘结-滑移曲线如图 9-12 所示，粘结滑移试验的特征值如表 9-6 所示。从图 9-12 中可知，钢筋锈蚀前后与再生混凝土间的粘结-滑移曲线同普通钢筋混凝土类似，随着锈蚀率的增加，钢筋再生混凝土粘结强度逐渐降低，部分锈蚀构件由于发生脆性破坏，未能完整测量粘结-滑移过程的下降段曲线。

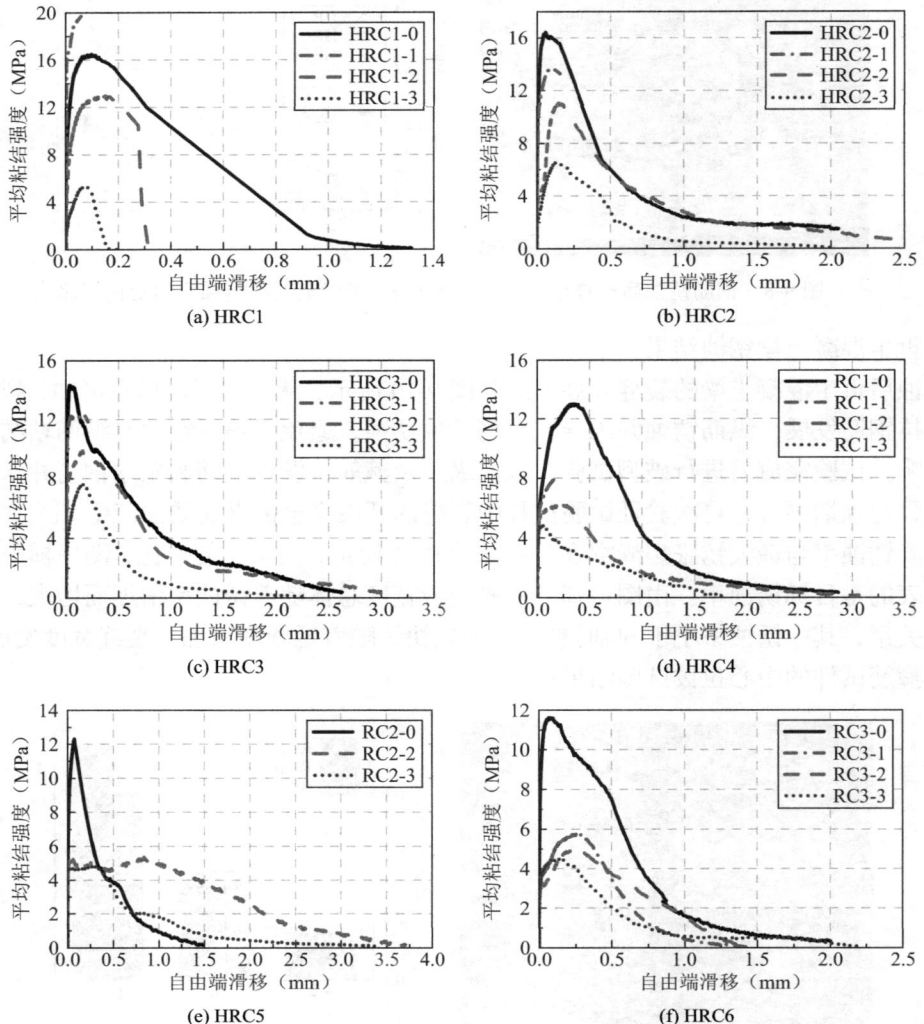

图 9-12　各组试件在不同锈蚀情况下平均粘结-滑移曲线

粘结滑移试验特征值 表 9-6

编号	f_c（MPa）	$\bar{\tau}$（MPa）	τ_1（MPa）	s_f（mm）	$\tau_1/\bar{\tau}$	破坏形式
HRC1-0		16.50	10.50	0.09709	0.64	劈裂
HRC1-1	61.8	19.63	—	—	—	钢筋屈服
HRC1-2		12.96	7.94	0.0944	0.61	劈裂
HRC1-3		5.31	3.16	0.0696	0.59	劈裂
HRC2-0		16.4	11.41	0.0575	0.70	
HRC2-1	64.9	13.64	9.83	0.0913	0.72	劈裂
HRC2-2		11.04	6.31	0.1448	0.57	
HRC2-3		6.57	2.37	0.1345	0.36	
HRC3-0		14.30	9.49	0.0429	0.66	
HRC3-1	52.6	12.33	10.46	0.1525	0.85	劈裂
HRC3-2		9.87	6.01	0.1575	0.61	
HRC3-3		7.63	3.53	0.1600	0.46	
RC1-0		13.01	9.75	0.3451	0.75	
RC1-1	39.7	7.98	5.59	0.1540	0.7	劈裂
RC1-2		6.19	4.39	0.2397	0.71	
RC1-3		4.80	2.83	0.0535	0.55	
RC2-0		12.31	7.93	0.0743	0.64	
RC2-2	40.6	5.31	2.13	0.0406	0.4	劈裂
RC2-3		4.79	2.35	0.0144	0.49	
RC3-0		11.61	7.98	0.0677	0.69	
RC3-1	32.0	5.75	3.90	0.2528	0.68	劈裂
RC3-2		5.02	2.95	0.2272	0.59	
RC3-3		4.49	2.14	0.1107	0.47	

注：f_c 为再生混凝土抗压强度；$\bar{\tau}$ 为钢筋与再生混凝土极限平均粘结强度；τ_1 为自由端出现滑移时平均粘结强度；s_f 为峰值应力处自由端滑移量；横线表示由于钢筋屈服未能测到相关量值。

9.4.3 破坏形态

通过观察试件的破坏特征，发现当荷载达到极限承载力后，中心拉拔试件均沿着原有胀裂裂缝劈裂分解，试件破坏形态如图 9-13 所示。通过观测劈裂混凝土试件的内部锈蚀情况，可以清晰地看到钢筋锈蚀后产物、锈迹及钢筋横肋间镶嵌的锥楔状咬合混凝土粉末，如图 9-14 所示。将锈蚀后钢筋进行清洗，得到锈蚀后的钢筋表面呈现出不同程度的点蚀形态，如图 9-15 所示。

图 9-13 试件破坏形态　　图 9-14 试件劈裂后内部锈蚀情况

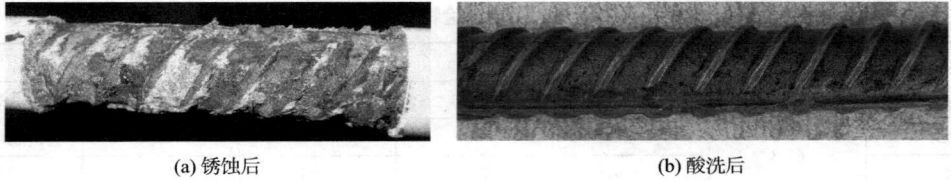

(a) 锈蚀后　　　　　　　　　　　　　　　(b) 酸洗后

图 9-15　钢筋形态

9.4.4　锈蚀后钢筋与再生混凝土的粘结-滑移性能

1. 再生骨料取代率对粘结滑移性能的影响

根据中心拉拔试验结果，分析锈蚀钢筋-再生混凝土间平均粘结强度随再生骨料取代率的变化规律如图 9-16 所示，由图可知，钢筋锈蚀前，随着再生骨料取代率的增加，粘结强度逐渐降低，并且随着锈蚀率的增加，减小的趋势逐渐缓慢。当锈蚀率为 2.5% 时，随着取代率增加，钢筋-再生混凝土间的粘结强度变化较小，并且有增长趋势，其原因主要是因为随着锈蚀率的增加，再生混凝土胀裂裂缝较大，再生混凝土对钢筋的握裹力逐渐减弱，使得钢筋与再生混凝土间的界面摩擦力和化学胶着力起主导地位。

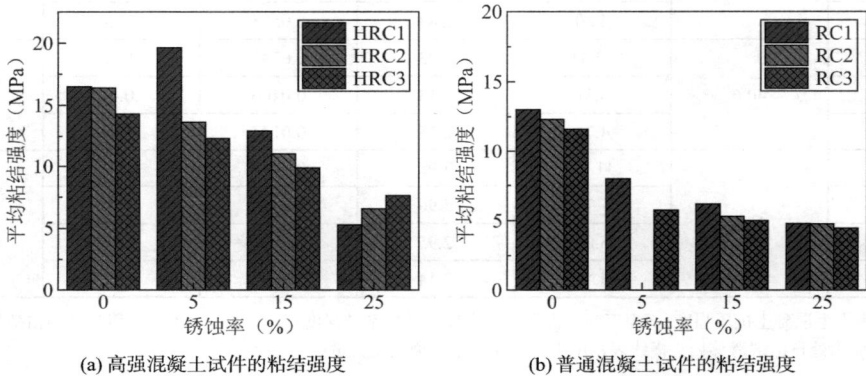

(a) 高强混凝土试件的粘结强度　　　　　　(b) 普通混凝土试件的粘结强度

图 9-16　钢筋再生混凝土试件不同锈蚀率下的粘结强度

2. 锈蚀率对粘结强度的影响

钢筋与再生混凝土间的平均粘结强度随钢筋锈蚀率的变化关系如图 9-17 所示，由图可知，随着锈蚀率的增加，平均粘结强度整体上呈下降趋势，但在锈蚀率为 0.5% 时，高强度再生混凝土的平均粘结强度下降较小，甚至在 HRC1 系列出现提高，而普通强度再生混凝土下降较快，主要是因为：①当钢筋产生微小锈蚀时，所生成的微量锈蚀产物填充了钢筋混凝土粘结界面孔隙，且锈蚀产物增加了钢筋表面的粗糙度，从而增加了钢筋与再生混凝土间的摩擦力；②由于锈蚀产物体积膨胀，约为锈蚀前的 2～4 倍，该膨胀力挤压周围的核心约束混凝土，致使混凝土对钢筋的握裹力增大，直接导致粘结强度的增大。随着再生骨料取代率的变化，相同水灰比下再生混凝土强度有所不同，因此钢筋"微小"锈蚀情况的量化也有所不同，在同样 0.5% 锈蚀率情况下，除 HRC1 外，其他各组钢筋再生混凝土构件平均粘结强度均呈现下降趋势，尤其对于低强度再生混凝土而言，0.5% 的钢筋锈蚀率膨胀足以使再生混凝土产生胀裂裂缝，导致粘结强度随之下降。

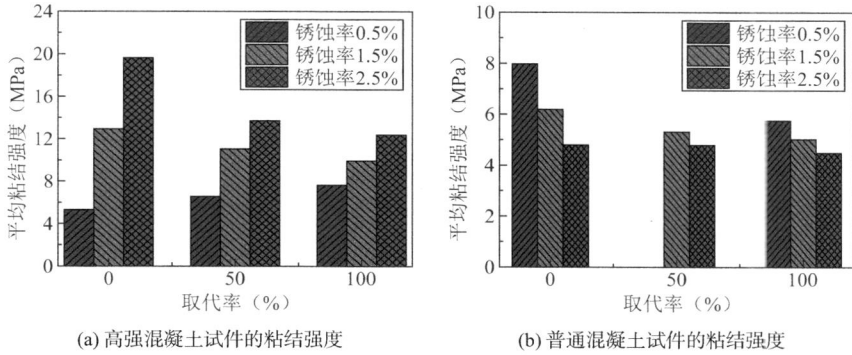

(a) 高强混凝土试件的粘结强度　　(b) 普通混凝土试件的粘结强度

图 9-17　钢筋再生混凝土粘结强度随取代率的变化趋势

3. 起始滑移粘结强度

钢筋与混凝土的起始滑移粘结强度对工程结构构件的粘结滑移性能具有重要意义。表 9-6 中 τ_1 代表再生混凝土构件中自由端开始滑移时锈蚀钢筋与再生混凝土间的粘结强度，令 $K = \tau_1/\bar{\tau}$，并将 K 绘制成曲线如图 9-18 所示。由图 9-18 可知，锈蚀前 K 值大多维持在 0.65～0.7 之间，再生混凝土与天然混凝土构件 K 值差异较小，且无论 HRC 系列或 RC 系列中 K 均随锈蚀率的增加而减小，并且在高强再生混凝土系列中下降幅度较普通强度再生混凝土大，说明随着锈蚀率的增加，起始滑移与粘结强度的比值逐渐减小，抗滑移能力逐渐减弱，其原因主要是由于再生混凝土胀裂后，锈蚀钢筋与再生混凝土间的相对咬合能力降低，钢筋与再生混凝土相对滑移趋势加剧，从而使得起始粘结强度降低。

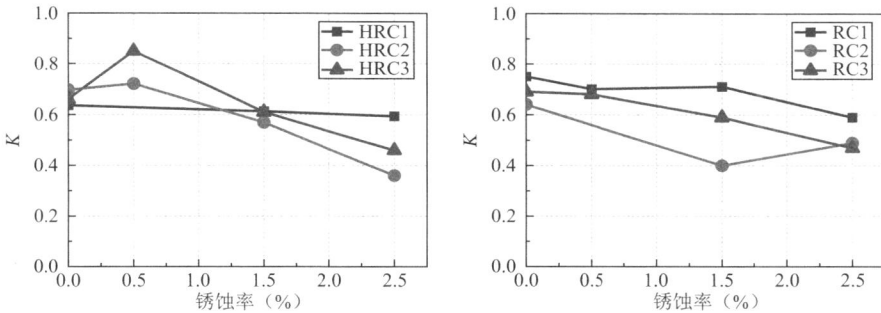

图 9-18　K 对比

9.4.5　锈蚀后钢筋与再生混凝土粘结-滑移本构关系

1. 钢筋应变沿锚固长度分布

根据简单中心拉拔试验获得的试验结果，构件锈蚀后实测钢筋应力沿锚固长度的分布规律如图 9-19 所示。图 9-19 中试件编号不连续是因为在数据处理阶段，部分试件由于人为或机器误差产生的试验结果具有较强随机性，依据标准对此部分具有显著离散性的试件试验结果进行了剔除。

由图 9-19 可知，钢筋锈蚀后，钢筋受拉过程的应变分布与锈蚀前基本一致，钢筋应变沿锚固长度从自由端到加载端逐渐增大。与锈蚀前钢筋应变曲线规律的区别在于，随着锈蚀率增加，靠近加载端的应变曲线更为平缓，而中间锚固段和自由端较陡，该现象主要由于再生混凝土锈胀后，在拉拔力作用下，中前锚固段粘结力无法抵御外部拉力，粘结应力迅速往自由端传递，锚固中后段粘结应力得到充分发挥并超越加载端，导致加载端处相邻测点粘结应力差别较小，而在自由端端部的钢筋应变变化较大。

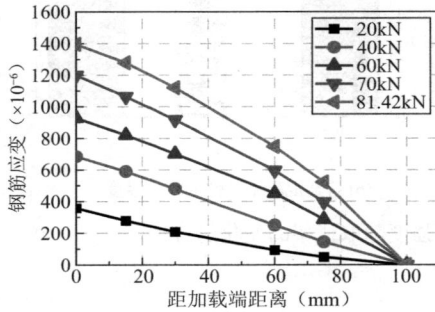

(a) HRC1-2

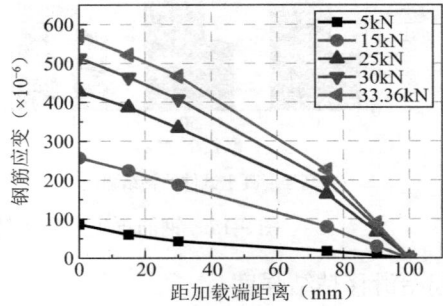

(b) HRC1-3

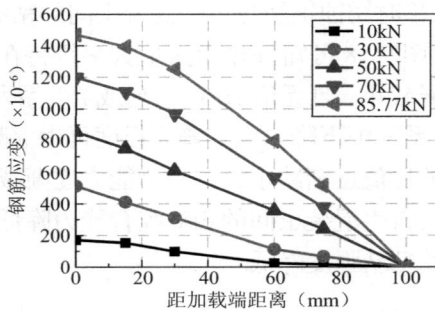

(c) HRC2-1

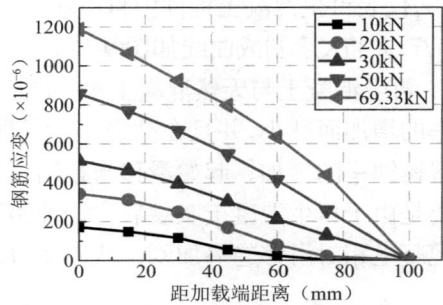

(d) HRC2-2

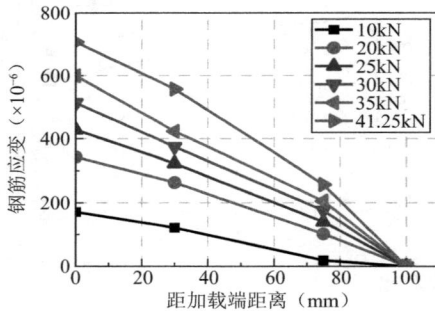

(e) HRC2-3

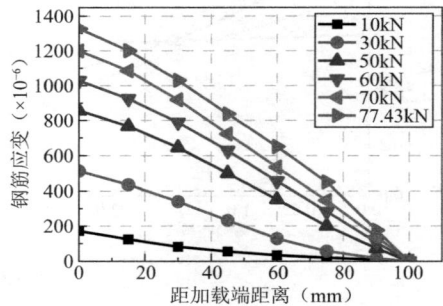

(f) HRC3-1

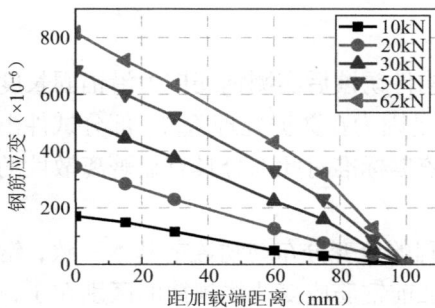

(g) HRC3-2

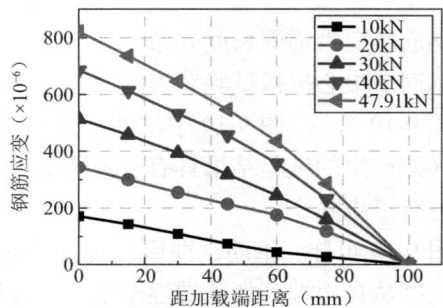

(h) HRC3-3

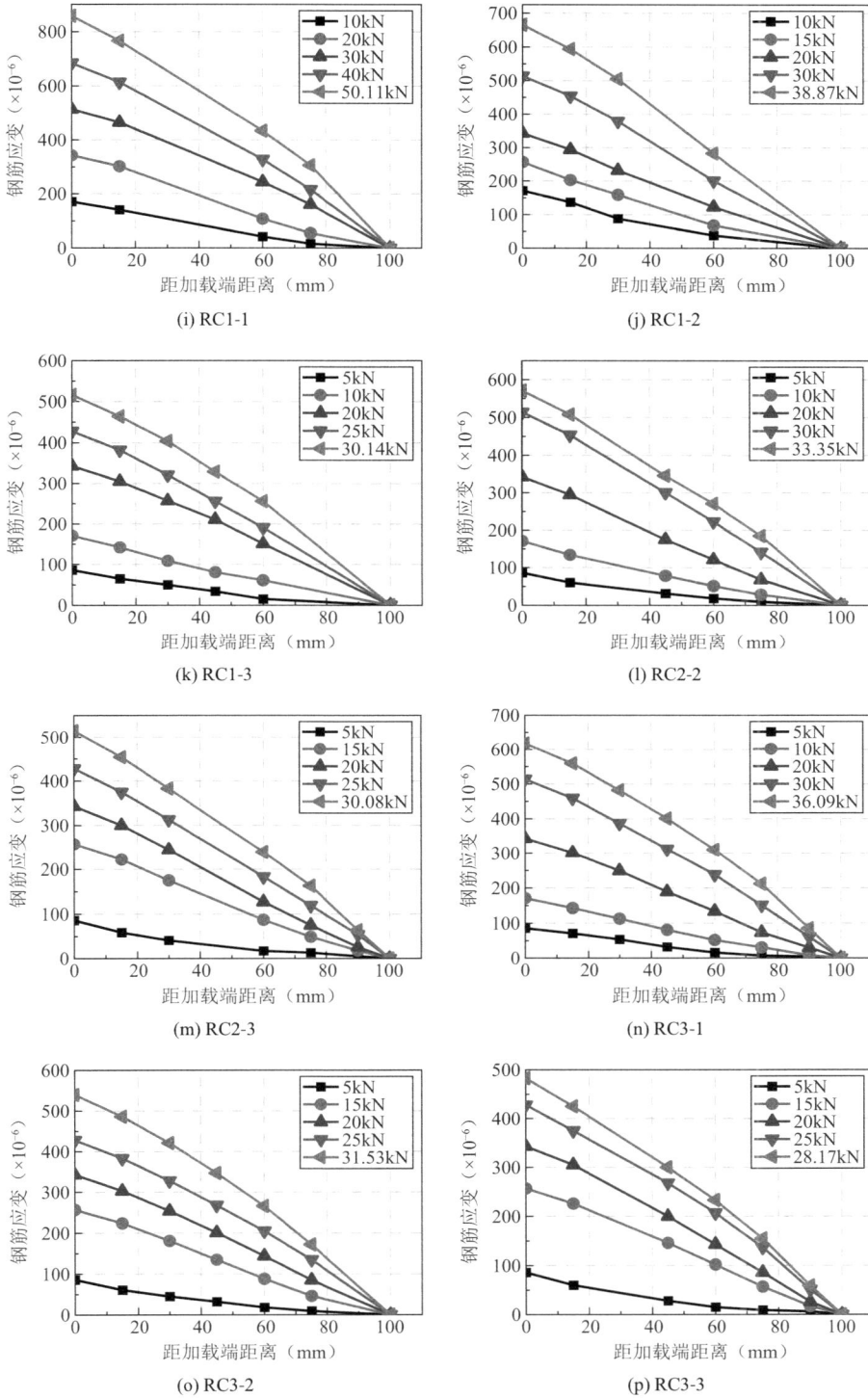

图 9-19　锈蚀后实测钢筋应变沿锚固长度变化

2. 粘结应力沿锚固长度分布情况

根据简单中心拉拔试验获得的试验结果，取钢筋微段隔离体，假设钢筋微段间粘结应力均匀分布，由钢筋微段平衡可知，粘结应力τ与实测钢筋应变关系为：

$$\tau = \frac{\mathrm{d}T}{A} = \frac{A_s}{s}\frac{\mathrm{d}\sigma}{\mathrm{d}x} = \frac{(\sigma_{i+1} - \sigma_i)A_s}{\pi d h_i} = \frac{E_s A_s(\varepsilon_{i+1} - \varepsilon_i)}{\pi d h_i} \tag{9-3}$$

式中：τ为钢筋与混凝土界面粘结应力；$\mathrm{d}T$为钢筋微段两端拉力差；σ_i、σ_{i+1}为钢筋测点应力；ε_i、ε_{i+1}为钢筋测点应变；h_i为i测点与$i+1$测点间距。

将每级荷载作用下所计算的粘结应力沿锚固长度从自由端往加载端进行数值积分累加，可得到加载端处钢筋拉力值P_i，该值理论上与积分累加值相等，即：

$$P_i = \sum_{i=1}^{n} \tau_i \cdot \pi d h_i \tag{9-4}$$

当式(9-4)两边出现不等，则其差量根据各微段距离按反符号分配到各微段进行微调，最后用光滑曲线画出粘结应力分布规律，使曲线与坐标轴围成的面积与加载端处荷载值相等。通过上述方法，计算得到锈蚀后各组构件粘结应力沿锚固长度的分布规律如图 9-20 所示。

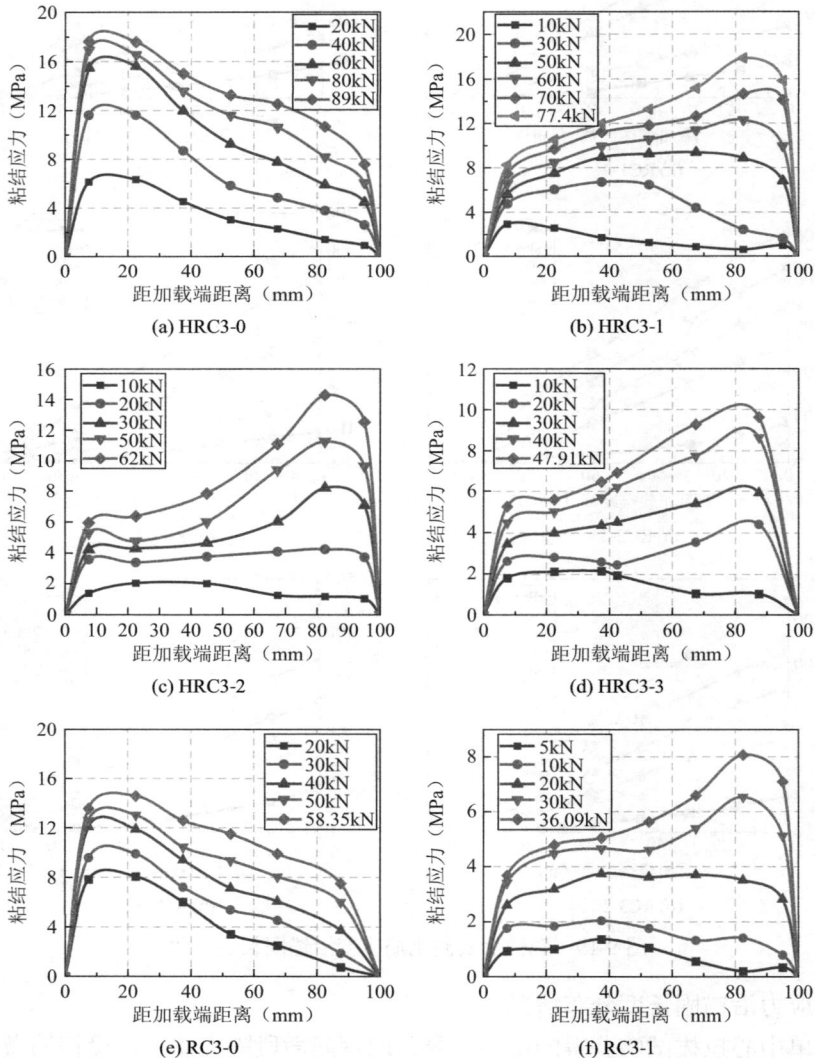

(a) HRC3-0

(b) HRC3-1

(c) HRC3-2

(d) HRC3-3

(e) RC3-0

(f) RC3-1

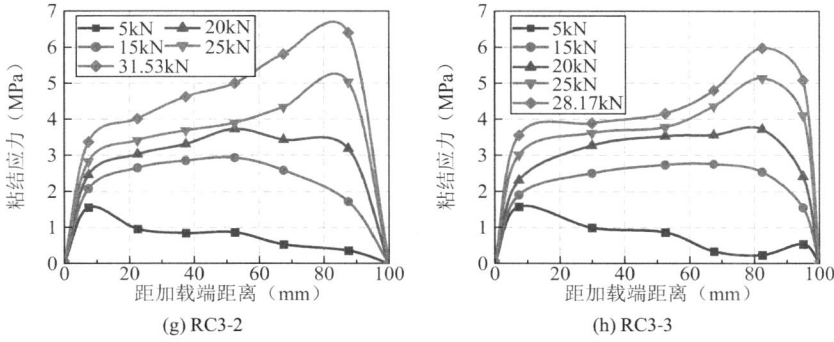

(g) RC3-2　　　　　　　　　　(h) RC3-3

图 9-20　锈蚀钢筋与再生混凝土间粘结应力沿锚固长度变化规律

从图 9-20 可以看出，不同锈蚀率钢筋及再生骨料取代率混凝土的构件粘结应力分布规律相似，构件内部的粘结应力明显大于加载端和自由端的粘结应力，大多数构件粘结应力基本在 0.15～0.85 倍的锚固长度内稳定。钢筋锈蚀后，在加载初期，粘结应力沿着锚固长度基本逐渐减小，规律同钢筋锈蚀前，随着荷载的增大，粘结应力逐渐向自由端传递，靠近自由端端部粘结应力逐渐增加，直至超过锚固前段粘结应力，在自由端端部逐渐出现峰值，且随着锈蚀率的增加，锚固长度中前段与自由端端部粘结应力相差逐渐减小。

3. 钢筋锈蚀后相对滑移量沿锚固长度分布

锚固长度内各处钢筋和再生混凝土之间的相对滑移，是用该处钢筋和混凝土之间的位移差来确定。本次试验采用钢筋开槽内贴片的方法量测钢筋应变，从而计算钢筋变形，但由于测量技术和手段的限制，目前还无法直接量测锚固长度内各测点处界面混凝土的应变值，因此各测点钢筋混凝土间的相对滑移量亦无法量测或计算。为了能推导计算各测点处界面混凝土的应变，可以通过量测的钢筋应变及微段平衡方程计算微段界面混凝土的平均应力和平均应变，从而求得微段再生混凝土的变形及微段钢筋再生混凝土的相对滑移，最后，将微段相对滑移量沿锚固长度积分得到钢筋再生混凝土的相对滑移：

$$s_l = s_f + \sum_{i=1}^{n}(\Delta l_{si} - \Delta l_{ci}) \tag{9-5}$$

式中：s_l、s_f 为加载端和自由端量测的相对滑移；$\Delta l_{si} = \frac{\varepsilon_{si} + \varepsilon_{s(i+1)}}{2}h$，$\Delta l_{ci} = \frac{\varepsilon_{ci} + \varepsilon_{c(i+1)}}{2}h$，$\varepsilon_{ci} = \frac{\overline{\sigma}_{ci}}{E_c}$；$\varepsilon_{ci}$、$\varepsilon_{si}$ 分别为各测点混凝土、钢筋应变值；h、Δl_{ci}、Δl_{si} 分别为各微段长度及微段混凝土、钢筋变形，将锈蚀后各组构件锚固长度内钢筋与再生混凝土相对滑移变化规律绘制如图 9-21 所示。

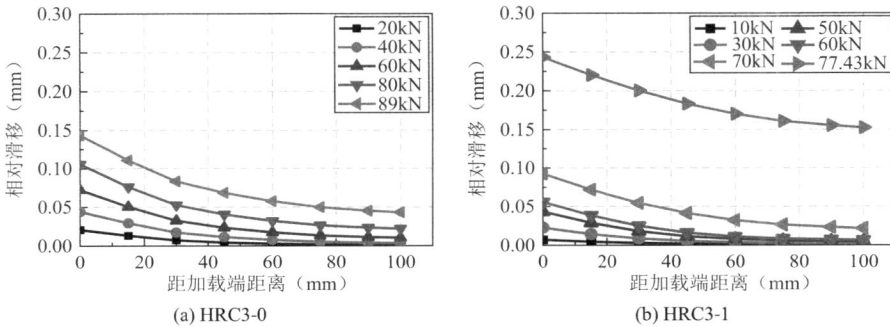

(a) HRC3-0　　　　　　　　　　(b) HRC3-1

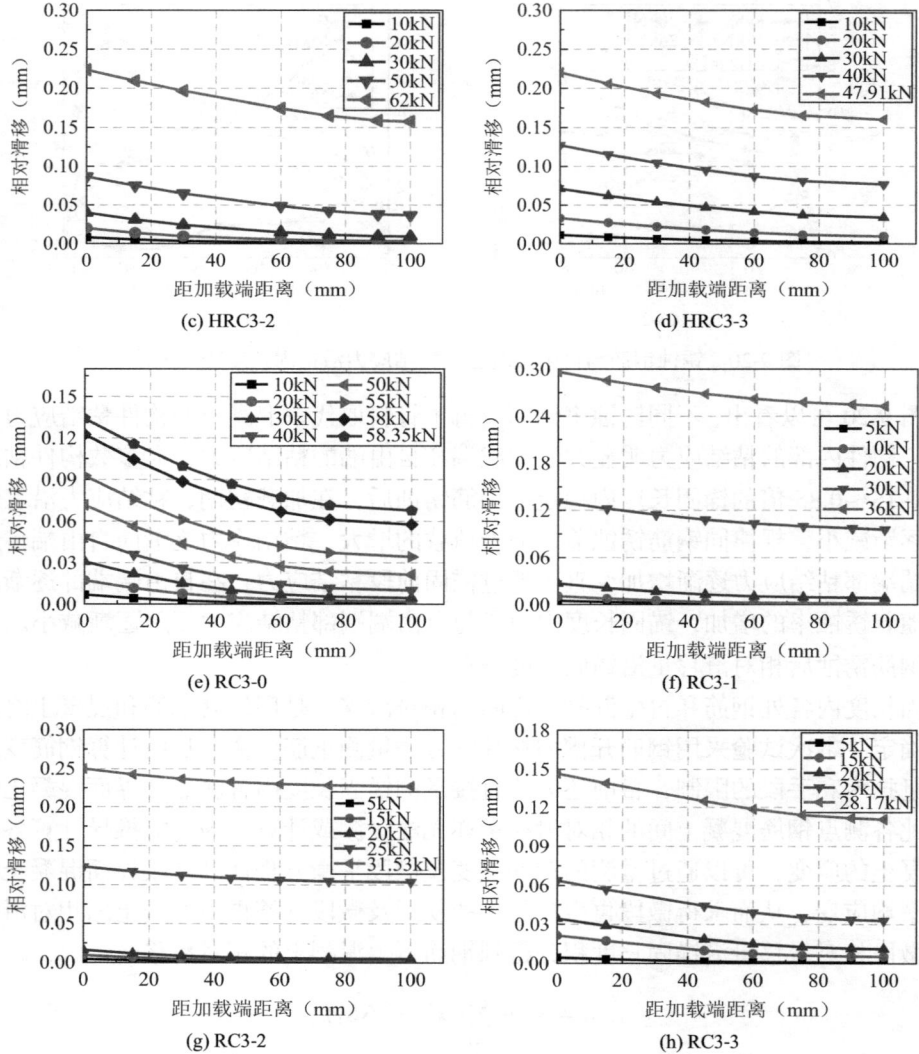

图 9-21　锈蚀钢筋与再生混凝土相对滑移量沿锚固长度变化

由图 9-21 可知，随着锈蚀率的增加，尤其再生混凝土锈胀开裂、构件自由端出现滑移后，滑移量突然显著增加，进而达到极限粘结承载力而破坏，且在再生混凝土中这一规律比普通混凝土更加明显，说明无横向约束再生混凝土构件保护层锈胀后，粘结脆性较普通强度混凝土大。

4. 不同锚固位置处的粘结-滑移曲线

将前文计算所得再生混凝土构件锚固长度内各测点的粘结应力及相对滑移展点连线，得到不同锚固位置处的τ-s曲线，如图 9-22 所示。由图可知，钢筋锈蚀前后，锚固长度内各位置处的τ-s曲线基本形状大致相似，但锚固长度内不同位置处τ-s曲线是变化的，并非均匀分布，且钢筋锈蚀后靠近加载端的粘结应力较小，相比而言曲线较平缓，而靠近自由端处粘结应力后期发展较快，相对粘结刚度增大，相同锈蚀率情况下，再生混凝土构件锚固长度内的τ-s曲线相比普通混凝土更加均匀。

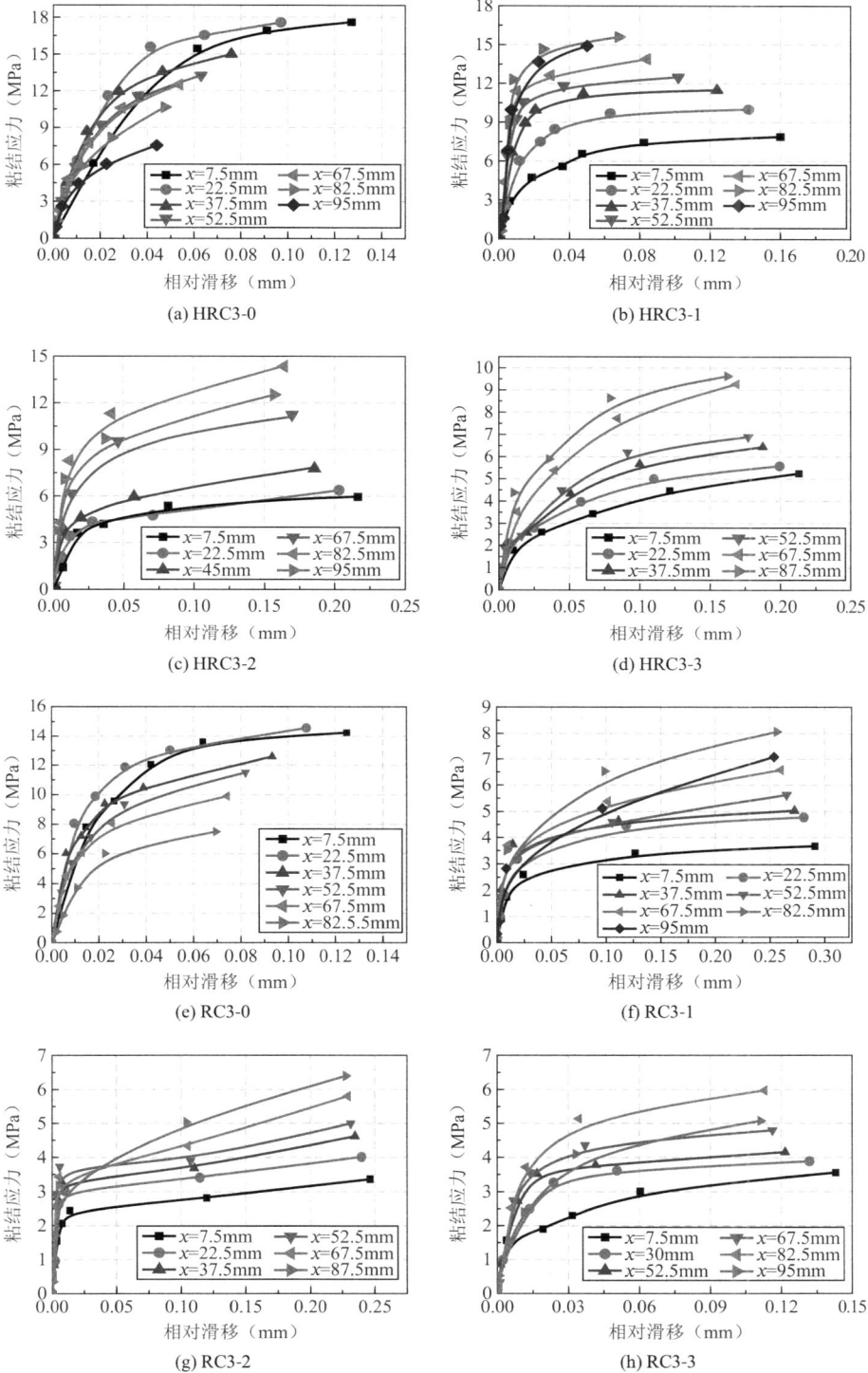

图 9-22　锈蚀钢筋与再生混凝土不同锚固位置处粘结-滑移曲线

5. 粘结-滑移本构关系

由图 9-22 可知，钢筋锈蚀后，各测点的粘结-滑移曲线随锚固位置不同而有所差异，因此借鉴普通混凝土建立粘结-滑移本构关系的方法,建立锈蚀钢筋与再生混凝土构件平均粘结-滑移曲线表达式 $g(\bar{s})$。由图 9-22 中试验曲线可以看出,钢筋锈蚀后与再生混凝土的平均粘结-滑移曲线形状与锈蚀前基本类似,只是特征点有所区别,因此采用钢筋再生混凝土的平均粘结强度表达式表示锈蚀后的粘结-滑移关系[4],如式(9-6)所示:

$$\begin{cases} g(\bar{s}) = \dfrac{\tau}{\tau_u} = \left(\dfrac{s}{s_u}\right)^a & 0 \leqslant s \leqslant s_u \\ g(\bar{s}) = \dfrac{\tau}{\tau_u} = \dfrac{s/s_u}{b(s/s_u - 1)^2 + s/s_u} & s > s_u \end{cases} \tag{9-6}$$

试验曲线无量纲化后拟合分析得到参数 a、b,各组构件参数如表 9-7 所示。由表 9-7 结果可知,钢筋锈蚀后与再生混凝土间平均粘结-滑移曲线的上升段相对比较统一,整体结果大部分在 $0.2 \sim 0.3$ 之间,其取值可与钢筋锈蚀前取值相同,即统一取 $a = 0.27$;但下降段随着取代率及锈蚀率的变化差异较大,尤其随着锈蚀率的增加,再生混凝土锈胀后 b 值的取值整体呈逐渐增加的趋势,而随着取代率的增加,b 值逐渐减小,说明锈蚀后的粘结-滑移曲线下降段较锈蚀前更陡,脆性增加;随着取代率增加,粘结-滑移曲线下降段较锈蚀前更平缓,说明相同水灰比和锈蚀情况下,再生混凝土的粘结-滑移曲线下降段延性较普通混凝土更好。

钢筋锈蚀后粘结-滑移曲线参数对比　　　　　　　　　　表 9-7

参数	HRC1-1	HRC1-2	HRC1-3	HRC2-1	HRC2-2	HRC2-3
a	钢筋屈服	0.26	0.42	0.20	0.49	0.40
b	钢筋屈服	2.80	3.58	—	0.60	1.26
参数	HRC3-1	HRC3-2	HRC3-3	RC1-1	RC1-2	RC1-3
a	0.18	0.22	0.31	0.23	0.16	0.21
b	—	0.51	1.55	2.18	1.15	0.16
参数	RC2-1	RC2-2	RC2-3	RC3-1	RC3-2	RC3-3
a	钢筋屈服	0.24	0.16	0.22	0.20	0.22
b	钢筋屈服	0.016	0.027	2.64	0.84	0.6

注:表中横线表示劈裂破坏过快导致未能测出相应下降段。

9.5　锈蚀后再生混凝土梁式粘结滑移试验研究

9.5.1　试验装置及加载制度

全梁式试验采用反力架、千斤顶、分配梁等进行两点加载,其加载装置如图 9-23 所示,其中千斤顶采用手动控制油压泵,并通过力传感器控制、量测加载力的大小,由位移传感器量测梁两侧钢筋自由端的滑移值。根据锈蚀情况不同预估再生混凝土梁的承载力,加载过程中,千斤顶油压泵电子显示器每跳动 20 或 30 采集一次(约 2.74kN 或 4.11kN)并加载下一级荷载,每级荷载加载时间约 5min。试验全过程中,位移传感器由电脑自动连续采集,人工记录加载点处采集点及加载梁开裂荷载、极限荷载。

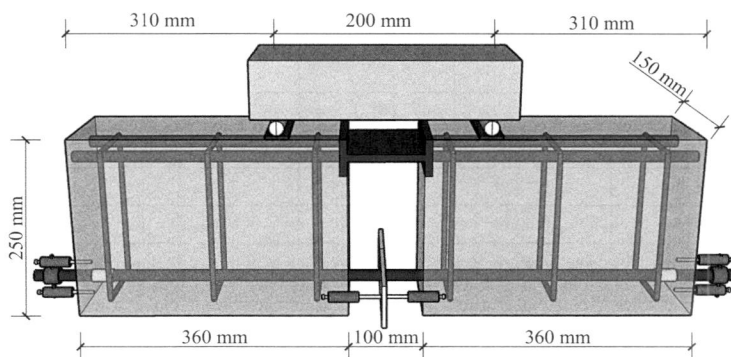

图 9-23　试验加载图

9.5.2　锈蚀后再生混凝土梁试验结果

各组再生混凝土梁试验粘结滑移特征值如表 9-8 所示，将钢筋锈蚀前梁式试验值对比第 9.4.2 节中心拉拔试验粘结强度如图 9-24 所示，由图可知，在不同的再生粗骨料取代率下，钢筋再生混凝土构件梁式试验粘结强度总体小于中心拉拔试验粘结强度，大约为中心拉拔试验值的 70%，分析由如下因素所致：①中心拉拔试验保护层厚度较大，保护层厚度与钢筋直径比值 c/d 为 4.5，大大提高了握裹层对钢筋的握裹力，而梁式试验受拉纵筋保护层厚度较小，c/d 约 1.25，再生混凝土保护层相比而言容易胀裂导致粘结应力降低；②梁式试验除受拉拔力外，梁段仍受弯、剪应力作用，增加了混凝土受力的复杂性，从而导致粘结应力下降。

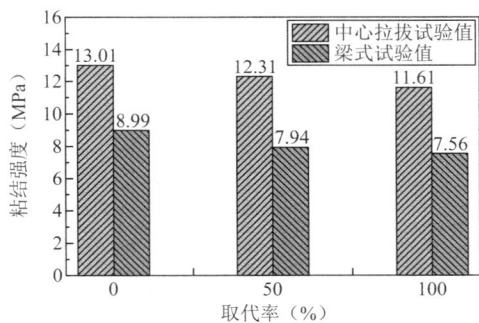

图 9-24　两种试验方法粘结强度对比

梁式试验粘结滑移特征值　　　　　　　　　　表 9-8

编号	η（%）	C（mm）	P（kN）	τ（MPa）	P_0（kN）	s（mm）
RCB1-0	0	0	120.0	8.99	87.6	2.50
RCB1-1	4.2	0.10	112.6	8.44	90.1	2.10
RCB1-2	6.0	0.35	95.1	7.13	77.9	1.03
RCB1-3	17.3	0.60	90.0	6.74	79.3	0.93
RCB2-0	0	0	106.0	7.94	88.0	1.54
RCB2-1	4.2	0.15	101.0	7.57	85.5	0.75
RCB2-2	6.0	0.35	88.2	6.60	82.1	0.19
RCB2-3	17.3	0.55	86.0	6.44	75.5	1.75

编号	η（%）	C（mm）	P（kN）	τ（MPa）	P_0（kN）	s（mm）
RCB3-0	0	0	101.0	7.56	70.9	1.25
RCB3-1	4.2	0.15	94.9	7.11	75.1	0.50
RCB3-2	6.0	0.35	94.1	7.05	76.6	1.07
RCB3-3	17.3	0.60	85.6	6.41	69.7	0.23

注：η为理论锈蚀率；C为最大锈胀裂缝宽度；P为最大承载力；τ为梁破坏时等效平均粘结强度；P_0为出现滑移时荷载；s为最大荷载时滑移值。

9.5.3 破坏形态

试件加载后的破坏形态如图 9-25、图 9-26 所示，可见再生混凝土梁锈蚀前后的破坏形态相似。虽然试验梁由对称的两肢再生混凝土组成，但由于试件制作和混凝土材料的离散性等原因，两肢承载力并不完全相同，且尽管加载前尽量对中，亦不能完全保证对称加载，因此每次试验均为某一肢先出现破坏，另一肢随后出现破坏，即左右肢随机先出现破坏。由图可知，加载过程中，随着荷载的增加，首先在梁底面出现沿着纵筋方向的开裂裂缝，随后出现2~3 条弯曲裂缝，然后裂缝迅速沿着底面向侧面近乎垂直发展，当垂直裂缝开展至纵筋位置处后，斜向发展成一条斜向主裂缝，并伴随 1~2 条斜向次裂缝。由于中间型钢铰支座的水平推力，破坏时在与型钢腹板平行位置处出现少量水平细裂缝。一旦出现斜向裂缝后，测试纵筋自由端的滑移量快速增加，此时荷载保持不变的情况下斜向裂缝变宽变大，自由端滑移量猛增，最后达到一定程度后荷载迅速下降，由于下降过快，所以无法量测试验梁的卸载过程。钢筋锈蚀后再生混凝土梁的破坏形态与锈蚀前基本一致，锈胀裂缝的开展对梁的破坏形态并无影响，仅仅降低了梁的承载力，且破坏后锈胀裂缝只是稍微增宽，变化并不十分明显。

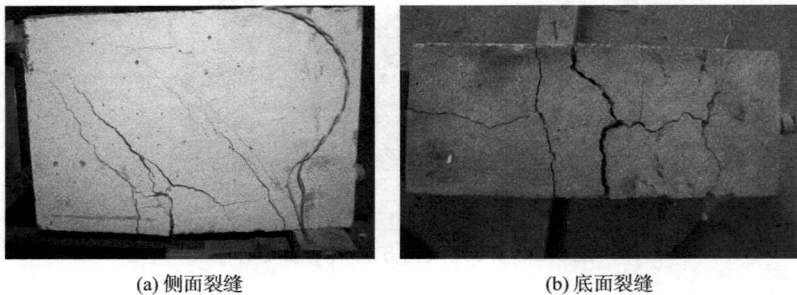

(a) 侧面裂缝   (b) 底面裂缝

图 9-25 钢筋锈蚀前构件破坏形态

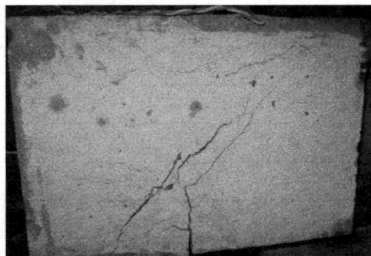

图 9-26 钢筋锈蚀后构件破坏形态

9.5.4　梁式构件粘结滑移性能

1. 再生骨料取代率对粘结滑移的影响

根据全梁式试验获得的试验结果，相同水灰比时，不同锈蚀率情况下梁的平均粘结强度随取代率变化规律如图 9-27 所示。由图可知，在不同锈蚀率下，随着取代率的增加，钢筋再生混凝土梁粘结强度整体基本下降，在 50% 取代率时下降幅度较大，随后 100% 取代率时下降幅度较小，且随着锈蚀率的增加下降幅度逐渐减小。主要可能原因为：在相同水灰比时，随着取代率的增加，在 50% 取代率时再生混凝土抗压强度有所降低，且抗拉和抗剪强度相比而言降低幅度较大，在弯、剪、拉复合作用下，发生滑移的同时，再生混凝土剪切应力超过剪切承载力而出现破坏；当取代率继续增加达 100% 时，由于实际水灰比降低对强度的强化因素与再生骨料的劣化因素相互抵消，导致 100% 取代率相比 50% 取代率时抗拉和抗剪强度降低幅度变小，从而在弯、剪、拉复合作用下的粘结强度降低幅度变小。由于材料的离散性及试验数量有限，从试验结果来看，再生混凝土梁自由端滑移值随取代率的变化规律不是十分明显。

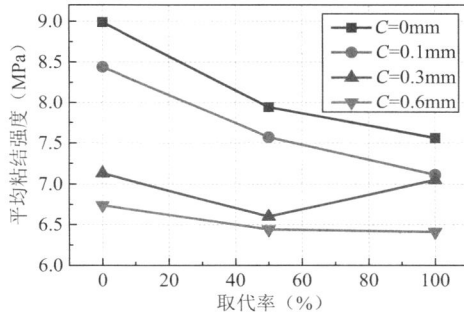

图 9-27　平均粘结强度随取代率变化关系

2. 锈蚀对粘结强度的影响

根据全梁式试验的试验结果，图 9-28 为 RCB1-1 右肢粘结-滑移曲线，其他梁体破坏一肢的粘结-滑移曲线与此类似，将首滑时平均粘结强度 τ_1 与平均粘结强度 $\bar{\tau}$ 的比值 K 随裂缝宽度的变化规律绘制于图 9-29，表 9-9 为全梁式粘结滑移试验特征值。由图 9-29 可知，在不同再生骨料取代率情况下，K 值总体维持在 0.7～0.9 之间，在 0%、100% 取代率时较小，而在 50% 取代率时较大，且随着裂缝宽度或锈蚀率的增加，K 值先增后减，并无严格的单调变化规律。这与无横向约束时 K 值变化规律有所不同，说明箍筋对再生混凝土开裂后滑移性能影响较大，在裂缝宽度较小时，由于箍筋约束作用，构件仍具有较好的抗滑能力，当裂缝宽度达到一定值时抗滑能力才开始降低。

梁式粘结滑移参数比较　　　　　　　　　　　　表 9-9

编号	C（mm）	首裂	τ_1（MPa）	$\bar{\tau}$（MPa）	$\tau_1/\bar{\tau}$
RCB1-0	0	左肢	6.56	8.99	0.73
RCB1-1	0.10	右肢	6.75	8.44	0.75
RCB1-2	0.35	右肢	5.84	7.13	0.82
RCB1-3	0.60	右肢	5.26	6.74	0.78

编号	C（mm）	首裂	τ_1（MPa）	$\overline{\tau}$（MPa）	$\tau_1/\overline{\tau}$
RCB2-0	0	右肢	6.59	7.94	0.83
RCB2-1	0.15	左肢	6.41	7.57	0.85
RCB2-2	0.35	右肢	6.14	6.60	0.93
RCB2-3	0.55	左肢	5.65	6.45	0.88
RCB3-0	0	左肢	5.67	7.56	0.75
RCB3-1	0.15	右肢	5.63	7.11	0.79
RCB3-2	0.35	左肢	5.74	7.05	0.81
RCB3-3	0.60	左肢	4.49	6.41	0.70

注：τ_1 为梁自由端起始滑移时平均粘结强度；$\overline{\tau}$ 为梁极限平均粘结强度。

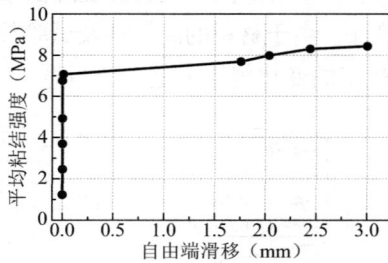

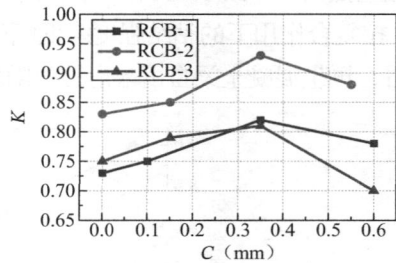

图 9-28　RCB1-1 右肢粘结-滑移曲线　　　图 9-29　K 随裂缝宽度变化

3. 再生混凝土梁式试验粘结应力分布

全梁式试验中钢筋应变随锚固位置的变化如图 9-30 所示（仅绘制破坏一肢梁体钢筋应变沿锚固深度变化图）。由图 9-30 可知，与钢筋锈蚀前简单拉拔试件规律相同，再生混凝土梁式试验钢筋应变随从自由端至加载端逐渐增长，且从加载端向锚固内部发展逐渐平缓。

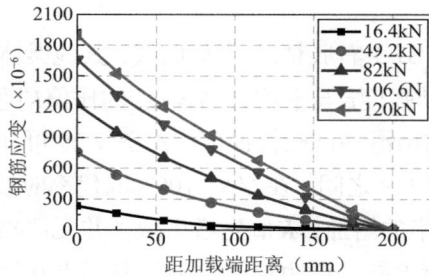

(a) RCB1-0

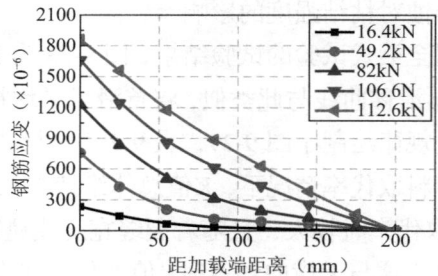

(b) RCB1-1

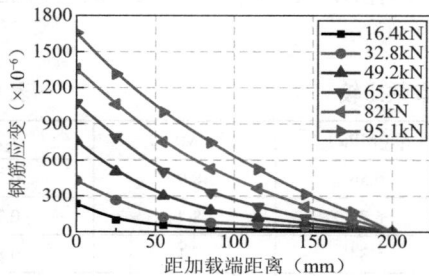

(c) RCB1-2

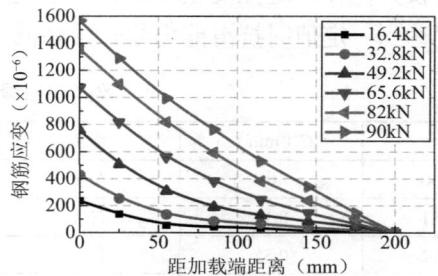

(d) RCB1-3

（e）RCB2-0

（f）RCB2-1

（g）RCB2-2

（h）RCB2-3

（i）RCB3-0

（j）RCB3-1

（k）RCB3-2

（l）RCB3-3

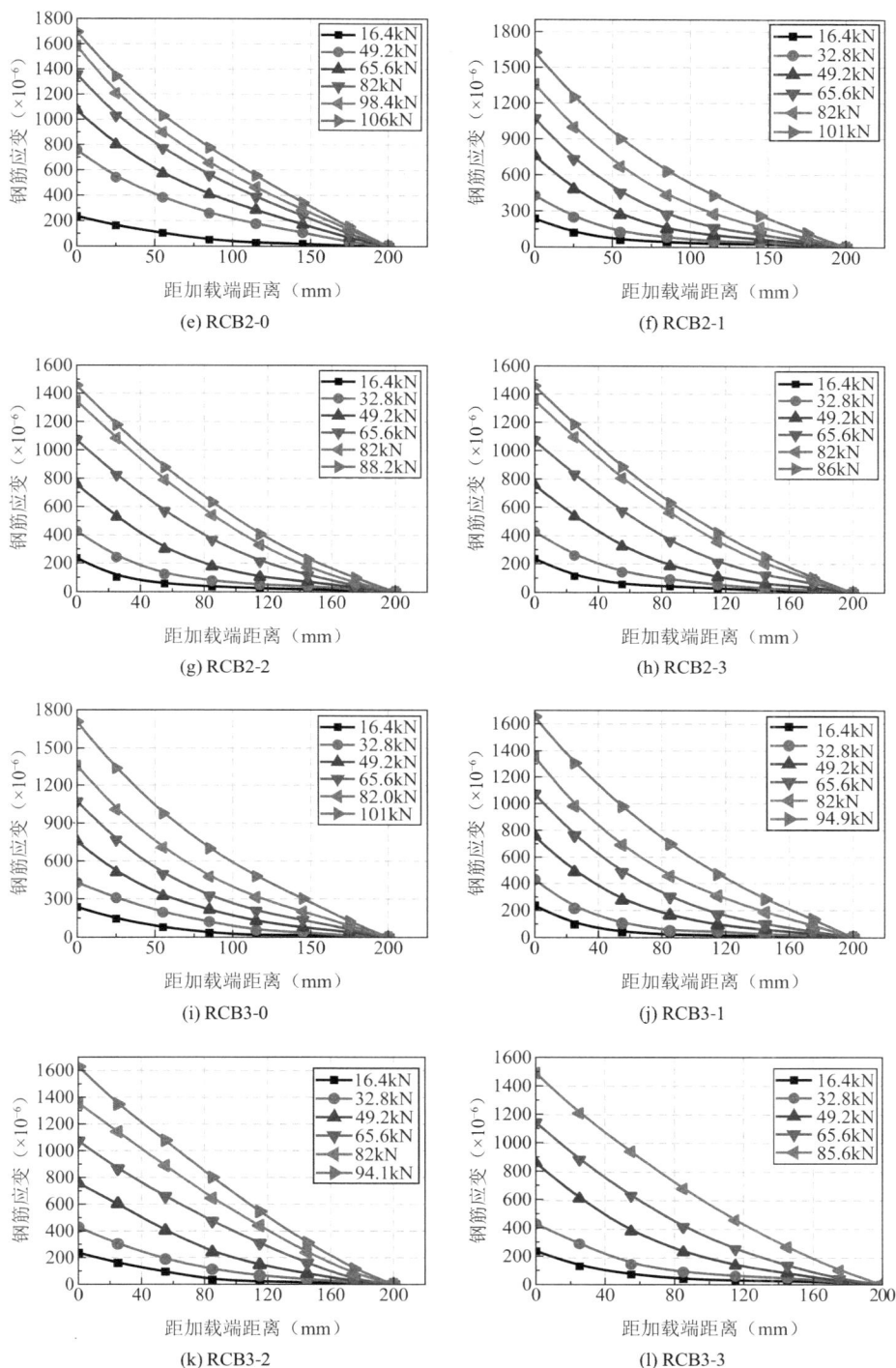

图 9-30　钢筋应变随锚固位置的变化规律

4. 粘结应力沿锚固长度分布

根据试验结果，计算锈蚀前后各组梁构件在锚固长度内粘结应力，锈蚀前后各组梁构件粘结应力沿锚固长度分布规律如图 9-31 所示。

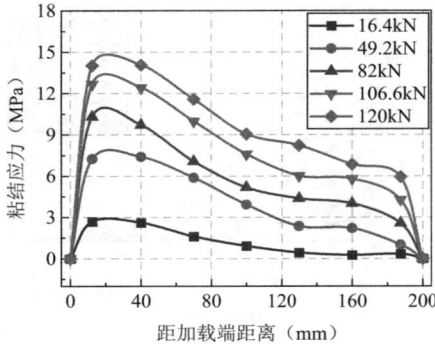

(a) RCB1-0

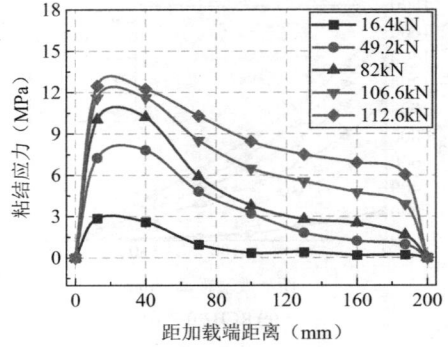

(b) RCB1-1

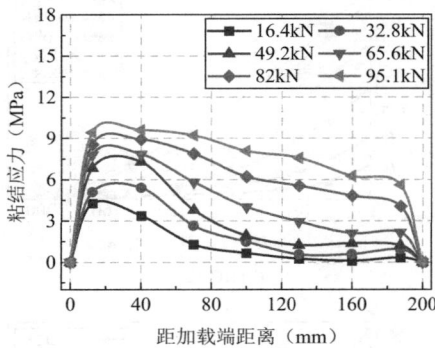

(c) RCB1-2

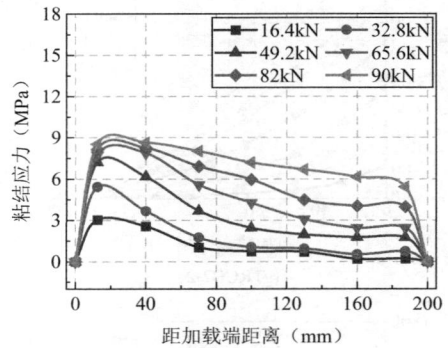

(d) RCB1-3

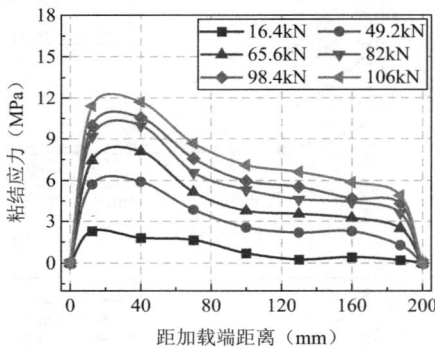

(e) RCB2-0

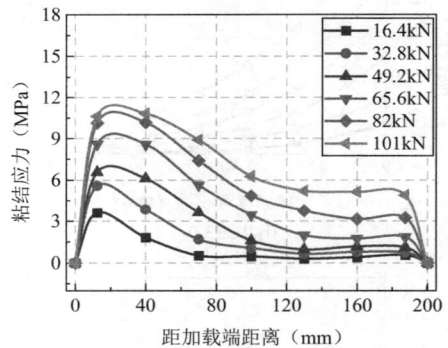

(f) RCB2-1

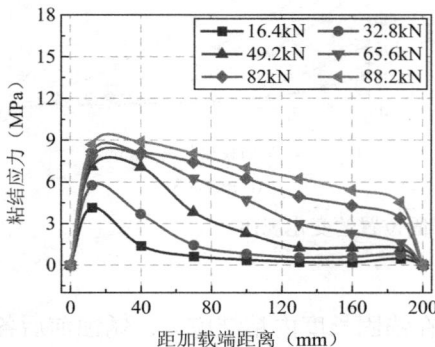

(g) RCB2-2

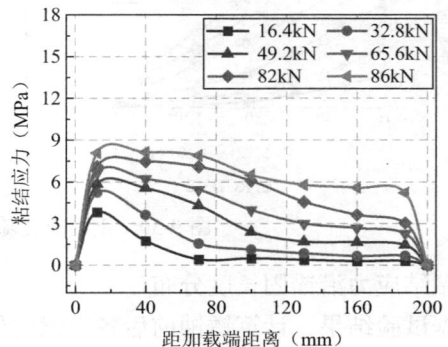

(h) RCB2-3

(i) RCB3-0

(j) RCB3-1

(k) RCB3-2

(l) RCB3-3

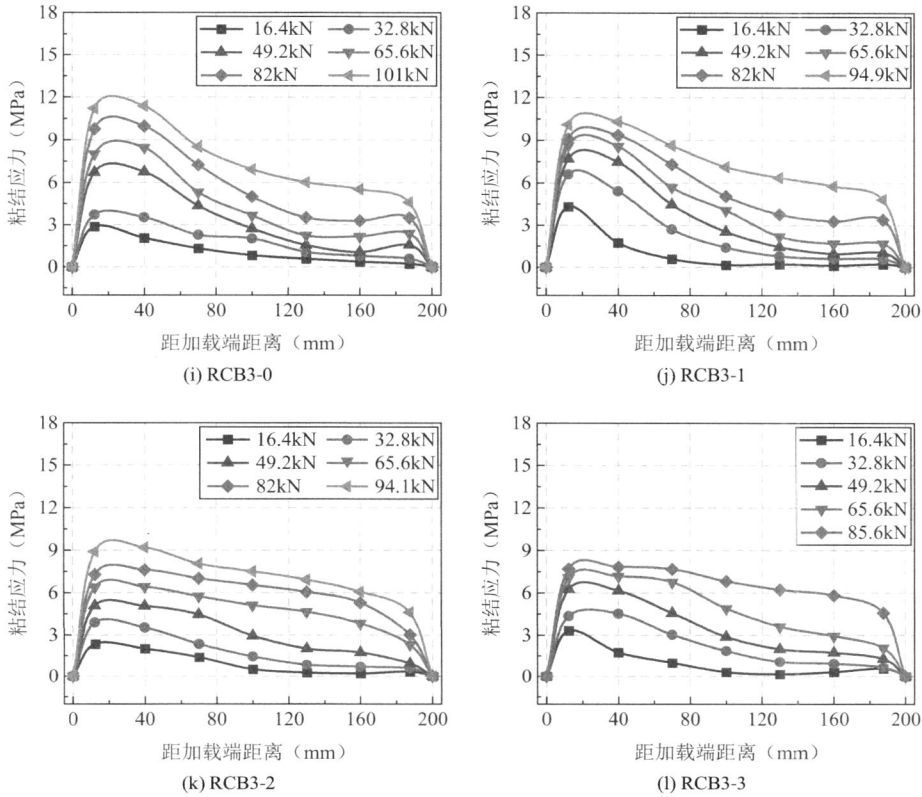

图 9-31　粘结应力沿锚固长度的变化曲线

由图 9-31 可知，不同再生骨料取代率和锈蚀率情况下，各梁粘结应力分布曲线比较类似，粘结应力在两端急剧增加，且 0.15～0.85 倍锚固长度内几乎呈线性降低。随着锈蚀率的增加，锈蚀钢筋与混凝土间的最大粘结力随之减小，主要是由于当锈蚀率增加时，钢筋与混凝土之间的粘结遭到破坏，导致粘结力降低。但是由于箍筋约束等作用，即使保护层胀裂的原因使得整个粘结段应力有所下降，但下降并不是很大。在简单拉拔试验中，加载后期自由端超过加载端粘结应力承担主要粘结作用，而加载端粘结应力呈现退化的趋势。相比简单拉拔试验而言，在再生混凝土全梁式试验中，由于箍筋的横向约束作用[5]，裂缝得到了有效约束而不能充分开展，同时加载端附近钢筋与再生混凝土间的机械咬合力得到保护，使加载端部位钢筋的应力难以有效传递至自由端，加载端处应变变化幅度大于梁自由端处，导致整个加载过程中锚固前段（加载端附近处）粘结力始终大于锚固中后段处粘结应力。

9.5.5　再生混凝土梁式试验粘结滑移位置函数

由第 9.5.3 节可知，钢筋锈蚀前后，沿着锚固长度不同位置处，各测点的τ-s曲线并不完全相同，粘结-滑移曲线随锚固位置不同而有所差异，且锈蚀后差别较锈蚀前大，因此借鉴普通混凝土建立粘结-滑移本构关系方法，通过建立位置函数$\psi(x)$来描述钢筋锈蚀后不同锚固位置处的粘结刚度变化。图 9-30 中再生混凝土梁粘结刚度沿锚固长度的分布即为再生混凝土梁粘结锚固位置函数$\psi(x)$的形状，无量纲化（$\tau \to \tau/\bar{\tau}$，$x \to x/L_a$）后如图 9-32 所示。

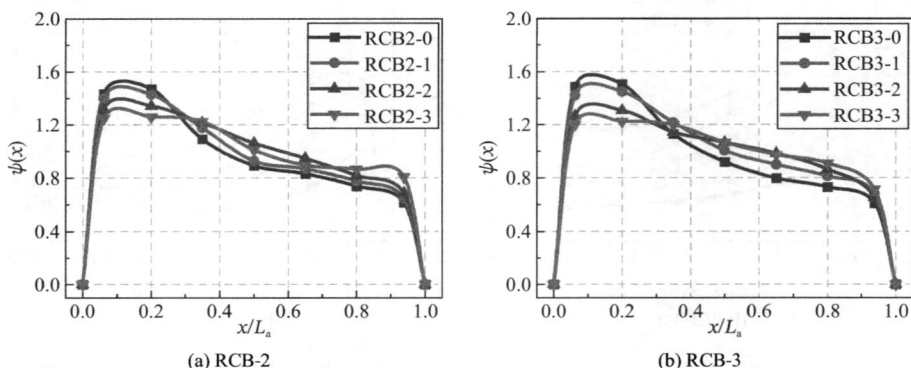

(a) RCB-2　　　　　　　　　　　(b) RCB-3

图 9-32　不同锈蚀率下梁式试验粘结位置函数

由图 9-32 可知，再生混凝土保护层锈胀开裂前后，实际受力状态下（带横向约束）再生混凝土与钢筋的粘结滑移位置函数形状与锈蚀前相似，粘结应力的峰值始终处于加载端部位，且（0.15～0.85）L_a 段保持相对的线性，为方便工程应用，仍然可以采用钢筋未锈蚀前粘结位置函数的三折线表达式，只是参数有所不同。三折线模型分别由四个控制点控制：Ⅰ点(0,0)，Ⅱ点(0.15,A_1)，Ⅲ点(0.85,A_2)，Ⅳ点(1,0)，如图 9-33 所示。

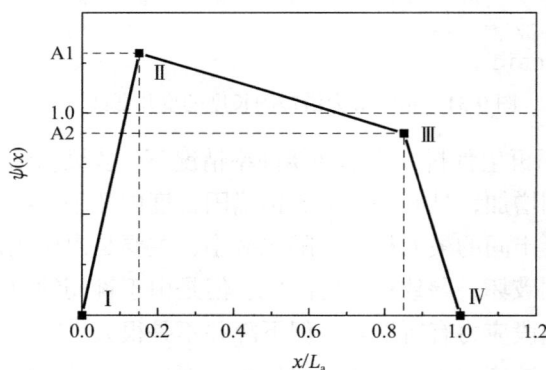

图 9-33　梁式试验粘结位置函数模型

再生混凝土保护层锈胀开裂后，由于箍筋的横向约束作用，加载端处峰值仍处控制作用，承担主要粘结力，即箍筋对再生混凝土粘结锚固位置函数影响较大。由图 9-32 可以发现，钢筋未锈蚀前，锚固中前段粘结应力较大，一旦再生混凝土锈胀开裂后，由于裂缝及箍筋约束等作用，导致整个粘结段粘结应力相对均匀，锚固中前段粘结应力有所回落，而锚固中后段粘结应力相应有所增加，且随着锈胀裂缝的增大，粘结锚固段粘结应力逐渐趋于均匀化，各控制点的相对大小可以通过数值计算拟合得到。

（1）再生混凝土锈胀前：$A_1 = 1.49$，$A_2 = 0.67$；

（2）锈胀裂缝宽度为 0.15mm 时：$A_1 = 1.42$，$A_2 = 0.71$；

（3）锈胀裂缝宽度为 0.35mm 时：$A_1 = 1.3$，$A_2 = 0.82$；

（4）锈胀裂缝宽度为 0.6mm 时：$A_1 = 1.21$，$A_2 = 0.9$；

（5）当锈胀裂缝继续增加，则可以忽略锚固位置对粘结刚度的影响，按平均分布取值。

9.6 本章小结

本章通过锈蚀钢筋与再生混凝土的中心拉拔试验和全梁式试验，研究了钢筋在不同锈蚀率下与再生混凝土间的粘结滑移性能，得出以下结论：

（1）随着再生骨料取代率和锈蚀率的增加，粘结强度整体上呈逐渐降低的趋势，并且随着锈蚀率的增加，减小的趋势逐渐缓慢。随着锈蚀率的增加，起始滑移与粘结强度的比值逐渐减小，抗滑移能力逐渐减弱。

（2）在加载初期，锈蚀钢筋再生混凝土试件的粘结应力沿着锚固长度基本逐渐减小，随着锈蚀率的增加，锚固长度中前段与自由端端部粘结应力相差逐渐减小。钢筋锈蚀后，钢筋受拉过程的应变沿锚固长度从自由端到加载端逐渐增大，但随着锈蚀率增加，靠近加载端的应变曲线更为平缓，而中间锚固段和自由端较陡。

（3）建立锈蚀钢筋与再生混凝土构件平均粘结-滑移本构关系表达式，基于本构模型进一步分析钢筋锈蚀后与再生混凝土间平均粘结-滑移曲线的变化规律，发现随着取代率增加，锈蚀后的粘结-滑移曲线下降段较锈蚀前更平缓。

（4）梁式试验粘结强度整体小于简单拉拔试验，相同水灰比时，在不同锈蚀率下，随着取代率的增加，钢筋再生混凝土梁粘结强度整体基本下降，再生混凝土梁自由端滑移值随取代率的变化规律不是十分明显。

（5）再生混凝土全梁式试验中，由于箍筋的横向约束作用，构件具有较好的抗滑能力，加载端处钢筋应变变化幅度大于自由端处，导致加载过程中锚固前段的粘结力始终大于锚固中后段处的粘结应力，这与简单拉拔试验结果不同。最后，根据试验结果计算获得的粘结应力沿锚固长度分布情况，建立弯剪复合应力状态下的再生混凝土-钢筋粘结滑移位置函数。

参考文献

[1] 金伟良，赵羽习. 混凝土结构耐久性[M]. 北京: 科学出版社, 2014.

[2] Zhang L, Niu D, Wen B, et al. Initial-corrosion condition behavior of the Cr and Al alloy steel bars in coral concrete for marine construction[J]. Cement and Concrete Composites, 2021, 120: 104051.

[3] 中华人民共和国交通运输部. 水运工程混凝土试验检测技术规范: JTS/T 236—2019[S]. 北京: 人民交通出版社, 2019.

[4] Xiao J, Falkner H. Bond behaviour between recycled aggregate concrete and steel rebars[J]. Construction and Building Materials, 2007(21): 395-400.

[5] 郭保第，丁然，李玥一，等. 钢筋在超高性能混凝土中的锚固与搭接性能试验研究[J]. 建筑结构学报, 2024, 45(9): 100-112.

钢筋在再生混凝土中粘结锚固可靠度设计

10.1 概述

再生混凝土粘结锚固作为钢筋再生混凝土构件共同协调工作的前提，具有举足轻重的作用，一般而言，粘结锚固失效可以分：①锚固强度失效，即由于两种材料间的界面粘结应力超过极限粘结强度而发生破坏；②锚固刚度失效，即由于两种材料间滑移量超过了极限状态。无论何种锚固失效，对于给定材料，当锚固长度达到一定值时，锚固失效和钢筋屈服将同时发生，此时即达到临界锚固状态（图 10-1），该锚固长度称之为临界锚固长度$(L_a)_{cr}$。对于实际工程应用中，$(L_a)_{cr}$为重要实用指标，只要确定$(L_a)_{cr}$值即可使再生混凝土在结构工程中得以推广使用，但由于材料本身性质是一个随机变量，所以$(L_a)_{cr}$也是一个随机变量，因此可以采用可靠度的方法确定$(L_a)_{cr}$值，通过对已有的试验数据进行数学概率统计回归，考虑相应的可靠指标，最后得到相应的临界锚固长度值。

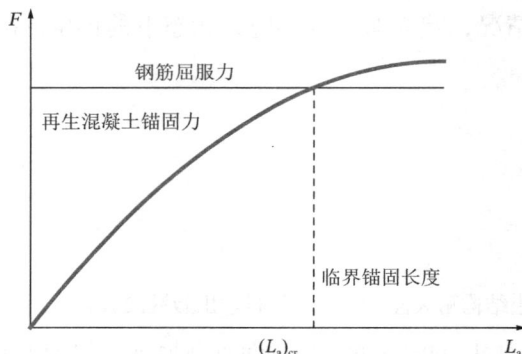

图 10-1 再生混凝土锚固临界状态

10.2 钢筋在再生混凝土中的锚固极限状态方程及参数统计

10.2.1 钢筋在再生混凝土中的锚固极限状态方程

再生混凝土锚固极限状态方程可按通用形式表达如式(10-1)所示。

$$R - S = 0 \tag{10-1}$$

式中：R为锚固抗力，与粘结强度、锚固长度等因素有关；S为结构中由外荷载引起的组合效应力。

锚固极限状态时其极限拉拔力如式(10-2)所示。

$$R = \pi \cdot d \cdot L_a \cdot \tau_u \tag{10-2}$$

式中：d为钢筋直径；L_a为锚固长度，τ_u为极限粘结强度。

钢筋屈服的临界状态时其极限拉拔力如式(2-3)所示。其中η为钢筋应力丰度系数，一般情况取$\eta = 1$。

$$S = \eta \cdot \frac{\pi d^2}{4} \cdot f_y \tag{10-3}$$

结合式(2-1)～式(2-3)，可得再生混凝土锚固极限状态方程：

$$G = 4\left(\frac{L_a}{d}\right)\tau_u - f_y = 0 \tag{10-4}$$

10.2.2　影响再生混凝土极限平均粘结强度的主要因素

为了得到再生混凝土锚固极限平均粘结强度经验公式，结合本书完成的试验成果，并收集了相关再生混凝土与螺纹钢筋间的粘结锚固中心拉拔试验数据共 234 组[1-17]，采用统计的方法回归再生混凝土与螺纹钢筋间的极限平均粘结强度。

1. 强度对再生混凝土极限平均粘结强度的影响

如图 10-2 所示再生混凝土平均粘结强度随抗压强度$f_{cu}^{2/3}$的增大呈线性增长，最终得到再生混凝土强度与极限平均粘结强度经验公式(10-5)：

$$\tau_u = 1.53 f_{cu}^{2/3} \tag{10-5}$$

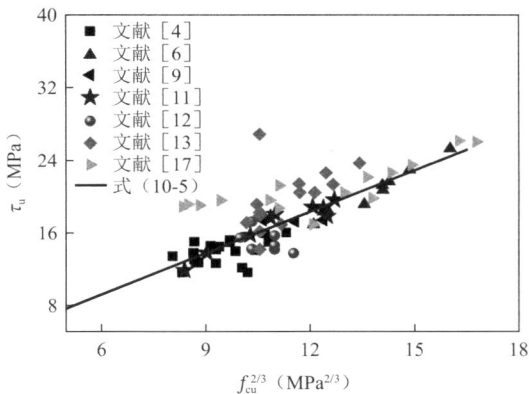

图 10-2　再生混凝土强度-极限平均粘结强度关系曲线

2. 锚固长度对再生混凝土极限平均粘结强度的影响

随着锚固长度的增加，拉拔力随之增大，但极限平均粘结强度逐步减小，再生混凝土锚固长度与极限平均粘结强度关系如图 10-3 所示，图中纵坐标以相对锚固强度（τ_u/τ_s）表示，τ_s为锚固长度约$5d$时极限平均粘结锚固长度，最终得到再生混凝土极限平均粘结强度随锚固长度关系经验表达式如式(10-6)所示。

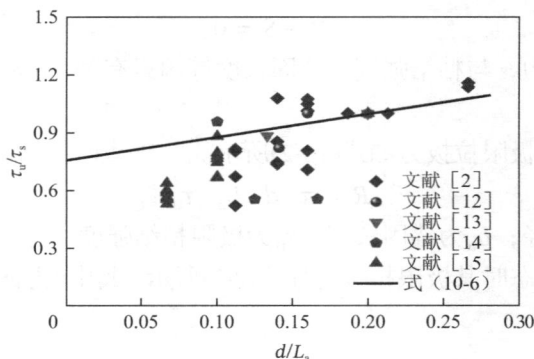

图 10-3　再生混凝土锚固长度-相对锚固强度关系

$$\frac{\tau_u}{\tau_s} = 0.76 + 1.2\frac{d}{L_a} \qquad (10\text{-}6)$$

式中：L_a 为锚固长度再生混凝土极限平均粘结强度在锚固长度较小时变化明显，当锚固长度 $L_a = 9d$ 时，相对锚固强度已经基本稳定，当混凝土强度达 C30 左右时，在无横向约束情况下 $L_a = 10d$ 钢筋已经屈服，因此可以认为，当锚固长度 $L_a \geqslant 9d$ 时，相对锚固强度趋于稳定。

3. 相对保护层厚度对再生混凝土极限平均粘结强度的影响

由于螺纹钢筋肋导致钢筋被拔出过程中形成锥楔侧向挤压，致使钢筋周围核心混凝土产生环向拉应力，当应力达到再生混凝土抗拉强度将沿钢筋纵向出现劈裂破坏，而再生混凝土钢筋保护层厚度能提供钢筋再生混凝土构件相应的劈裂截面高度，对延缓再生混凝土劈裂破坏具有较大的影响作用。结合文献数据可得再生混凝土相对锚固强度随相对保护层厚度变化规律如图 10-4 所示，为了消除强度对再生混凝土极限平均粘结强度的影响，纵坐标采用 $p = \tau_u / f_{cu}^{2/3}$ 表示。

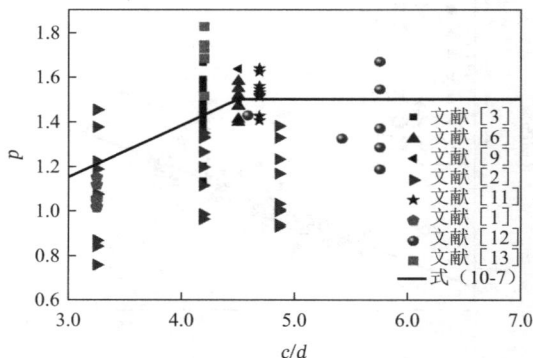

图 10-4　再生混凝土相对保护层厚度-相对锚固强度关系

由图 10-4 可知，当相对保护层厚度 c/d 较小时，再生混凝土相对锚固强度随 c/d 增加而增大，且保持线性关系当 c/d 超过一定限值后，再生混凝土相对锚固强度基本保持不变，该限值称为临界相对保护层厚度，临界相对保护层厚度 $(c/d)_{cr} = 4.5$。为了简化计算及应用，将再生混凝土相对锚固强度随相对保护层厚度变化关系采用如式(10-7)所示的二折线模型表示。

$$p = \tau_u / f_{cu}^{2/3} = 0.46 + 0.23\frac{c}{d} \qquad (10\text{-}7)$$

式中：$c/d \leqslant 4.5$，当$c/d > 4.5$时可取$c/d = 4.5$。

4. 横向箍筋对再生混凝土极限平均粘结强度的影响

由于箍筋对再生混凝土核心区握裹层的横向约束，减小了纵向钢筋横肋对周边混凝土挤压的各向异性，使得钢筋再生混凝土间的锚固性能得到改善，极大提高了锚固延性。据已有普通钢筋混凝土构件的拉拔试验统计可知，横向箍筋对提高钢筋-混凝土间粘结开裂强度作用较小，仅仅提供混凝土开裂后的侧向约束，提高极限强度和延性。由于试验数量等客观原因，基于普通混凝土箍筋影响参数计算公式[18]，得到螺纹钢极限平均粘结强度的经验公式(10-8)：

$$\tau_{\mathrm{u}} = \left(0.76 + 1.2\frac{d}{L_{\mathrm{a}}}\right)\left(0.46 + 0.23\frac{c}{d} + 4.24\frac{d_{\mathrm{sv}}^2}{cs_{\mathrm{sv}}}\right)f_{\mathrm{cu}}^{2/3} \tag{10-8}$$

式中：τ_{u}为极限平均粘结强度；d为钢筋直径；L_{a}为有效锚固长度；c为保护层厚度；d_{sv}为箍筋直径；f_{cu}为再生混凝土抗压强度。

10.2.3 钢筋在再生混凝土中锚固参数统计数据

课题组研究发现，决定再生混凝土可靠度的主要因素是外荷载效应以及构件的抗力，且由于外荷载效应的变异性对于粘结锚固问题影响可以忽略[19]。因此可以单独考虑影响构件本身抗力可靠度的主要因素，一般包含材料变异性、构件几何尺寸不确定性以及计算模式的不确定性等。为了便于可靠度计算，现将所需参数统计结果汇集如下。

1. 材料性能统计

1）再生混凝土抗拉强度

考虑国内材料相对统一等因素，本书主要根据文献[20-23]以及课题组试验，总共1084个试块试验数据进行统计。统计结果如表10-1、表10-2所示。

同水灰比再生混凝土材料参数统计 表 10-1

基准强度	取代率（%）	平均抗压强度（MPa）	标准差（MPa）	变异系数
C20	100	19.7	0.8	0.040
C25	50	25.3	1.3	0.052
C25	100	24.6	0.9	0.036
C30	50	32.1	3.9	0.121
C30	100	29.2	3.2	0.109
C35	50	34.4	3.1	0.090
C35	100	32.0	2.3	0.073
C40	50	40.4	3.2	0.079
C40	100	39.1	5.2	0.133

同强度再生混凝土材料参数统计 表 10-2

基准强度	平均抗压强度（MPa）	标准差（MPa）	变异系数
C20	21.5	4.0	0.186
C25	29.5	5.0	0.169
C30	36.5	5.0	0.136

续表

基准强度	平均抗压强度（MPa）	标准差（MPa）	变异系数
C35	38.2	5.0	0.130
C45	51.7	5.0	0.096
C50	55.5	6.0	0.108
C60	59.7	7.0	0.117

2）钢筋屈服强度

为满足规范设计要求，本章采用现行规范规定的f_{yk}及相关文献统计的变异系数δ_f[21]，HRB335 螺纹钢$f_{yk} = 340MPa$，平均值$\mu_f = 381MPa$，变异系数$\delta_f = 0.0655$；HRB400 螺纹钢$f_{yk} = 380MPa$，平均值$\mu_f = 423MPa$，变异系数$\delta_f = 0.0621$；HRB400 螺纹钢$f_{yk} = 380MPa$，平均值$\mu_f = 423MPa$，变异系数$\delta_f = 0.0621$。按正态分布规律取 95%保证率反算 HRB335 螺纹钢筋屈服强度平均值如式(10-9)所示。

$$\mu_{f_y} = \frac{f_{yk}}{1 - 1.645\delta_{f_y}} \tag{10-9}$$

2. 计算模式不确定性

计算模式准确性变量$Q = \tau_u^0/\tau_u^e$，其中τ_u^0为统计公式计算值，τ_u^e为试验值，统计公式采用式(10-9)进行计算分析，得出平均值$\mu_Q = 1.020$，变异系数$\delta_Q = 0.195$。

3. 构件几何尺寸参数统计

对于钢筋再生混凝土粘结滑移构件而言，与普通钢筋混凝土构件的唯一差别在于采用再生混凝土取代普通混凝土，因此构件几何尺寸的差异与普通相同，可采用普通混凝土统计参数[19,22,24]，再生混凝土粘结滑移构件几何尺寸的参数统计如表 10-3 所示。

粘结滑移构件几何尺寸参数统计　　　　　　　　　　　表 10-3

材料参数	平均值	变异系数
HRB335 螺纹强度（MPa）	381	0.0655
HRB400 螺纹强度（MPa）	423	0.0621
钢筋直径比d_0/d，d_{sv}^0/d_{sv}	1.000	0.0180
箍筋平均间距比s_{sv}^0/s_{sv}	1.000	0.0600
保护层厚度比c^0/c	0.900	0.3000
锚固长度比L_a^0/L_a	1.025	0.0770
准确性变量比τ_u^0/τ_u	1.070	0.2470
温度T^0/T	1.000	0.015

注：符号中含上标 0 时代表试验值，不含上标则代表设计值，下同。

10.3　钢筋在再生混凝土中粘结可靠指标及可靠度分析

10.3.1　可靠指标

由式(10-1)～式(10-4)锚固极限状态方程可知，出现锚固极限状态时，事件 A（钢筋屈服）和事件 B（粘结锚固达到极限强度）两个事件将同时发生，其概率为：

$$P_{fa} = P(\sigma_s = \eta f_y, \tau = \tau_u) = P(\sigma_s = \eta f_y) \cdot P(\tau = \tau_u | \sigma_s = \eta f_y) = P_f P_{f0} \tag{10-10}$$

由于再生混凝土材料粘结锚固问题对于其结构正常发挥使用功能具有重要影响，所以其设计锚固可靠度应高于构件的承载能力以及正常使用极限状态下的设计可靠度取值。《建筑结构可靠性设计统一标准》GB 50068—2018[22]中规定二级安全等级的结构构件可靠指标可取为：延性破坏时 $\beta = 3.2$，脆性破坏时 $\beta = 3.7$。为了达到锚固强度可靠度大于各种截面的强度可靠度，参考文献[21]取锚固承载力设计总可靠指标为 $\beta = 3.950$，相应的失效概率 $P_{fa} = 4.0 \times 10^{-5}$。

由于钢筋应力由构件正截面强度设计确定，因此事件 A 的允许概率和可靠指标可按《建筑结构可靠性设计统一标准》GB 50068—2018 规定取值，即 $\beta = 3.2$，$P_f = P(\sigma_s = \eta f_y) = 6.87 \times 10^{-4}$，因此，由式(10-10)可知：

$$P_{f0} = P_{fa}/P_f = \frac{4.0 \times 10^{-5}}{6.87 \times 10^{-4}} = 5.82 \times 10^{-2} \tag{10-11}$$

10.3.2　Monte Carlo 法计算临界锚固长度

直接通过随机抽样对结构可靠度进行模拟，是结构可靠度 Monte Carlo 模拟的最基本方法，称为直接抽样法。采用 Monte Carlo 法进行锚固可靠度分析步骤如下。

（1）根据文献统计回归得到的均值、均方差和变异系数计算混凝土强度 f_{cu}、锚固长度 L_a、钢筋直径 d/d_{sv}、钢筋极限抗拉强度 f_y 和计算模式不确定性系数 Q_p 等满足正态分布的随机变量。

（2）给锚固长度 L_a 赋值。

（3）建立锚固极限状态功能函数并计算。

（4）确定结构失效概率和锚固长度可靠指标。

（5）根据确定设计锚固长度的目标可靠指标，计算临界锚固长度 $(L_a)_{cr}$。

根据以上分析步骤，通过 Matlab 编制相关程序计算，其主要流程见图 10-5。

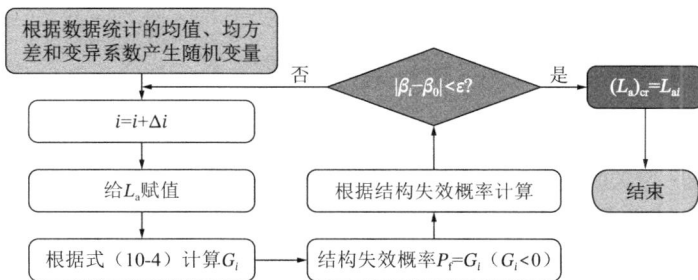

图 10-5　Monte Carlo 法锚固可靠度流程

10.3.3　近似求解法计算临界锚固长度

粘结锚固极限状态方程中，可将 R、S 分别视为结构构件抗力和作用效应的综合变量，且两者是相互独立的随机过程，近似求解法从可接受的误差程度出发，假定 R、S 均为服从对数正态分布的随机变量，最后通过方程式求解临界锚固长度$(L_a)_{cr}$，构件的可靠指标表示为：

$$\beta_0 = \frac{\mu_{\ln R} - \mu_{\ln S}}{\sqrt{\sigma_{\ln R}^2 + \sigma_{\ln S}^2}} \approx \frac{\mu_{\ln R} - \mu_{\ln S}}{\sqrt{\delta_R^2 + \delta_S^2}} \tag{10-12}$$

因此，其临界锚固长度$(L_a)_{cr}$的计算方程式为：

$$\ln \mu_R - \ln \mu_S - \beta_0 \sqrt{\delta_R^2 + \delta_S^2} = 0 \tag{10-13}$$

（1）S的平均值和变异系数

S为构件作用效应，其极限状态为钢筋屈服，因此其平均值$\mu_S = \mu_{f_y}$，相应的变异系数$\delta_S = \delta_{f_y}$，且由于f_y的变异性已经在构件正截面设计中得以考虑，因此此处不必重复考虑，可取$\delta_S = 0$。

（2）R的特征参数

抗力R可表示为：

$$R = Q_P \cdot R_P = Q_P \cdot R(\cdot) \tag{10-14}$$

式中：Q_P为准确性系数；R_P为构件抗力；$R(\cdot)$为抗力函数，括号中的参数为抗力函数随机变量。按照随机变量函数统计公式及均值、误差传递公式，可由统计的随机变量参数求得随机变量函数的统计参数，得其平均值μ_{R_P}、方差σ_{R_P}以及变异系数δ_{R_P}。

$$\mu_{R_P} = R(\cdot) \tag{10-15}$$

$$\sigma_{R_P}^2 = \sum_{i=1}^{n} \left(\frac{\partial R_P}{\partial x_i} \right)^2 \bigg|_\mu \sigma_{x_i}^2 \tag{10-16}$$

$$\delta_{R_P} = \frac{\sigma_{R_P}}{\mu_{R_P}} \tag{10-17}$$

式中：x_i为式$R(\cdot)$的相关随机变量，下标$(\cdot)|_\mu$表示变量均取相应的平均值。

10.4 锚固设计建议

10.4.1 钢筋在再生混凝土中的相对锚固长度

采用 Monte Carlo 法和近似求解法求得受拉螺纹钢筋与再生混凝土锚固长度设计计算结果如表 10-4 所示。从表中可见：按照与普通混凝土同水灰比设计的再生混凝土，其得到的锚固长度整体上接近普通混凝土规范中的设计值，两者差异极小；而按同强度设计方法得到的再生混凝土，其锚固长度整体上小于普通混凝土锚固长度，当强度等级为 C45 时最大减幅达 21.7%。

在实际应用中，为了消除由于统计样本有限对变异系数的影响，当采用现行规范进行再生混凝土的锚固长度设计时，对于同水灰比再生混凝土锚固长度，建议在现行国家标准《混凝土结构设计标准》GB/T 50010 规定值的基础上考虑 10%～15% 的增大系数[25]，而对于同强度再生混凝土可不考虑增大系数。

钢筋在再生混凝土中的相对锚固长度 L_a/d 表 10-4

基准强度（同水灰比）	再生粗骨料取代率（%）	方法			基准强度（同强度）	方法		
		Monte Carlo	近似求解法	《混凝土结构设计标准》GB/T 50010—2010（2024 年版）		Monte Carlo	近似求解法	《混凝土结构设计标准》GB/T 50010—2010（2024 年版）
C20	100	37	33	38	C20	37	32	38
C25	50	31	27	33	C25	29	26	33
C25	100	32	28	33	C30	25	22	29
C30	50	27	24	29	C35	24	21	27
C30	100	29	25	29	C45	18	17	23
C35	50	25	22	27	C50	18	16	22
C35	100	27	23	27	C60	17	15	21
C40	50	22	20	25				
C40	100	24	21	25				

10.4.2 考虑钢筋锈蚀和再生混凝土冻融损伤的相对锚固长度

目前，常采用名义粘结强度 $R(\eta)$［式(10-18)］来表征锈蚀作用下粘结强度的衰减程度。根据第 9 章中试验数据，利用回归分析建立锈蚀钢筋与再生混凝土名义粘结强度与锈蚀率的关系如式(10-19)所示：

$$R(\eta) = \frac{\tau_u(\eta)}{\tau_u} \tag{10-18}$$

$$R(\eta) = 1 - 1.13\eta \tag{10-19}$$

式中：$\tau_u(\eta)$ 为锈蚀率为 η 时的粘结强度。本书以南宁地区为例计算混凝土中钢筋锈蚀率，选取保护层厚度 25mm，HRB400 钢筋直径 20mm，构件角部钢筋区域，根据《既有混凝土结构耐久性评定标准》GB/T 51355—2019[26] 计算发现，在 I -A、I -B 环境中 50 年服役期内混凝土中钢筋不发生锈蚀，在 I -C、I -D 环境中 50 年服役期后混凝土构件角部钢筋区域钢筋锈蚀深度 0.3mm，锈蚀率 5.91%。

根据第 6 章试验结果，可知冻融损伤后再生混凝土与钢筋间的粘结强度：

$$\tau_u(N) = \left[1 - 0.094\left(\frac{N}{50}\right)^2\right]\tau_u \tag{10-20}$$

式中：$\tau_u(N)$ 为冻融循环 N 次后的再生混凝土与钢筋间的粘结强度。在考虑冻融次数时，由于实际冻融次数难以与通行的快冻法循环次数联系起来，本书参考《混凝土结构耐久性设计标准》GB/T 50476—2019[27]，以《建筑气候区划分标准》GB 50178—1993[28] 所划分的五个气候区中的微冻气候区为例，参考殷英政等[29] 的研究以济南的当量冻融次数进行计算，50 年服役期的当量冻融次数为 11 次。

计算得到相对锚固长度如表 10-5 所示，发现考虑钢筋锈蚀和再生混凝土冻融损伤影响的锚固长度有所增加，建议在设计时同时考虑环境因素的影响。

考虑钢筋锈蚀和冻融影响的相对锚固长度 L_a/d 表 10-5

基准强度	再生骨料取代率（%）	近似求解法	济南地区 50 年服役期经历当量冻融次数下	南宁地区 50 年服役期 I -C、I -D 环境锈蚀率下
C20	100	32.61	32.77	35.07
C25	50	27.40	27.53	29.49
C25	100	27.88	28.01	29.99
C30	50	23.59	23.70	25.40
C30	100	25.12	25.24	27.03
C35	50	22.22	22.33	23.93
C35	100	23.29	23.40	25.07
C40	50	19.74	19.84	21.28
C40	100	20.58	20.68	22.17

10.5 本章小结

本章通过对目前相关再生混凝土构件粘结滑移性能中心拉拔试验数据统计，拟合了螺纹钢筋在再生混凝土中粘结锚固强度经验公式，并介绍了钢筋再生混凝土锚固可靠度设计方法，得出以下结论：

（1）采用锚固可靠度设计方法，分析了再生混凝土的锚固可靠指标及可靠度，根据两种现有的配合比设计方法（同强度和同水灰比），基于再生混凝土相关锚固参数统计和 Monte Carlo 法和近似求解方法，计算了螺纹钢筋再生混凝土构件的锚固长度，并建议在现行国家标准《混凝土结构设计标准》GB/T 50010 规定值的基础上，对同水灰比再生混凝土锚固长度考虑 10%～15% 的增大系数，而对于同强度再生混凝土可不考虑。

（2）考虑钢筋锈蚀和再生混凝土冻融损伤的影响，提出了钢筋锈蚀率和冻融循环次数对粘结强度的影响公式，以南宁和济南地区为例，基于近似求解法分别计算了设计使用年限内的螺纹钢筋再生混凝土构件的锚固长度。

（3）由于环境对钢筋混凝土结构力学性能和耐久性有较大的影响，建议特殊环境地区结合实际因素进行再生混凝土与钢筋的锚固长度设计。

参考文献

[1] 杨海峰. 再生混凝土受压本构关系及其与钢筋间粘结滑移性能研究[D]. 南宁: 广西大学, 2012.

[2] 赵军. 再生混凝土粘结锚固性能的试验研究[D]. 南宁: 广西大学, 2008.

[3] 王博, 白国良, 吴淑海, 等. 再生混凝土极限粘结强度及钢筋锚固长度取值研究[J]. 工业建筑, 2013, 43(8): 59-63.

[4] Choi H B, Kang K I. Bond behaviour of deformed bars embedded in RAC[J]. Magazine of Concrete Research, 2008, 60(6): 399-410.

[5]　Kim S W, Yun H D. Influence of recycled coarse aggregates on the bond behavior of deformed bars in concrete[J]. Engineering Structures, 2013, 48: 133-143.

[6]　Seara P S, González F B, Eiras L J, et al. Bond behavior between steel reinforcement and recycled concrete[J]. Materials and structures, 2014, 47: 323-334.

[7]　Kim S H, Lee S H, Lee Y T, et al. Bond between high strength concrete with recycled coarse aggregate and reinforcing bars[J]. Materials Research Innovations, 2014, 18(S2): 278-285.

[8]　Prince M J, Singh B. Bond behaviour between recycled aggregate concrete and deformed steel bars[J]. Materials and Structures, 2014, 47(3): 503-516.

[9]　Xiao J, Falkner H. Bond behaviour between recycled aggregate concrete and steel rebars[J]. Construction and Building Materials, 2007, 21(2): 395-401.

[10]　王晨霞, 吴瑾, 陈志辉. 钢筋与再生混凝土粘结滑移性能的试验研究[J]. 土木工程学报, 2013, 46(S2): 225-231.

[11]　杨海涛, 田石柱. 钢筋与再生混凝土握裹力的试验研究[J]. 混凝土与水泥制品, 2013, 3(3): 6-10.

[12]　王根伟. 钢筋与再生混凝土粘结特性试验研究[D]. 桂林: 桂林理工大学, 2012.

[13]　陈伟伟. 再生混凝土粘结性能试验研究[D]. 哈尔滨: 哈尔滨工业大学, 2007.

[14]　柯德强. 再生骨料混凝土钢筋锚固性能试验研究[D]. 绵阳: 西南科技大学, 2011.

[15]　Guerra M, Ceia F, De B J, et al. Anchorage of steel rebars to recycled aggregates concrete[J]. Construction and Building Materials, 2014, 72: 113-123.

[16]　Prince M, Singh B. Bond behaviour of normal-and high-strength recycled aggregate concrete[J]. Structural Concrete, 2015, 16(1): 56-70.

[17]　Prince M, Singh B. Investigation of bond behaviour between recycled aggregate concrete and deformed steel bars[J]. Structural Concrete, 2014, 15(2): 154-168.

[18]　徐有邻. 变形钢筋-混凝土粘结锚固性能的试验研究[D]. 北京: 清华大学, 1990.

[19]　杨海峰, 陈卫, 张天宝, 等. 再生混凝土-钢筋粘结锚固可靠度设计[J]. 中南大学学报 (自然科学版), 2019, 50(1): 189-197.

[20]　肖建庄, 雷斌, 袁飚. 不同来源再生混凝土抗压强度分布特征研究[J]. 建筑结构学报, 2008, 29(5): 94-100.

[21]　邵卓民, 沈文都, 徐有邻. 钢筋砼的锚固可靠度及锚固设计[J]. 建筑结构学报, 1987(4): 36-49.

[22]　中华人民共和国住房和城乡建设部. 建筑结构可靠性设计统一标准: GB 50063—2018[S]. 北京: 中国建筑工业出版社, 2019.

[23]　杨勇. 型钢混凝土粘结滑移基本理论及应用研究[D]. 西安: 西安建筑科技大学, 2003.

[24]　牛向阳. 高温后 HRBF500 钢筋粘结锚固性能的试验研究[D]. 泉州: 华侨大学, 2011.

[25]　王博, 白国良, 吴淑海, 等. 再生混凝土极限黏结强度及钢筋锚固长度取值研究[J]. 工业建筑, 2013, 43(8): 59-63+38.

[26]　中华人民共和国住房和城乡建设部. 既有混凝土结构耐久性评定标准: GB/T 51355—2019[S]. 北京: 中国建筑工业出版社, 2019.

[27]　中华人民共和国住房和城乡建设部. 混凝土结构耐久性设计标准: GB/T 50475—2019[S]. 北京: 中国建筑工业出版社, 2019.

[28]　中华人民共和国国家技术监督局. 建筑气候区划标准: GB 50178—1993[S]. 北京: 中国计划出版社, 1994.

[29]　殷英政, 李志国. 我国代表城市混凝土冻融循环次数探讨[J]. 低温建筑技术, 2015, 37(11): 12-15.